艺境

中文版

Photoshop
数码照片处理

全视频实战**228**例　　于洁◎编著

清华大学出版社
北京

内 容 简 介

本书是一本全方位、多角度讲解Photoshop数码照片处理的案例式教材，注重案例的实用性和精美度。全书共设置228个实用案例，这些案例按照技术和行业应用进行划分，清晰有序，可以方便零基础的读者由浅入深地学习，从而循序渐进地提升Photoshop数码照片处理能力。

本书共分为14章，针对图像基础操作、照片修饰与美化、调色、选区与抠图、绘图、滤镜等技术进行了超细致的案例讲解和理论解析。本书第1~2章主要讲解软件入门操作，是最简单、最需要完全掌握的基础章节。第3~9章是按照技术划分每个门类的高级案例操作，数码照片的常用技术技巧在这些章节可以得到很好的学习。第10~14章是专门为读者设置的高级大型综合案例，使读者的实操能力得以提升。

本书不仅可以作为大中专院校和培训机构数码照片处理、平面设计及其相关专业的学习教材，还可以作为摄影、数码照片处理爱好者的自学参考资料。

图书在版编目(CIP)数据

中文版Photoshop数码照片处理全视频实战228例 / 于洁编著. — 北京：清华大学出版社，2019 （2025.1重印）
（艺境）

ISBN 978-7-302-50787-1

Ⅰ. ①中… Ⅱ. ①于… Ⅲ. ①图像处理软件 Ⅳ. ①TP391.413

中国版本图书馆 CIP 数据核字（2018）第 178738 号

责任编辑：韩宜波
封面设计：杨玉兰
责任校对：周剑云
责任印制：杨 艳

出版发行：清华大学出版社
    网 址：https://www.tup.com.cn，https://www.wqxuetang.com
    地 址：北京清华大学学研大厦 A 座   邮 编：100084
    社 总 机：010-83470000   邮 购：010-62786544
    投稿与读者服务：010-62776969，c-service@tup.tsinghua.edu.cn
    质 量 反 馈：010-62772015，zhiliang@tup.tsinghua.edu.cn
印 装 者：小森印刷（北京）有限公司
经 销：全国新华书店
开 本：210mm×260mm   印 张：23.25   字 数：738 千字
版 次：2019 年 1 月第 1 版   印 次：2025 年 1 月第 5 次印刷
定 价：99.00 元

产品编号：072504-01

Photoshop是Adobe公司推出的图像处理软件，广泛应用于平面设计、数码照片处理、印刷出版、广告设计、书籍排版、插画绘图、多媒体图像处理、网页设计等行业。基于Adobe Photoshop在数码照片行业中的应用度之高，我们编写了本书，其中选择了数码照片处理中最为实用的228个案例，基本涵盖了数码照片处理的基础操作和常用技术。

与同类书籍介绍大量软件操作的编写方式相比，本书最大的特点是更加注重以案例为核心，按照技术与行业相结合划分，既讲解了基础入门操作和常用技术，又讲解了大型综合行业案例的制作。

本书共分为14章，具体安排如下。

第1章为Photoshop基础入门，介绍Photoshop概况及其基本操作。

第2章为图像基础操作，介绍调整图像大小、设置画布大小、旋转图像等常用必学操作。

第3章为修饰与美化，从瑕疵去除和细节修饰两个方面讲解。

第4章为调色，介绍基本调色命令与操作、特殊的调色命令与操作、使用Camera Raw处理照片等内容。

第5章为选区与抠图，介绍绘制简单的选区、基于色彩的抠图技法、钢笔抠图、通道抠图、抠图与合成等内容。

第6章为绘图，介绍画笔与绘画、矢量绘图等内容。

第7章为滤镜，介绍"液化滤镜"、"照亮边缘滤镜"、"铬黄渐变滤镜"等内容。

第8章为图层混合与样式，介绍不透明度与混合模式、图层样式等内容。

第9章为文字，介绍使用文字工具组中的工具、文字的编辑与使用等内容。

第10～14章为综合案例，介绍日常照片处理、风光照片处理、婚纱写真照片处理、商业人像精修和创意摄影等内容。

本书特色如下。

内容丰富。除了安排228个案例外，还在书中设置了海量"要点速查"，以便读者参考学习理论参数。

章节合理。第1～2章主要讲解软件入门操作——超简单；第3～9章按照技术划分每个门类的高级案例操作——超实用；第10~14章主要是完整的大型项目案例——超精美。

实用性强。精选了228个实用的案例，实用性非常强大，可应对多种行业的设计工作。

流程方便。本书案例设置了操作思路、案例效果、操作步骤等模块，使读者在学习案例之前就可以非常清晰地了解如何进行学习。

本书采用Photoshop CC 2017版本进行编写，请各位读者使用该版本或相近版本进行练习。如果使用过低的版本，可能会造成源文件打开时发生个别内容无法正确显示的问题。

本书由淄博职业学院的于洁老师编著，其他参与编写的人员还有齐琦、荆爽、林钰森、王萍、董辅川、杨宗香、孙晓军、李芳等。

由于编者水平有限，书中难免存在错误和不妥之处，敬请广大读者批评指正。

本书提供了案例的素材文件、源文件以及最终文件，扫一扫下面的二维码，推送到自己的邮箱后下载获取。

第1~4章

第5~7章

第8~10章

第11~14章

编　者

第2章　图像基本操作

第3章　修饰与美化

第4章　调色

艺境　中文版Photoshop数码照片处理全视频
实战228例
Photoshop

第5章　选区与抠图

第6章　绘图

第7章　滤镜

第8章 图层混合与样式

第9章 文字

第10章 日常照片处理

第11章 风光照片处理

第12章 婚纱写真照片处理

第13章 商业人像精修

第14章　创意摄影

第1章

Photoshop基本操作

本章概述　本章是认识Photoshop的第一节课，通过本章的学习，用户需要对Photoshop有个基本的了解，并熟练掌握在图层模式下的图像编辑方式，在此基础上才能更好地进行Photoshop操作的学习。

本章重点
◆ 掌握文档的创建、打开、置入、存储等基础操作
◆ 了解图层编辑模式
◆ 熟练掌握错误操作的撤销与还原撤销

/ 佳 / 作 / 欣 / 赏 /

1.1 初识Photoshop

Photoshop是Adobe公司推出的一款专业的图像处理软件，其强大的图形、图像处理功能受到平面设计工作者的喜爱。作为一款应用广泛的图像处理软件，Photoshop具有功能强大、设计人性化、插件丰富、兼容性好等特点。Photoshop被广泛应用于平面设计、数码照片处理、三维特效、网页设计、影视制作等领域。图1-1~图1-4所示为使用Photoshop制作的作品。

图1-1　　　　图1-2　　　　图1-3　　　　图1-4

实例001　认识Photoshop的各个部分

文件路径	无
难易指数	★★★★★
技术掌握	● 打开 Photoshop 软件 ● 认识 Photoshop 的各个部分 ● 掌握菜单栏、工具箱、选项栏、面板、文档窗口的使用方法

扫码深度学习

操作思路

学习Photoshop的各项功能之前，首先来认识一下Photoshop界面的各个组成部分。Photoshop的工作界面并不复杂，主要包括菜单栏、选项栏、标题栏、工具箱、文档窗口、状态栏以及面板。本案例主要尝试使用各个部分。

操作步骤

01 成功安装Photoshop CC软件后，可以单击桌面左下角"开始"按钮，打开程序菜单，并选择Adobe Photoshop选项。如果桌面上有Photoshop CC的快捷方式，也可以双击该快捷方式图标启动Photoshop CC软件，如图1-5所示。若要退出Photoshop CC软件，既可以单击右上角的"关闭"按钮 ✕ ，也可以执行菜单"文件>退出"命令。为了显示完整的操作区域，可以先在Photoshop CC软件中打开一张图片，如图1-6所示。

图1-5

菜单栏　标题栏　　　　　　面板
选项栏
工具箱
文档窗口
状态栏

图1-6

02 Photoshop的菜单栏中包含多个菜单，每个菜单又包含多个命令，而且部分命令还有相应的子命令。执行菜单命令的方法十分简单，只要单击主菜单，然后从弹出的子菜单中选择相应的命令，即可打开该菜单下的命令，如图1-7所示。

图1-7

03 将鼠标指针移动到工具箱中的某个工具上停留片刻，将会出现该工具的名称和操作快捷键，若工具的右下角带有三角形图标则表示这是一个工具组，每个工具组中又包含多个工具，在工具组上右击，即可弹出隐藏的工具。左键单击工具箱中的某一个工具，即可选择该工具，如图1-8所示。

图1-8

04 使用工具箱中的工具时，通常需要配合选项栏进行一定的参数设置。工具的属性参数大部分集中在选项栏中，单击工具箱中的工具时，选项栏中就会显示出该工具的属性参数选项，不同工具的选项栏也不同，如图1-9所示。

图1-9

05 图像窗口是Photoshop中最主要的区域，主要用来显示和编辑图像，图像窗口由标题栏、文档窗口、状态栏组成。打开一个文档后，Photoshop会自动创建一个标题栏。在标题栏中会显示这个文档的名称、格式、窗口缩放比例以及颜色模式等信息，单击标题栏中的 ✕ 按钮，可以关闭当前文档，如图1-10所示。状态栏位于工作界面的最底部，用来显示当前图像的信息。可显示的信息包括当前文档的大小、文档尺寸、当前工具和窗口缩放比例等，单击状态栏中的三角形图标 〉可以设置要显示的内容，如图1-11所示。

缩放比例　颜色模式
文件名称　选中图层　　　　关闭文档

图1-10

图1-11

06 默认状态下，在工作界面的右侧会显示多个面板或面板的图标。面板的主要功能是配合图像的编辑、对操作进行控制以及设置参数，如图1-12所示。如果想要打开某个面板可以单击"窗口"菜单，然后执行需要打开的面板命令，如图1-13所示。

图1-12　　　　　　　　　　图1-13

提示　使用不同的工作区
在Photoshop中提供了多种可以更换的工作区，不同的工作区的界面显示面板不同。在"窗口>工作区"子菜单中可以切换不同的工作区。

实例002　使用新建、置入、存储命令制作婚纱照版式

文件路径	第1章\使用新建、置入、存储命令制作婚纱照版式	
难易指数	★★★★★	
技术掌握	● 新建 ● 打开 ● 置入嵌入的智能对象 ● 缩放、旋转、移动	● 存储、存储为 ● 打印 ● 撤销与还原撤销

扫码深度学习

操作思路

本案例讲解制作一个作品的基本流程，包括新建、打开、置入等基础操作。这个案例虽然简单，但涉及的知识点很多。

案例效果

案例效果如图1-14所示。

图 1-14

操作步骤

01 若要进行绘画就需要准备画纸，那么当想要制作一个设计作品时，在Photoshop中首先就需要创建一个新的、尺寸适合的文档，这时就需要使用到"新建"命令。执行菜单"文件>新建"命令，或按Ctrl+N快捷键打开"新建文档"窗口，然后设置"宽度"为2000像素、"高度"为1500像素，设置完成后单击"确定"按钮，如图1-15所示。文档就创建完成了，如图1-16所示。

图1-15

图1-16

02 执行菜单"文件>置入嵌入的智能对象"命令,在弹出的"置入嵌入对象"对话框中单击选择素材"1.jpg",然后单击"置入"按钮,如图1-17所示。此时置入的图片带有界定框,如图1-18所示。需要按Enter键确定操作,如图1-19所示。

图1-17

图1-18

图1-19

03 将素材"2.jpg"置入文档中,如图1-20所示。

图1-20

04 此时图像带有界定框,可以进行缩放、旋转操作。首先将光标定位在右上角的控制点上,当光标变为形状后,按住Shift键的同时按住鼠标左键拖动进行等比例缩小,如图1-21所示。释放shift键按住鼠标左键拖动可以将其移动到合适位置,如图1-22所示。将光标移动到右上角的控制点上,当光标变为形状后按住鼠标左键拖动可以旋转,效果如图1-23所示。调整完成后按Enter键确定变换操作。

图1-21

图1-22

图1-23

提示 **撤销与还原撤销**

　　在操作过程中出现失误是在所难免的,如果操作错误了,使用菜单"编辑>后退一步"命令或Ctrl+Alt+Z快捷键可以退回到上一步操作的效果,连续使用该命令可以逐步撤销操作。默认情况下可以撤销20个操作。

　　如果要取消还原的操作,可以使用菜单"编辑>前进一步"命令或Ctrl+Shift+Z快捷键,连续使用可以逐步恢复被撤销的操作。

05 使用同样的方法置入另外两张照片,并放置在合适位置,效果如图1-24所示。

图1-24

提示 **栅格化智能对象**

　　通过"置入嵌入的智能对象"命令添加到当前文档中的图像将作为智能对象存在,而智能对象是无法进行局部删除或局部修饰的,所以需要将其进行栅格化。在智能对象图层上右击,在弹出的快捷菜单中执行"栅格化智能对象"命令,智能对象即可变为普通图层。

中文版Photoshop数码照片处理全视频 实战228例

Photoshop

06 作品制作完成后就需要保存，执行菜单"文件>存储"命令或者使用Ctrl+S快捷键，随即会弹出"另存为"对话框，在该对话框中选择合适的存储位置，然后在"文件名"文本框中输入合适的文档名称。单击"保存类型"下三角按钮，在弹出的下拉列表中选择"*.PSD"格式，这个格式是Photoshop默认的存储格式，该格式可以保存Photoshop的全部图层以及其他特殊内容。所以存储了这种格式的文档后，方便用户以后对文档继续进行编辑。设置完成后单击"保存"按钮，完成保存操作，如图1-25所示。接着在弹出的"Photoshop格式选项"提示框中单击"确定"按钮，如图1-26所示。

图1-25

图1-26

提示 "存储"功能的小技巧
如果是第一次进行存储，会弹出"另存为"对话框。如果不关闭文档，而继续进行新的操作，然后执行菜单"文件>存储"命令，则可以保留文档所做的更改，替换上一次保存的文档进行保存，并且此时不会弹出"另存为"对话框。

07 默认情况下，PSD格式的文档是无法进行预览的，通常要

存储为JPG格式的文件用于预览。执行菜单"文件>存储为"命令，或使用Shift+Ctrl+S快捷键，随即会弹出"另存为"对话框，设置"保存类型"为"*.JPG"格式，然后单击"保存"按钮，如图1-27所示。接着会弹出"JPEG选项"对话框，设置合适的图像品质，然后单击"确定"按钮，完成保存的操作，如图1-28所示。

图1-27

图1-28

提示 常用的图像格式

在Photoshop中，比较常用的图像格式：PNG格式是一种可以存储透明像素的图像格式。GIF格式是一种可以带有动画效果的图像格式，也是我们通常所说的制作"动图"时所用的格式。TIF格式由于具有可以保存分层信息且图片质量无压缩的优势，常用于保存用于打印的文档。

08 通常一个作品制作完成后都是需要进行打印输出的，执行菜单"文件>打印"命令，在弹出的"photoshop 打印设置"对话框中进行设置，设置完成后单击"打印"按钮进行打印，如图1-29所示。

图1-29

实例003 打开已有的图像文档

文件路径	第1章\打开已有的图像文档
难易指数	⭐⭐⭐⭐⭐
技术掌握	打开

扫码深度学习

💡 操作思路

当用户需要处理一个已有的图片文档，或者要继续做之前没有做完的工作时，就需要在Photoshop中打开已有的文档。本案例就来学习如何打开文件。

图1-33　　　　　　　　　　图1-34

案例效果

案例效果如图1-30所示。

图1-30

操作步骤

01 当需要处理一个已有的图片文档时，需要使用"打开"命令。执行菜单"文件>打开"命令，弹出"打开"对话框。在该对话框中首先需要定位到文档所在位置，然后单击选择需要打开的文件，接着单击"打开"按钮，如图1-31所示。随即选中的文件就会在Photoshop中打开，如图1-32所示。

图1-31

图1-32

提示 在Photoshop中能够打开的几种常见文件格式

在Photoshop中可以打开多种常见的图像格式文件，如JPG、BMP、PNG、GIF、PSD等。

02 如果要继续做之前没有做完的工作或者需要对文件进行修改时，

可以打开PSD格式的文件。执行菜单"文件>打开"命令，然后双击要打开的文件图标，如图1-33所示。即可打开该文档，如图1-34所示。

提示 打开文件的快捷方法

使用Ctrl+O快捷键，也可以弹出"打开"对话框。

如果要同时打开多个文档，可以在对话框中按住Ctrl键加选要打开的文档，然后单击"打开"按钮。

要想打开最近使用过的文件，可以执行菜单"文件>最近打开文档"命令，在其子菜单中可以显示最近使用过的10个文档，单击文档名称即可将其在Photoshop中打开。

1.2 Photoshop的基本操作

Photoshop作为一款图像处理软件有着独特的操作方式，本节主要学习针对图像文档的基本操作。

实例004	调整文档显示比例与显示区域
文件路径	第1章\调整文档显示比例与显示区域
难易指数	★★★★★
技术掌握	● 缩放工具 ● 抓手工具

扫码深度学习

操作思路

当用户需要将画面中的某个区域放大显示时，就需要使用"缩放工具" 。当显示比例过大时，就会出现画面无法全部显示的情况，这时就需要使用"抓手工具" 平移画面，以方便在窗口中查看。

案例效果

案例效果如图1-35～图1-37所示。

图1-35　　　　　　　图1-36　　　　　　　图1-37

操作步骤

01 在Photoshop中将素材文件打开，如图1-38所示。

图1-38

02 选择工具箱中的"缩放工具" 按钮，然后将光标移动至画面中，此时光标变为一个中心带有加号的"放大镜"图标，如图1-39所示。然后在画面中单击即可放大图像，如图1-40所示。如果要缩放显示比例，可以按住Alt键，此时光标会变为中心带有减号的"缩小"图标，单击要缩小区域的中心。每单击一次，视图便放大或缩小到上一个预设百分比，如图1-41所示。

图1-39

图1-40

图1-41

提示 快速调整文档显示比例的方法

　　若要快速放大文档的显示比例，可以按住Alt键向上滚动鼠标中轮；若要快速缩小文档显示比例，可以按住Alt键向下滚动鼠标中轮。

03 当图像放大到一定程度后，窗口将无法显示全部画面，如果要查看被隐藏的区域，就需要平移画布。选择工具箱中的"抓手工具" 或者在使用其他工具时按住空格键，当光标变为 形状后，按住鼠标左键拖动即可平移画布，如图1-42所示。移动到相应位置后释放鼠标，效果如图1-43所示。

图1-42

图1-43

提示 设置多个文档的排列形式

　　有时候用户需要在Photoshop中打开多个文档，这时设置合适的多文档显示方式就很重要了。执行菜单"窗口>排列"命令，在子菜单中可以选择一个合适的排列方式，如图1-44所示。

图1-44

实例005　使用图层进行操作

文件路径	第1章\使用图层进行操作
难易指数	★★★★★
技术掌握	● 新建图层　　● 重命名图层 ● 栅格化图层　● 删除图层 ● 选择图层　　● 复制图层 ● 移动图层　　● 合并图层 ● 调整图层顺序

🔍扫码深度学习

操作思路

　　在Photoshop中，"图层"是构成文档的基本单位，通过多个图层的层层叠叠，即可制作出设计作品。图层的优势在于，每一个图层中的对象都可以单独进行处理，既可以移动图层，也可以调整图层堆叠的顺序，而不会影响其他图层中的内容。图层的原理其实非常简单，就像在多个透明的玻璃上绘画一样，每层"玻璃"都可以进行独立的编辑，而不会影响其他"玻璃"中的内容，"玻璃"和"玻璃"之间可以随意地调整堆叠方式，将所有"玻璃"叠放在一起则显现出图像的最终效果，如图1-45所示。

图1-45

案例效果

案例对比效果如图1-46和图1-47所示。

图1-46

图1-47

操作步骤

01 执行菜单 "文件>打开"命令，打开人物素材。此时所打开的图片文件为"背景"图层，并且带有图标，如图1-48所示。"背景"图层是一种有点"特殊"的图层，无法进行移动或者部分像素的删除，有的命令可能也无法使用（如自由变换、操控变形等）。所以，如果想要对"背景"图层进行这些操作，需要按住Alt键双击"背景"图层，将其转换为普通图层，之后再进行编辑操作，如图1-49所示。

图1-48

图1-49

02 新建图层是一个很简单的操作，也是一个很好的操作习惯。新建图层可以对后期的修改、编辑提供很好的条件。在"图层"面板底部单击"创建新图层"按钮，即可在当前图层的上面新建一个图层，如图1-50所示。单击某一个图层即可选中该图层，选中图层后即可进行编辑操作，如填充颜色、绘制等操作。例如，本案例需要制作暗角效果，所以在这里使用（画笔工具）在画面的四个角进行绘制，效果如图1-51所示。

图1-50

图1-51

提示 取消选择图层

在"图层"面板空白处单击鼠标左键，即可取消选择所有图层，如图1-52所示。

图1-52

03 每一次新建图层都会生成一个默认的图层名称，当文档图层过多时可以通过重命名来区分图层。在图层名称上双击，图层名称处于激活状态，如图1-53所示。接着输入新的图层名称，按Enter键确定操作，如图1-54所示。

图1-53

图1-54

04 执行菜单"文件>置入嵌入的智能对象"命令，将人物素材"2.jpg"置入文档中，然后适当调整其位置，按Enter键完成置入操作，如图1-55所示。此时置入的图层为智能图层，该图层带有标志。智能图层也是一个特殊图层，不能进行变形、绘制、擦除像素等操作，如果要进行此类操作可以将其转换为普通图层。单击选择智能图层，然后右击，在弹出的快捷菜单中执行"栅格化图层"命令，即可将其转换为普通图层，如图1-56所示。

图1-55

图1-56

栅格化图层是指将"特殊图层"转换为普通图层的过程(如文字图层、形状等)。操作方法是选择需要栅格化的图层,然后执行"图层>栅格化"子菜单下的命令,或者在"图层"面板中选中该图层并右击,在弹出的快捷菜单中执行栅格化命令。

05 在"图层"面板中将该图层命名为"人物2"图层,并设置该图层的混合模式为"正片叠底",如图1-57所示。此时画面产生了混合效果,如图1-58所示。

图1-57

图1-58

06 选择"人物2"图层,接着选择工具箱中的 ⊕ (移动工具),按住鼠标左键拖动即可移动选中的图层。在本案例中需要将其向右移动,如图1-59所示。此时可以看到主体人物脸部被遮挡住了一部分,接下来可以使用 ◢ (橡皮擦工具)将其擦除,效果如图1-60所示。

图1-59

图1-60

在使用移动工具移动图像时按住Alt键,可以复制图层。当在图像中存在选区时,按住Alt键拖动选区中的内容,则会在该图层内部复制选中的部分。

07 因为"人物2"图层遮挡住了暗角效果,所以要调整暗角图层和人物图层的顺序,更改画面效果。选择"人物2"图层,按住鼠标左键向下拖动至"暗角"图层的下方,如图1-61所示。释放鼠标即可完成图层顺序的更改,此时画面效果也会发生改变,如图1-62所示。

图1-61

图1-62

选中要移动的图层,然后执行"图层>排列"子菜单下的命令,可以调整图层的排列顺序。

08 要想复制某一图层,在图层上右击,在弹出的快捷菜单中执行"复制图层"命令,如图1-63所示。接着在弹出的"复制图层"对话框中单击"确定"按钮,如图1-64所示。也可以使用Ctrl+J快捷键进行图层复制。

09 若有不需要的图层可以将其删除。选中图层,按住鼠标左键将其拖曳到"删除图层"按钮 🗑 上,可以删除该图层,如图1-65所示。

图1-63

图1-64

图1-65

执行菜单"图层>删除图层>隐藏图层"命令,可以删除所有隐藏的图层。

10 要想将多个图层合并为一个图层,可以在"图层"面板中按住Ctrl键加选需要合并的图层,然后执行菜单"图层>合并图层"命令或按Ctrl+E快捷键。

要点速查:认识"图层"面板

用户需要明白,在Photoshop中所有的画面内容都存在于图层中,所有操作也都是基于特定图层进行的。也就是说,要想针对某个对象操作就必须要对该对象所在图层进行操作,如果要对文档中的某个图层进行操作就必须先选中该图层。在"图层"面板中执行菜单"窗口>图层"命令,打开"图层"面板,在这里可以对图层进行新建、删除、选择、复制等操作，如图1-66所示。

锁定图像像素
锁定透明像素
设置图层混合模式
锁定
处于显示状态的图层
展开/折叠图层组
图层缩略图
处于隐藏状态的图层
链接图层
添加图层样式
添加图层蒙版

锁定位置
锁定全部
打开面板菜单
图层过滤
设置图层不透明度
设置填充不透明度
展开/折叠图层效果
处于链接状态的图层
图层名称
处于锁定状态的图层
删除图层
创建新图层
创建新组
创建新的填充或调整图层

图1-66

> 锁定：选中图层，单击"锁定透明像素"按钮回可以将编辑范围限制为只针对图层的不透明部分。单击"锁定图像像素"按钮可以防止使用绘画工具修改图层的像素。单击"锁定位置"按钮可以防止图层的像素被移动。单击"锁定全部"按钮可以锁定透明像素、图像像素和位置，处于这种状态下的图层将不能进行任何操作。

> 正常 设置图层混合模式：用来设置当前图层的混合模式，使之与下面的图像产生混合。在下拉列表中有多种混合模式，不同的混合模式与下面图层的混合效果也不同。

> 不透明度 100% 设置图层不透明度：用来设置当前图层的不透明度。

> 填充 100% 设置填充不透明度：用来设置当前图层的填充不透明度。该选项与"不透明度"选项类似，但是不会影响图层样式的效果。

> 处于显示/隐藏状态的图层：当该图标显示为眼睛形状时，表示当前图层处于可见状态，而显示为空白状态时则处于不可见状态。单击该图标可以在显示与隐藏之间进行切换。

> 链接图层：选择多个图层，单击该按钮，所选的图层会被链接在一起。链接好多个图层以后，图层名称的右侧就会显示链接标志。被链接的图层可以在选中其中某一图层的情况下进行共同移动或变换等操作。

> 添加图层样式：单击该按钮，在弹出的下拉菜单中选择一种样式，可以为当前图层添加一个图层样式。

> 创建新的填充或调整图层：单击该按钮，在弹出的下拉菜单中选择相应的命令即可创建填充图层或调整图层。

> 创建新组：单击该按钮，可创建一个图层组。

> 创建新图层：单击该按钮，可在当前图层的上面新建一个图层。

> 删除图层：选中图层，单击"图层"面板底部的"删除图层"按钮可以删除该图层。

实例006　对齐与分布图层

文件路径	第1章 \ 对齐与分布图层
难易指数	★★★★★
技术掌握	● 对齐与分布 ● 复制图层 ● 移动图层

扫码深度学习

操作思路

　　本案例主要使用对齐功能与分布功能，使复制的大量图层能够有序地分布在画面中。

案例效果

　　案例效果如图1-67所示。

图1-67

操作步骤

01 新建一个文档，然后置入素材，如图1-68所示。选择照片图层，使用Ctrl+J快捷键进行复制，接着将复制的图层移动到合适位置，如图1-69所示。继续复制另外两个照片图层，如图1-70所示。

02 接着需要进行对齐操作。首先在"图层"面板中按住Ctrl键单击加选照片图层，如图1-71所示。在使用移动工具的状态下，选项栏中有一排对齐按钮，单击相应的按钮即可进行对齐。在这里，单击"垂直居中对齐"按钮，效果如图1-72所示。

图1-68

图1-69

图1-70

按住Ctrl键
单击加选

图1-71

图1-72

03 此时照片虽然对齐了，但是每个照片之间的距离不是相等的。此时可以选中图层，然后在移动选项栏中单击"水平居中分布"按钮 ，效果如图1-73所示。

图1-73

04 在选中4个图层的状态下，使用Ctrl+J快捷键将其复制一份，然后向下移动。向下移动时若按住Shift键，可以保证移动的方向是垂直的，完成效果如图1-74所示。

图1-74

第2章

图像基础操作

 本章概述　在学习Photoshop的核心功能之前，首先了解一下图像的基本操作方法。在本章中，主要会用到一些基础的图像处理功能，如调整图像的尺寸、调整画布的尺寸、对图像进行旋转。除此之外，Photoshop中还包含多种图像变形、变换的命令，如自由变换、变换、操控变形、内容识别缩放等，通过这些命令的使用可以调整图层的形态。

 本章重点
◆ 熟练掌握图像尺寸的调整以及裁切功能
◆ 熟练掌握图像的自由变换操作

/ 佳 / 作 / 欣 / 赏 /

实例007 调整图像大小

文件路径	第2章 \ 调整图像大小
难易指数	★★★★★
技术掌握	图像大小

🔍 扫码深度学习

💡 操作思路

文档创建完成后还可以对文档的尺寸进行调整，"图像大小"命令可用于调整图像文档整体的长宽尺寸。本案例原图尺寸较大，所以在"图像大小"对话框中进行宽度、高度、分辨率的设置，完成图像大小的更改。在设置尺寸数值之前要注意单位是否统一。

🖱 案例效果

案例效果如图2-1所示。

图2-1

🎤 操作步骤

01 执行菜单 "文件>打开"命令，或按Ctrl+O快捷键，在弹出的"打开"对话框中选择素材"1.jpg"，单击"打开"按钮，效果如图2-2所示。

图2-2

02 执行菜单"图像>图像大小"命令，在弹出的"图像大小"对话框中设置"宽度"为30厘米，此时"高度"随着宽度的更改自动变换相应的尺寸，"分辨率"设置为72像素/英寸，设置完成后单击"确定"按钮，如图2-3所示。完成此操作后，图像的大小会发生相应的变化，如图2-4所示。

图2-3

图2-4

📌 提示 约束长宽比

启用"约束长宽比"按钮⑧，可以在修改宽度或高度数值时保持图像的原始比例。在窗口菜单中启用"缩放样式"命令后，对图像大小进行调整时，其原有的样式会按照比例进行缩放。单击"重新采样"的倒三角按钮▾，在下拉列表中可以选择重新取样的方式。

📌 提示 缩放样式

当文档中的某些图层包含图层样式时，执行菜单"图像>图像大小"命令，在弹出的"图像大小"对话框中，单击右上角的✿.按钮，在弹出的下拉菜单中执行"缩放样式"命令，可以在调整图像的大小时自动缩放样式效果，使画面保持原始效果。

实例008 设置画布大小

文件路径	第2章 \ 设置画布大小
难易指数	★★★★★
技术掌握	画布大小

🔍 扫码深度学习

💡 操作思路

使用"画布大小"命令可以增大或缩小可编辑的画面范围。需要注意的是，"画布"指的是整个可以绘制的区域而非部分图像区域。本案例就利用"画布大小"命令来更改画面的范围。

🖱 案例效果

案例对比效果如图2-5和图2-6所示。

图2-5

图2-6

🎤 操作步骤

01 执行菜单"文件>打开"命令，或按Ctrl+O快捷键，在弹出的"打开"对话框中选择素材"1.jpg"，单击"打开"按钮，如图2-7所示。接着执行菜单"图像>画布大小"命令，打开"画布大小"对话框，如图2-8所示。

艺境／第2章 图像基础操作／

实战228例

Photoshop

13

图2-7　　　　　　　　　　图2-8

图2-11

02 若增大画布大小，原始图像的大小不会发生变化，增加的是图像周围的编辑空间，如图2-9所示。但是，如果减小画布大小，图像则会被裁切掉一部分，此时效果如图2-10所示。

图2-9　　　　　　　　　　图2-10

图2-12

📖 **要点速查：** "画布大小"对话框详解

➢ 新建大小：在"宽度"和"高度"选项中设置修改后的画布尺寸。

➢ 相对：勾选此选项时，"宽度"和"高度"数值将代表实际增加或减少的区域大小，而不再代表整个文档的大小。输入正值就表示增加画布，输入负值就表示减少画布。

➢ 定位：主要用来设置当前图像在新画布上的位置。

➢ 画布扩展颜色：当新建大小大于原始文档尺寸时，在此处可以设置扩展区域的填充颜色。

🎤 **操作步骤**

01 打开需要旋转的图片，如图2-13所示。执行菜单"图像>图像旋转"命令，可以看到在"图像旋转"子菜单下提供了6种旋转画布的命令，如图2-14所示。

图2-13

实例009　旋转图像

文件路径	第2章\旋转图像
难易指数	⭐⭐⭐⭐⭐
技术掌握	图像旋转

🔍扫码深度学习

💡 **操作思路**

"图像>图像旋转"子菜单下的命令可以使图像旋转特定角度或进行翻转。例如，新建文档时新建一个"国际标准纸张"A4大小的文档，这时文档为纵向的。如果想将其更改为横向的，那么就可以进行画布的旋转。本案例作为纵向图像，可以利用"图像旋转"命令将其转换为横向图像。

🖱 **案例效果**

案例对比效果如图2-11和图2-12所示。

图2-14

02 执行"逆时针90度"命令，此时图片呈现横向效果，如图2-15所示。

图2-15

提示 **旋转任意角度**

执行菜单"图像>旋转>任意角度"命令可以对图像进行任意角度的旋转，在弹出的"旋转画布"对话框中输入要旋转的角度，单击"确定"按钮，如图2-16所示，即可完成相应角度的旋转，效果如图2-17所示。

图2-16

图2-17

实例010	使用复制、粘贴向画框中添加油画
文件路径	第2章\使用复制、粘贴向画框中添加油画
难易指数	★★★★★
技术掌握	● 复制 ● 粘贴

扫码深度学习

操作思路

"编辑"菜单下的复制、粘贴可以说是Photoshop中常用的命令，通常也可用快捷键进行此操作，它能在作图过程中创造捷径，节省时间。本案例首先针对人像部分进行框选，接着使用"复制""粘贴"命令复制选区内的人像，最终呈现出油画效果。

案例效果

案例效果如图2-18所示。

图2-18

操作步骤

01 执行菜单"文件>打开"命令，打开素材"1.psd"，如图2-19所示。

图2-19

02 向画框中添加油画人像。首先在"图层"面板中将人像图层的"不透明度"设置为50%，以便于观察底部相框位置，方便下一步的操作，如图2-20和图2-21所示。

图2-20

图2-21

03 选择工具箱中的 ▦（矩形选框工具），沿此相框内侧绘制选区，释放鼠标后，选区自动生成，如图2-22所示。执行菜单"编辑>拷贝"命令，然后继续执行菜单"编辑>粘贴"命令，此时选区中的图片被复制出来，如图2-23所示。

图2-22

图2-23

04 将原人像图层隐藏，最终油画相框效果如图2-24所示。

图2-24

实例011 通过自由变换制作立体书籍

文件路径	第2章\通过自由变换制作立体书籍
难易指数	★★★★★
技术掌握	自由变换

⊙扫码深度学习

🔅 操作思路

　　"自由变换"命令可对图层进行缩放、旋转、斜切、扭曲、透视、变形等操作。本案例利用自由变换中的"扭曲"命令，为立体书籍添加封面。

🖱 案例效果

　　案例效果如图2-25所示。

图2-25

🎤 操作步骤

01 执行菜单"文件>打开"命令，在弹出的"打开"对话框中找到素材位置，选择素材"1.jpg"，单击"打开"按钮，如图2-26所示。素材在Photoshop中打开，效果如图2-27所示。

图2-26

图2-27

02 执行菜单"文件>置入嵌入的智能对象"命令，置入素材"2.jpg"，如图2-28所示。按Enter键完成置入操作，如图2-29所示。

图2-28

图2-29

03 选择刚刚置入图像所在的图层，右击，在弹出的快捷菜单中执行"栅格化图层"命令，即可将智能图层转换为普通图层，如图2-30所示。

图2-30

04 为了更好地进行变形，可以降低该图层的"不透明度"。在此设置该图层的"不透明度"为20%，如图2-31所示。效果如图2-32所示。

图2-31

图2-32

05 执行菜单"编辑>自由变换"命令，调出界定框，在画面中右击，在弹出的快捷菜单中执行"扭曲"命令。将光标移动至右上角的控制点上，按住鼠标左键将控制点拖曳至画面右上角，如图2-33所示。继续将剩余3个控制点拖拽至相应位置，如图2-34所示。

图2-33

图2-34

06 调整完成后按Enter键完成变换操作，效果如图2-35所示。将图层的"不透明度"设置为100%，如图2-36所示。

图2-35

图2-36

07 此时画面的最终效果如图2-37所示。

图2-37

🐟 **要点速查：自由变换**

01 选中需要变换的图层，执行菜单"编辑>自由变换"命令（快捷键为Ctrl+T），此时对象四周出现了界定框，四角处以及界定框四边的中间都有控制点，如图2-38所示。将鼠标光标放在控制点上，按住鼠标左键拖动控制框即可进行缩放，如图2-39所示。将光标移动至4个角点中的任意一个控制点上，当光标变为弧形的双箭头后按住鼠标左键并拖动光标即可任意角度旋转图像，如图2-40所示。

图2-38

图2-39

图2-40

02 在有界定框的状态下，右击在弹出的快捷菜单中可以看到多种变换方式，如图2-41所示。执行"斜切"命令，然后拖曳控制点可以使图像斜切，如图2-42所示。

图2-41

图2-42

03 若执行"扭曲"命令，可以任意调整控制点的位置，如图2-43所示。若执行"透视"命令，拖曳控制点可以在水平或垂直方向对图像应用透视，如图2-44所示。

图2-43

图2-44

04 若执行"变形"命令,将会出现网格状的控制框,拖曳控制点即可进行自由扭曲,如图2-45所示。还可以在选项栏中选择一种形状来确定图像变形的方式,如图2-46所示。

图2-45　　　　　　　　　　　图2-46

05 在自由变换状态下右击,在弹出的快捷菜单中还可以看到另外5个命令,即旋转180度、旋转90度(顺时针)、旋转90度(逆时针)、水平翻转和垂直旋转,执行相应的命令可以进行旋转操作。图2-47和图2-48所示为顺时针旋转90和垂直旋转的效果。

图2-47　　　　　　　　　　　图2-48

实例012　通过复制并变换制作背景图案

文件路径	第2章\通过复制并变换制作背景图案	
难易指数	★★★★★	
技术掌握	● 自由变换 ● 复制变换 ● 钢笔工具	扫码深度学习

操作思路

本案例主要通过在自由变换选项栏中设置旋转角度进行精确的旋转,然后多次使用Ctrl+Shift+Alt+T快捷键进行复制并变换,绘制出放射状的背景图案,最后置入素材。

案例效果

案例效果如图2-49所示。

图2-49

01 执行菜单"文件>新建"命令,在弹出的"新建文档"对话框中,设置"宽度"为1428像素、"高度"为1009像素、"分辨率"为300像素/英寸,单击"创建"按钮,如图2-50所示。将前景色设置为绿色,使用前景色进行背景填充(填充快捷键为Alt+Delete),如图2-51所示。

图2-50

图2-51

02 新建一个图层。选择工具箱中的多边形套索工具绘制三角形选区,然后将前景色设置为浅绿色,进行选区内部填充,效果如图2-52所示。填充完成后,按Ctrl+D快捷键取消选区。

图2-52

03 按Ctrl+J快捷键复制图层,如图2-53所示。使用Ctrl+T快捷键进行自由变换。此时形状周围出现界定框,将界定框中心位置的控制点移至右下方控制点处，如图2-54所示。

图2-53

图2-54

04 在选项栏中设置"旋转角度"为15度，此时画面中心的形状发生旋转变化，如图2-55所示。按Enter键完成此操作。

图2-55

05 使用Ctrl+Shift+ Alt+T快捷键进行复制变换，得到旋转一圈的效果，如图2-56所示。选中所有形状图层，将其向下拖曳，放置于图层组内，如图2-57所示。

06 单击图层组，使用Ctrl+T快捷键进行自由变换，按住Shift键的同时，按住界定框右上方的控制点将其向右上方拖，如图2-58所示。调整完成后按Enter键，完成此操作，效果如

图2-59所示。

图2-56

图2-57

图2-58

图2-59

07 执行菜单"文件>置入嵌入的智能对象"命令，置入素材"1.png"，如图2-60所示。按Enter键完成置入操作，最终效果如图2-61所示。

图2-60

图2-61

提示 等比缩放和以中心等比缩放

按住Shift键并同时拖曳界定框4个角点处的控制点可以进行等比缩放，如图2-62所示。如果按住Alt+Shift键拖曳界定框4个角点处的控制点，能够以中心点作为缩放中心进行等比缩放，如图2-63所示。

W：3.99 厘米
H：5.19 厘米

按住Shift键拖曳

图2-62

按住Shift-Alt键拖曳

图2-63

实例013	通过内容识别缩放制作横版广告
文件路径	第2章\通过内容识别缩放制作横版广告
难易指数	★★★★★
技术掌握	● 画布大小 ● 内容识别缩放

🔍扫码深度学习

💡 **操作思路**

　　使用"内容识别缩放"命令对图形进行缩放时，可以自动识别画面中的主体物，在缩放时会尽可能地保持主体物不变，而通过压缩背景部分来改变画面整体大小。本案例首先使用"画布大小"命令来拉长画布宽度，接着置入文字素材，制作横版的广告图片。

🖱 **案例效果**

　　案例效果如图2-64所示。

图2-64

🎤 **操作步骤**

01 执行菜单"文件>打开"命令，打开素材"1.jpg"，如图2-65所示。

图2-65

02 双击"背景"图层，在弹出的"新建图层"对话框中单击"确定"按钮，将其转换为普通图层。执行菜单"图像>画布大小"命令，在弹出的"画布大小"对话框中，设置"宽度"为21.07厘米、"高度"为9厘米，单击"确定"按钮，如图2-66所示。

此时画面如图2-67所示。

图2-66　　　　图2-67

03 执行菜单"编辑>内容识别缩放"命令，在选项栏中单击"保护肤色"按钮，接着按住界定框左侧中部的控制点向左侧拖曳，如图2-68所示。此时画面中蓝色背景部分被拉长，主体物并没有变化，如图2-69所示。然后按Enter键完成此操作。

图2-68　　　　图2-69

04 执行菜单"文件>置入嵌入的智能对象"命令，置入素材"2.png"，如图2-70所示。将素材调整至合适位置后，按Enter键完成置入操作。最终效果如图2-71所示。

图2-70　　　　图2-71

📖 **要点速查："内容识别缩放"的选项栏**

➤ 内容识别缩放：允许在调整大小的过程中使用Alpha通道来保护内容。可以在"通道"面板中创建一个用于"保护"特定内容的Alpha通道（需要保护的内容为白色，其他区域为黑色），然后在选项栏的"保护"下拉列表中选择该通道即可。

➤ 单击选项栏中的"保护肤色"按钮，在缩放图像时可以保护人物的肤色区域，避免人物变形。

实例014	通过操控变形制作灯塔形态
文件路径	第2章\通过操控变形制作灯塔形态
难易指数	★★★★★
技术掌握	操控变形

🔍扫码深度学习

💡 **操作思路**

　　"操控变形"可以对图形的形态进行调整，例如，改变人或动物的动作、改变图形的外形。本案例就使用该功能将灯塔形态进行调整。

🖱 案例效果

案例对比效果如图2-72和图2-73所示。

图2-72

图2-73

🖱 操作步骤

01 执行菜单"文件>打开"命令，打开素材"1.psd"，如图2-74所示。选择需要变形的图层，执行菜单"编辑>操控变形"命令，图像上将会布满网格。在图像上单击鼠标左键可以添加用于控制图像变形的"图钉"（也就是控制点），如图2-75所示。

图2-74

图2-75

02 按住鼠标左键并拖曳控制点即可调整图像，如图2-76所示。调整完成后按Enter键确认调整，效果如图2-77所示。

图2-76

图2-77

提示 **在图像上添加或删除图钉**

执行菜单"编辑>操控变形"命令后，光标将会变为⬚形状，在图像上单击即可在单击处添加图钉。如果要删除图钉，可以单击选择该图钉，然后按Delete键，或者按住Alt键单击要删除的图钉；如果要删除所有的图钉，可以在网格上右击，在弹出的快捷菜单中选择"移去所有图钉"命令。

实例015　通过自动对齐图层组合图像

文件路径	第2章\通过自动对齐图层组合图像
难易指数	★★★★★
技术掌握	自动对齐

🔍扫码深度学习

💡 操作思路

当想要拍摄一幅全景图像时，往往会由于设备受限，无法一次性拍摄完整的全景照片。但是可以利用Photoshop对分开拍摄的多幅照片进行"组合"，得到全景图像。

🖱 案例效果

案例效果如图2-78所示。

图2-78

🖱 操作步骤

01 执行菜单"文件>新建"命令，在弹出的"新建文档"对话框中设置"宽度"为2062像素、"高度"为999像素、"分辨率"为300像素/英寸，接着单击"创建"按钮，新建文档如图2-79所示。

图2-79

02 执行菜单"文件>置入嵌入的智能对象"命令，置入素材"1.jpg"和素材"2.jpg"，调整至合适大小后，按Enter键完成置入。执行菜单"图层>栅格化>智能对象"命令，将该图层转换为普通图层。将图像摆放在合适位置，此时画面如图2-80所示。

图2-80

03 按住Ctrl键依次加选其中的两个图层，然后执行菜单"编辑>自动对齐图层"命令，在弹出的"自动对齐图层"对话框中选中"自动"单选按钮，然后单击"确定"按钮，如图2-81所示。稍等片刻即可完成对齐，此时画面效果如图2-82所示。

图2-81

图2-82

04 对齐完成后可以发现照片边缘有很多空白区域，接下来利用图层蒙版制作整齐的边缘。将两个图层放置在同一个图层组中。选择工具箱中的 （矩形选框工具），在画面中绘制一个矩形选区，如图2-83所示。选择图层组，单击"创建图层蒙版"按钮 ，基于选区添加蒙版，此时"图层"面板如图2-84所示。

图2-83

图2-84

05 图像的最终效果如图2-85所示。

图2-85

> **提示**
> **裁切"透明像素"**
> 　　案例最后的图像效果中会留有空白像素，如图2-86所示，此时执行"图像>裁切"命令打开"裁切"对话框，选中"透明像素"单选按钮，接着单击"确定"按钮，如图2-87所示，可以看到空白像素被裁切了。

图2-86

图2-87

📖 要点速查：自动对齐图层

　　在"图层"面板中选择两个或两个以上的图层，然后执行菜单"编辑>自动对齐图层"命令，可以打开"自动对齐图层"对话框，如图2-88所示。

图2-88

> ➢ 自动：photoshop会自动分析源图像的透视、位置等信息，然后应用"透视"或"圆柱"等版面对图像进行处理。
> ➢ 透视：通过将源图像中的一张图像指定为参考图像来创建一致的复合图像，然后变换其他图像，以匹配图层的重叠内容。
> ➢ 拼贴：对齐图层并匹配重叠内容，并且不更改图像中对象的形状（如圆形将仍然保持为圆形）。
> ➢ 圆柱：通过在展开的圆柱上显示各个图像来减少在"透视"版面中会出现的"领结"扭曲。同时，图层的重叠内容仍然相互匹配。
> ➢ 球面：将图像与宽视角对齐（垂直和水平）。指定某个源图像（默认情况下是中间图像）作为参考图像以后，对其他图像执行球面变换，以匹配重叠的内容。
> ➢ 调整位置：对齐图层并匹配重叠内容，但不会变换（伸展或斜切）任何源图层。
> ➢ 晕影去除：对导致图像边缘（尤其是角落）比图像中心暗的镜头缺陷进行补偿。
> ➢ 几何扭曲：补偿桶形、枕形或鱼眼失真。

艺境 中文版Photoshop数码照片处理全视频 实战228例

Photoshop

<table>
<tr><td colspan="2">实例016   通过自动混合图层制作全景图像</td></tr>
<tr><td>文件路径</td><td>第2章＼通过自动混合图层制作全景图像</td></tr>
<tr><td>难易指数</td><td>★★★★★</td></tr>
<tr><td>技术掌握</td><td>自动混合图层</td></tr>
</table>

扫码深度学习

操作思路

"自动混合图层"中的"全景图"功能可以实现无缝拼接图像。本案例就使用"自动混合图层"命令制作全景图。

案例效果

案例效果如图2-89所示。

图2-89

操作步骤

01 执行菜单"文件>新建"命令，在弹出的"新建文档"对话框中，设置"宽度"为1920像素、"高度"为928像素、"分辨率"为96像素/英寸，接着单击"创建"按钮，如图2-90所示。

图2-90

02 执行菜单"文件>置入嵌入的智能对象"命令，置入素材"1.jpg"，将其拖曳至画面左侧，按Enter键完成置入。执行菜单"图层>栅格化>智能对象"命令，将该图层转

换为普通图层，此时画面如图2-91所示。接着置入素材"2.jpg"，并将其放置在画面的右侧，如图2-92所示，按Enter键完成置入。执行菜单"图层>栅格化>智能对象"命令，将该图层转换为普通图层。

图2-91

图2-92

03 按住Ctrl键选中两个风景图层，然后执行菜单"编辑>自动混合图层"命令，在弹出的"自动混合图层"对话框中，选中"全景图"单选按钮，然后单击"确定"按钮，如图2-93所示。即可自动进行混合，得到合并的全景图，效果如图2-94所示。

图2-93

图2-94

> **提示**
> **自动混合图层的两种方法**
> 全景图：将重叠的图层混合成全景图。
> 堆叠图像：混合每个相应区域中的最佳细节。该选项最适合用于已对齐的图层。

<table>
<tr><td colspan="2">实例017   通过自动混合命令融合两张图像</td></tr>
<tr><td>文件路径</td><td>第2章＼通过自动混合命令融合两张图像</td></tr>
<tr><td>难易指数</td><td>★★★★★</td></tr>
<tr><td>技术掌握</td><td>自动混合图层</td></tr>
</table>

扫码深度学习

操作思路

使用"堆叠图像"方式可以将两张焦点不同的图片进行混合，得到清晰画面。使用该功能时所混合的图片尺寸必须相同。在本案例中，使用"自动混合图层"中的堆叠图像方式可以将两张图片混合在一起，呈现出清晰的画面效果。

案例效果

案例效果如图2-95所示。

图2-95

操作步骤

01 执行菜单"文件>打开"命令，或按Ctrl+O快捷键，在弹出的"打开"对话框中选择素材"1.jpg"，单击"打开"按钮，打开一张远景清晰近景模糊的图像，如图2-96所示。接着执行菜单"文件>置入嵌入的智能对象"命令，置入素材"2.jpg"，置入近景清晰远景模糊的图像，如图2-97所示。按Enter键完成置入，然后执行菜单"图层>栅格化>智能对象"命令，将该图层转换为普通图层。

艺境／第2章 图像基础操作／

实战228例

Photoshop

图2-96　　　　　　　　　　　图2-97

图2-101

02 单击"图层"面板中"背景"图层的"锁定"按钮🔒，将其进行解锁，按住Ctrl键单击选择这两个图层。执行菜单"编辑>自动混合图层"命令，在弹出的"自动混合图层"对话框中选中"堆叠图像"单选按钮，如图2-98所示。此时两个图层即可自动进行混合，每个图层上都出现了蒙版，隐藏了画面的局部，如图2-99所示。

图2-98　　　　　　　　　　　图2-99

03 此时画面的远景及近景都变清晰了，如图2-100所示。

图2-100

实例018　通过自动混合图层制作古书

文件路径	第 2 章 \ 通过自动混合图层制作古书
难易指数	★★★★★
技术掌握	自动混合图层

🔍扫码深度学习

操作思路

本案例使用"自动混合图层"中的"堆叠图像"选项，对图片自动进行内容识别，使之混合到下层图像中。

案例效果

案例效果如图2-101所示。

操作步骤

01 执行菜单"文件>打开"命令，或按Ctrl+O快捷键，在弹出的"打开"对话框中选择素材"1.jpg"，单击"打开"按钮，如图2-102所示。

图2-102

02 执行菜单"文件>置入嵌入的智能对象"命令，置入素材"2.jpg"，如图2-103所示。将图片调整至合适位置，按Enter键完成置入，然后执行菜单"图层>栅格化>智能对象"命令，将该图层转换为普通图层。

图2-103

03 单击"图层"面板中"背景"图层的"锁定"按钮🔒，将其进行解锁。按住Ctrl键，选择需要混合的两个图层，如图2-104所示。执行菜单"编辑>自动混合图层"命令，在弹出的"自动混合图层"对话框中选中"堆叠图像"单选按钮，然后单击"确定"按钮，如图2-105所示。

艺境 中文版Photoshop数码照片处理全视频 实战228例

Photoshop

图2-104

图2-105

04 此时这两个图层将进行混合，"图层"面板如图2-106所示。画面最终效果如图2-107所示。

图2-106

图2-107

实例019　裁剪调整构图

文件路径	第2章\裁剪调整构图
难易指数	★★★★★
技术掌握	裁剪工具

扫码深度学习

操作思路

使用裁剪工具可以裁剪多余的图像，并重新定义画布的大小。利用该功能可以快速调整画面构图。本案例使用裁剪工具调整图片构图，并裁剪画面多余景物，使主体人物更突出。

案例效果

案例对比效果如图2-108和图2-109所示。

图2-108

图2-109

操作步骤

01 打开一张图片，如图2-110所示。我们能够看到当前画面景别为中景，要想将人物变为近景，可以通过裁剪工具将不需要的内容裁剪掉，使这张照片中的人物显得更加突出。

图2-110

02 选择工具箱中的 ▣ (裁剪工具)，然后从画面的右下角向左上角方向拖曳进行裁剪，如图2-111所示。

图2-111

03 绘制完成后，若裁切框位置不合理，可以将光标移至裁切框内，当光标变为 ▶ 形状时，按住鼠标左键并拖曳即可移动裁切框的位置，如图2-112所示。

图2-112

04 裁切框绘制完成后也是可以调整大小的，调整的方式和调整界定框的方式一样。将光标放置在控制点处拖曳即可调整裁切框的大小。在裁切时可以看到裁切框上还有4条分割线，这4条线是辅助我们进行构图的。可以利用三分法的原则进行构图，将头部放置在交点的位置，如图2-113所示。调整完成后按Enter键即可确定裁切操作，效果如图2-114所示。

图2-113

图2-114

📖 要点速查：裁剪工具的选项

裁剪选项栏如图2-115所示。

图2-115

➢ 比例 ᐁ 约束方式：在下拉列表中可以选择多种裁切的约束比例。

➢ 约束比例：用来自定义约束比例数值。

➢ 清除 清除：单击该按钮，可以清除长宽比和分辨率值。

➢ 拉直：通过在图像上画一条直线来拉直图像。

➢ ⊞设置裁剪工具的叠加选项：在该下拉列表中可以选择裁剪的参考线方式，包括"三等分""网格""对角""三角形""黄金比例"和"金色螺线"，也可以设置参考线的叠加显示方式。

➢ ⚙设置其他裁剪选项：在这里可以对裁剪的其他参数进行设置。例如，可以使用经典模式或设置裁剪屏蔽的颜色、透明度等参数。

➢ 删除裁剪的像素：确定是否保留或删除裁剪框外部的像素。如果不选中该复选框，多余的区域可以处于隐藏状态；如果想要还原裁切之前的画面，只需再次选择裁剪工具，然后随意操作即可看到原文档。

实例020　拉直地平线

文件路径	第2章\拉直地平线
难易指数	★★★★★
技术掌握	裁剪工具

🔍扫码深度学习

💡 操作思路

"裁剪工具"不仅可以用于裁剪图像，还可以将倾斜的图片拉直，呈现出水平的视觉感。本案例使用裁剪工具在画面草坪倾斜部分拖曳，释放鼠标后画面自动形成水平效果。

🔲 案例效果

案例对比效果如图2-116和图2-117所示。

图2-116

图2-117

🎤 操作步骤

01 执行菜单"文件>打开"命令，或按Ctrl+O快捷键，在弹出的"打开"对话框中选择素材"1.jpg"，"打开"按钮，如图2-118所示。

图2-118

02 原始风景图片中的地平线较倾斜，可以使用工具箱中的裁剪工具去除倾斜感。选择工具箱中的裁剪工具，在选项栏中单击"拉直"按钮，接下来将光标移至画面左侧草坪处，单击鼠标左键，沿着倾斜的草坪从左侧向右侧拖曳，如图2-119所示。

图2-119

03 释放鼠标后画面自动呈现水平效果，如图2-120所示。按Enter键确定该操作，画面最终效果如图2-121所示。

图2-120

图2-121

实例021 使用透视裁剪制作建筑立面贴图

文件路径	第2章\使用透视裁剪制作建筑立面贴图
难易指数	★★★★★
技术掌握	透视裁剪工具

扫码深度学习

操作思路

口. （透视裁剪工具）可以在对图像进行裁剪的同时调整图像的透视效果，常用于去除图像中的透视感，或者在带有透视感的图像中提取局部画面，也可以为图像添加透视感。本案例使用透视裁剪工具提取局部城堡部分，使原本带有透视感的城堡平面化，并自动删除图片中多余的部分。

案例效果

案例对比效果如图2-122和图2-123所示。

图2-122

图2-123

操作步骤

01 执行菜单"文件>打开"命令，或按Ctrl+O快捷键，在弹出的"打开"对话框中选择素材"1.jpg"，单击"打开"按钮，如图2-124所示。

图2-124

02 原始风景图片中的城堡具有透视感，要想去除这种透视感可以使用工具箱中的透视裁剪工具。单击工具箱中的口.（透视裁剪工具），接着在城堡左侧建立控制点，然后将光标移动至城堡右上角处单击，如图2-125所示。继续将光标移到右下角处单击，然后在左下角处单击完成裁剪框的绘制，如图2-126所示。

图2-125

图2-126

03 双击画布完成裁剪，此时画面的透视效果被去除，并且裁剪框以外的内容也被删除了，最终效果如图2-127所示。

图2-127

实例022　去掉多余像素

文件路径	第2章\去掉多余像素
难易指数	★★★★★
技术掌握	裁切命令

🔍扫码深度学习

💡操作思路

使用"裁切"命令可以基于像素的颜色裁剪图像。本案例为横构图图像，使用"裁切"命令后可自动识别像素颜色，生成竖构图图像。

🖱案例效果

案例对比效果如图2-128和图2-129所示。

图2-128　　　　　　　图2-129

🎤操作步骤

01 执行菜单"文件>打开"命令，或按Ctrl+O快捷键，在弹出的"打开"对话框中选择素材"1.jpg"，单击"打开"按钮，如图2-130所示。

图2-130

02 执行菜单"图像>裁切"命令，在弹出的"裁切"对话框中，选中"左上角像素颜色"单选按钮，然后单击"确定"按钮完成裁切，如图2-131所示。最终效果如图2-132所示。

图2-131

图2-132

📖要点速查："裁切"命令的选项

➢ 透明像素：可以裁切图像边缘的透明区域，只将非透明像素区域的最小图像保留下来。只有图像中存在透明区域时该选项才可用。

➢ 左上角像素颜色：从图像中删除左上角像素颜色的区域。

➢ 右下角像素颜色：从图像中删除右下角像素颜色的区域。

➢ 顶/底/左/右：设置修正图像区域的方式。

第**3**章

修饰与美化

 本章概述　　Photoshop是目前世界上应用最广泛、功能最强大的图形图像处理软件。使用该软件可以非常方便地绘制图像、进行调色润色、修复图像瑕疵以及制作图像特效。本章主要围绕"修图"这个主题进行学习。

 本章重点
◆ 学会使用修复图像瑕疵的多种工具
◆ 掌握减淡工具、加深工具、海绵工具、模糊工具的使用方法

/ 佳 / 作 / 欣 / 赏 /

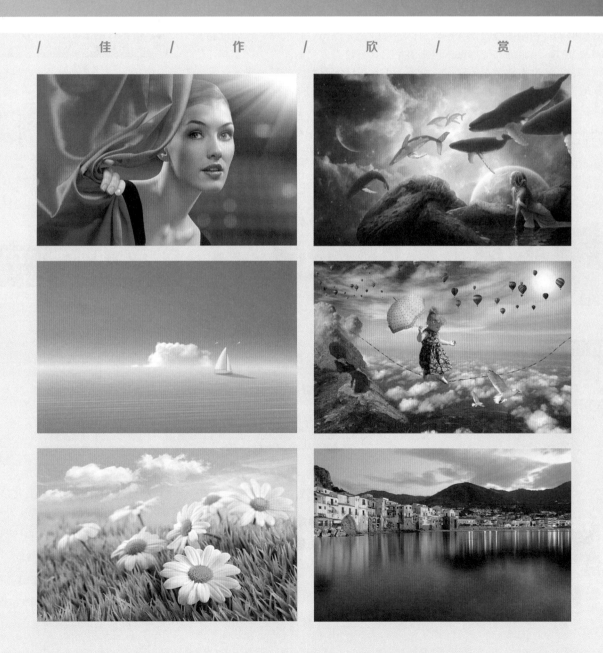

3.1 瑕疵去除

若图片不够完美，就需要对其进行修改，例如去除瑕疵、调整位置等。如果是人像，那么祛斑、祛痘这些操作都是很常用的，在Photoshop中可以通过仿制图章工具、污点修复画笔、修补工具等轻松处理。

实例023　使用仿制图章工具去除地面杂物

文件路径	第3章\使用仿制图章工具去除地面杂物
难易指数	★★★★★
技术掌握	仿制图章

🔍扫码深度学习

💡 操作思路

使用🖌（仿制图章工具）可以对画面中的部分内容进行取样，然后以画笔绘制的方式，绘制到其他区域。仿制图章工具是较为方便的图像修饰工具，使用频率非常高。本案例主要使用仿制图章工具在草地中取源，然后将鼠标移动到草地中的杂物上方，拖动鼠标进行涂抹，此时地面上的杂物将会被草地所替换。

🖱 案例效果

案例对比效果如图3-1和图3-2所示。

图3-1

图3-2

🎤 操作步骤

01 执行菜单"文件>打开"命令，打开素材"1.jpg"，如图3-3所示。选择工具箱中的🖌（仿制图章工具），在选项栏的"画笔预设管理器"中设置"大小"为100像素的柔边圆画笔笔尖，如图3-4所示。

图3-3

图3-4

02 设置完成后，按住Alt键在杂物附近的草丛处，单击鼠标左键拾取草丛内容。拾取完成后，在需要修复的地方按住鼠标左键拖曳，如图3-5所示。在拖曳过程中可以看出杂物渐渐被草地所覆盖，不断拾取杂物最接近草丛的部分，画面最终效果如图3-6所示。

图3-5

图3-6

实例024　使用仿制图章工具美化眼睛

文件路径	第3章\使用仿制图章工具美化眼睛
难易指数	★★★★★
技术掌握	仿制图章工具

🔍扫码深度学习

💡 操作思路

本案例使用仿制图章工具拾取眼部周围正常的皮肤进行取样，并使用涂抹的方式去除眼部周围深色的皮肤部分。

🖱 案例效果

案例对比效果如图3-7和图3-8所示。

艺境 中文版Photoshop数码照片处理全视频 实战228例

Photoshop

图3-7

图3-8

操作步骤

01 执行菜单"文件>打开"命令,打开素材"1.jpg",如图3-9所示。可以看到画面中的女孩眼部下方肤色较深。

图3-9

02 接着按住Alt键并滑动鼠标滚轮放大画面。选择工具箱中的 ⚐ (仿制图章工具),在选项栏中设置画笔"大小"为25像素、"不透明度"为40%,接着按住Alt键并单击鼠标左键对画面中眼睛周围区域进行取样,如图3-10所示。

图3-10

03 在眼睛下部按住鼠标左键单击或拖曳,以去除下眼睑肤色偏暗的

问题,如图3-11所示。为了让效果更加自然,在修补的过程中可以适当调整笔尖的大小,并随时进行取样,画面最终效果如图3-12所示。

图3-11

图3-12

实例025　使用图案图章工具制作印花手提包

文件路径	第3章\使用图案图章工具制作印花手提包
难易指数	⭐⭐⭐⭐⭐
技术掌握	● 图案图章工具 ● 载入图案库素材

扫码深度学习

操作思路

📖 (图案图章工具)是通过涂抹的方式绘制预先选择好的图案。本案例主要使用图案图章工具为画面的局部添加图案,由于Photoshop自带的图案有限,所以需要载入外挂的图案库素材,然后使用图案图章工具以合适的混合模式在画面中添加图案。

案例效果

案例对比效果如图3-13和图3-14所示。

图3-13

图3-14

操作步骤

01 执行菜单"文件>打开"命令,打开素材"1.jpg",如图3-15所示。在"图层"面板中使用Ctrl+J快捷键复制背景图层。执行菜单"编辑>预设>预设管理器"命令,在弹出的"预设管理器"对话框中将预设类型设置为"图案",单击"载入"按钮,如图3-16所示。

图3-15

图3-16

02 在弹出的"载入"对话框中选择"图案.pat"素材,然后单击"载入"按钮,如图3-17所示。此时载入的图案会出现在所有图案的最后面,如图3-18所示。

图3-17

图3-18

03 选择工具箱中的 (图案图章工具),在选项栏的"画笔预设选取器"中设置合适的大小及硬度,设置"模式"为"正片叠底",然后打开"图案拾取器"设置为刚载入的图案。接着将光标移到包的下半部分,按住鼠标左键细致地涂抹,效果如图3-19所示。接下来绘制手提包的上面部分。打开选项栏中的"图案拾取器"更换图案,继续按住鼠标左键在手提包的上面部分涂抹,涂抹细节部位时需减小画笔大小,最终效果如图3-20所示。

图3-19

图3-20

实例026　使用污点修复画笔工具修复海面

文件路径	第3章\使用污点修复画笔工具修复海面
难易指数	★★★★★
技术掌握	污点修复画笔工具

扫码深度学习

操作思路

(污点修复画笔工具)是一款简单、有效的修复工具,常用于去除画面中较小的瑕疵。本案例使用污点修复画笔工具并调整合适的画笔笔尖,在海岸上的多余部分涂抹,使原本杂乱的海面呈现出清透、碧蓝的景象。

案例效果

案例对比效果如图3-21和图3-22所示。

图3-21

图3-22

操作步骤

01 执行菜单"文件>打开"命令,打开素材"1.jpg",如图3-23所示。可以看到海面多余的部分,如图3-24所示。

图3-23

图3-24

02 选择工具箱中的 (污点修复画笔工具),在选项栏中单击"画笔预设"下拉按钮,在"画笔预设"面板中设置"大小"为40像素、"硬度"为0,设置"模式"为"正常",设置"源取样类型"为"内容识别",如图3-25所示。设置完成后,将光标移动到海岸中浪花处,按住鼠标左键沿浪花走向进行拖曳绘制,此时涂抹过的部分将自动识别并填充为海面,如图3-26所示。

图3-25

图3-26

03 继续在海面中的人物及游艇处涂抹,画面最终效果如图3-27所示。

图3-27

⬛ 要点速查:污点修复画笔工具的选项

污点修复画笔选项栏如图3-28所示。

图3-28

➢ 模式:在设置修复图像的混合模式时,除"正常""正片叠底"等常用模式外,还有一个"替换"模式,该模式可以保留画笔描边边缘

处的杂色、胶片颗粒和纹理。

➢ 近似匹配:可以查找选区周围较为相似的像素进行修补。

➢ 创建纹理:可以使用选区中的所有像素创建一个用于修复该区域的纹理。

➢ 内容识别:可以使用选区周围的像素进行修复。

实例027　使用污点修复画笔工具去除面部斑点

文件路径	第3章 \ 使用污点修复画笔工具去除面部斑点
难易指数	⭐⭐⭐⭐⭐
技术掌握	污点修复画笔工具

💡 操作思路

在本案例中使用污点修复画笔工具将人物面部斑点去除,打造出干净的面孔效果。

🖱 案例效果

案例对比效果如图3-29和图3-30所示。

图3-29　　　　　　　　　　　图3-30

🎙 操作步骤

01 执行菜单"文件>打开"命令,或按Ctrl+O快捷键,在弹出的"打开"对话框中选择素材"1.jpg",然后单击"打开"按钮,效果如图3-31所示。可以看到画面中人物面部有较多的斑点,下面就来去除鼻子上的斑点。选择工具箱中的污点修复画笔工具,在选项栏中单击"画笔预设"下拉按钮,在"画笔预设"面板中设置"大小"为100像素,"硬度"为0,设置"模式"为"正常",设置"类型"为"内容识别",如图3-32所示。

图3-31　　　　　　　　　　　图3-32

02 将光标移至斑点上方,如图3-33所示。此时按住鼠标左键,释放后效果如图3-34所示。

图3-33 　　　　　　　　　　　　　　　　图3-34

03 同样的方法去除其他斑点，效果如图3-35所示。按照上述方法去除眼底位置的细纹，最终画面效果如图3-36所示。

图3-35 　　　　　　　　　　　　　　　　图3-36

实例028　　使用修复画笔工具去除多余人物

文件路径	第3章\使用修复画笔工具去除多余人物
难易指数	★★★★★
技术掌握	修复画笔工具

扫码深度学习

操作思路

　　使用修复画笔工具时，首先需要在画面中取样。然后在要去除的区域涂抹，软件会将样本像素的纹理、光照、透明度和阴影与所修复的像素进行匹配，使修复后的像素与源图像更好地融合，从而完成瑕疵的去除。本案例主要使用修复画笔工具，调整合适的画笔笔尖后在画面中多余人物部分进行涂抹，使原本混乱的画面呈现出干净、完美的画面。

案例效果

　　案例对比效果如图3-37和图3-38所示。

图3-37 　　　　　　　　　　　　　　　　图3-38

操作步骤

01 执行菜单"文件>打开"命令，打开素材"1.jpg"，如图3-39所示。选择工具箱中的 ✎（修复画笔工具），在选项栏中设置画笔"大小"为125

像素，设置修复区域的"源"为"取样"，设置"扩散"为5像素。然后在画面中与修复内容相近的云彩位置按住Alt键单击进行取样，如图3-40所示。

图3-39

图3-40

02 在需要修复的位置按住鼠标左键进行涂抹，涂抹的区域逐渐被覆盖上天空的内容，如图3-41所示。继续涂抹，在涂抹过程中需要多次取样，以防止修复的内容露出破绽，最终效果如图3-42所示。

图3-41

图3-42

中文版Photoshop数码照片处理全视频　实战228例　Photoshop

要点速查：修复画笔工具的选项

修复画笔选项栏如图3-43所示。

图3-43

➢ 源：设置用于修复像素的源。选择"取样"选项时，可以使用当前图像的像素来修复图像；选择"图案"选项时，可以使用某个图案作为取样点。

➢ 对齐：勾选该复选框后，可以连续对像素进行取样，即使释放鼠标也不会丢失当前的取样点；取消勾选该复选框后，则会在每次停止并重新开始绘制时使用初始取样点中的样本像素。

实例029	使用修补工具去除皱纹
文件路径	第 3 章 \ 使用修补工具去除皱纹
难易指数	★★★★★
技术掌握	修补工具

扫码深度学习

操作思路

在Photoshop中，（修补工具）是一个简单实用的工具。该工具可以使用图像中的部分内容覆盖修复特定区域。本案例先使用修补工具将老人眼睛下方的眼纹去掉；接着调整画笔笔尖大小，在画面中修补面部色块，使整体颜色一致；最后使用此方法调整鼻梁部位，使画面中的人物重现青春。

案例效果

案例对比效果如图3-44和图3-45所示。

图3-44

图3-45

操作步骤

01 执行菜单"文件>打开"命令，打开素材"1.jpg"，如图3-46所示。选择工具箱中的（缩放工具），将光标移动到画面中单击放大显示比例，方便观察并准确地修饰人物图像，如图3-47所示。

图3-46

图3-47

02 选择工具箱中的（修补工具），在选项栏中单击"新选区"按钮，设置"修补"为"正常"，并单击"源"按钮，如图3-48所示。将光标移动到画面中，按住鼠标左键沿着要修补的部分拖曳绘制选区，释放鼠标即可得到选区，接着将光标定位在选区中，如图3-49所示。

图3-48

图3-49

35

03 按住鼠标左键将选区向没有皱纹的区域拖曳，如图3-50所示。释放鼠标完成修补，如图3-51所示。接着使用Ctrl+D快捷键取消选区。

图3-50

图3-51

04 继续使用修补工具去除皱纹，效果如图3-52所示。

图3-52

05 此时可以看出皮肤颜色红白不匀均。使用修补工具绘制较小选区，如图3-53所示，仔细地将其移至干净部位，完成后画面效果如图3-54所示。

图3-53

图3-54

06 鼻梁区域有明显凹陷，如图3-55所示。继续绘制选区，并移动至好的皮肤上，画面人物最终呈现出年轻面貌，如图3-56所示。

图3-55

图3-56

🔖 **要点速查：修补工具的选项**

修补选项栏如图3-57所示。

图3-57

> 修补：创建选区后，选择"源"选项时，将选区拖曳到要修补的区域后，释放鼠标左键，就会用当前选区中的像素修补原来选区中的像素，达到修补的目的；选择"目标"选项时，移动选区位置后，选区中的像素将会被复制，并且与当前区域进行匹配。

> 透明：勾选该复选框后，可以使修补的图像与原始图像产生透明的叠加效果，该选项适用于修补清晰分明的纯色背景或渐变背景。

> 使用图案：使用修补工具创建选区后，单击"使用图案"按钮，可以使用图案修补选区内的图像。

实例030	使用内容感知移动工具改变人物位置
文件路径	第3章\使用内容感知移动工具改变人物位置
难易指数	⭐⭐⭐⭐⭐
技术掌握	内容感知移动工具

🔍扫码深度学习

💡**操作思路**

⬛（内容感知移动工具）是一个非常神奇的移动工具，它可以将选区中的像素"移动"到其他位置，而原来位置将会被智能填充，并与周围像素融为一体。本案例将使用该工具将人物从画面一侧轻松地"移动"到画面另一侧。

内部，按住鼠标左键并拖曳，如图3-62所示。

图3-61　　　　　　　　图3-62

案例效果

案例对比效果如图3-58和图3-59所示。

图3-58

03 移动到适当的位置后释放鼠标左键，单击选项栏中的"提交变换"按钮✓，如图3-63所示。可以看到原位置人物消失，新位置出现了人物，如图3-64所示。使用Ctrl+D快捷键取消选区，效果如图3-65所示。

图3-63　　　　　图3-64　　　　　图3-65

04 继续在内容感知移动选项栏中将"模式"设置为"扩展"，然后使用该工具绘制选区，并向右拖曳，释放鼠标即可看到移动并复制的人像效果，如图3-66所示。

图3-59

操作步骤

01 执行菜单"文件>打开"命令，打开素材"1.jpg"，如图3-60所示。

图3-60

02 选择工具箱中的 （内容感知移动工具），在选项栏中单击"新选区"按钮 ，设置"模式"为"移动"，设置"适应"为"中"，接着在人物边缘按住鼠标左键进行拖曳，当所画的线首尾相接时便会形成选区，如图3-61所示。将光标放在选区

图3-66

实例031　使用红眼工具去除人物的"红眼"

文件路径	第4章\使用红眼工具去除人物的"红眼"
难易指数	★★★★★
技术掌握	红眼工具

🔍扫码深度学习

操作思路

在Photoshop中， （红眼工具）是一个简单实用的工具。该工具可以修复图像中人物的"红眼"。在光线较暗的环境中使用闪光灯进行拍照，经常会造成黑眼球变红的情况，也就是通常所说的"红眼"。本案例将使用红眼工具去除红眼。

案例效果

案例对比效果如图3-67和图3-68所示。

图3-67

图3-68

操作步骤

01 执行菜单"文件>打开"命令,打开素材"1.jpg",如图3-69所示。

图3-69

02 选择工具箱中的🔍(缩放工具),在画面中单击,将画面放大显示,方便更准确地校正瞳孔颜色。选择工具箱中的👁(红眼工具),在选项栏中设置"瞳孔大小"为50%、"变暗量"为50%,然后将光标移动到左侧瞳孔处,按住鼠标左键拖曳矩形框,将人物瞳孔定位在矩形框中间位置,如图3-70所示。

图3-70

03 释放鼠标左键校正完成,效果如图3-71所示。接着使用同样的方式去除另一个红眼,最终效果如图3-72所示。

图3-71

图3-72

实例032 使用"内容识别"选项去掉墙上的挂画

文件路径	第3章\使用"内容识别"选项去掉墙上的挂画	
难易指数	★★★★★	🔍扫码深度学习
技术掌握	内容识别	

操作思路

在Photoshop中,"内容识别"像魔术一样神奇,在修饰图片过程中也为人们提供了很多捷径。本案例中,首先针对挂画进行框选,然后执行菜单"编辑>填充"命令,并设置"内容"为"内容识别",画面中挂画将会消失,达到想要的效果。

案例效果

案例对比效果如图3-73和图3-74所示。

图3-73

图3-74

操作步骤

01 执行菜单"文件>打开"命令,打开素材"1.jpg",如图3-75所示。

图3-75

02 接下来去除墙壁两侧挂画及地面挂画倒影。首先选择工具箱中的□(矩形选框工具),将想要去除的挂画框选,如图3-76所示。执行菜单"编辑>填充"命令,在弹出的"填充"对话框中设置"内容"为"内容识别",勾选"颜色适应"复选框,设置完成后单击"确定"按钮,如图3-77所示。

图3-76

图3-77

03 此时选区内的挂画将自动填充为墙壁，如图3-78所示。按Ctrl+D快捷键取消选区。接着去除地面上挂画的倒影。在倒影处使用矩形选框工具进行框选，如图3-79所示。

图3-78

图3-79

04 执行菜单"编辑>填充"命令，按同样的方法设置"填充"对话框中的参数，此时画面效果如图3-80所示。使用同样的方法去除左侧挂画及倒影，最终效果如图3-81所示。

图3-80

图3-81

3.2 细节修饰

在Photoshop的工具箱中，还包括多个可用于图像细节调整的工具，例如，对局部区域进行加深、减淡、弱化色彩、强化色彩、模糊处理、锐化处理等。

实例033	模糊工具柔化表面质感	
文件路径	第3章\模糊工具柔化表面质感	
难易指数	★★★★★	
技术掌握	模糊工具	扫码深度学习

操作思路

运用 （模糊工具）可以增加画面层次，也可以达到强化主体物、隐藏瑕疵的目的。该工具可作为皮肤处理工具使用，能有效降低画面锐度，使表面粗糙的物体呈现光滑质感，操作起来既方便又快捷。本案例就来使用该工具将画面中凹凸不平的地方进行模糊，使其表面变得较为柔和。

案例效果

案例对比效果如图3-82和图3-83所示。

图3-82

图3-83

操作步骤

01 执行菜单"文件>打开"命令，打开素材"1.jpg"，如图3-84所示。单击工具箱中的 🔍"（缩放工具）"，在画面中单击，将画面放大显示，可以看到画面中胡萝卜的表面纹理过于清晰，凹部位置影响画面美感。

图3-84

02 选择工具箱中的 ◌.（模糊工具），在选项栏中单击"画笔预设"按钮，在"画笔预设"面板中设置"大小"为30像素、"硬度"为0的柔边圆画笔，设置"模式"为"正常"，设置"强度"为100%，接着将光标移动到胡萝卜的凹处部位进行涂抹，被涂抹的地方凹凸感被弱化，如图3-85所示。接着在其他凹凸不平的位置进行涂抹，画面最终效果如图3-86所示。

图3-85

图3-86

实例034　模糊环境突出主体

文件路径	第3章＼模糊环境突出主体
难易指数	★★★★★
技术掌握	模糊工具

🔍 扫码深度学习

🛈 操作思路

　　◌.（模糊工具）可降低相邻像素的对比度，使画面感较为柔和。本案例使用模糊工具将画面周围环境模糊处理，呈现出景深效果，增强画面纵深感。

🖱 案例效果

　　案例对比效果如图3-87和图3-88所示。

图3-87

图3-88

🎙 操作步骤

01 执行菜单"文件>打开"命令，打开素材"1.jpg"，如图3-89所示。

图3-89

02 为了突出画面中的糕点主体，要在盘子周围进行模糊处理。选择工具箱中的◌.（模糊工具），在选项栏中单击"画笔预设"按钮，在"画笔预设"面板中设置"大小"为500像素、"硬度"为0的柔边圆画笔，设置"模式"为"正常"，设置"强度"为100%，如图3-90所示。将光标移动到画面内，在盘子及画面四周进行涂抹，最终效果如图3-91所示。

图3-90

图3-91

提示 通过设置"强度"调整模糊程度

　　"强度"数值用来设置模糊的强度。使用模糊工具在画面中涂抹即可使局部变得模糊，涂抹的次数越多，该区域就越模糊。

实例035　锐化增强细节

文件路径	第3章＼锐化增强细节
难易指数	★★★★★
技术掌握	● 锐化工具　　● 曲线

🔍 扫码深度学习

🛈 操作思路

　　△.（锐化工具）用于增强图像局部的清晰度。使用"锐化"功能可以快速聚焦模糊边缘，能够进一步提升画面清晰度，使图像更加容易找到焦点，但在操作过程中要合理设置锐化数值，数值过大不但会破坏画面质感美，还会给人一种烦躁、干裂的感觉。本案例使用锐化工具对画面进行锐化处理，增强画面清晰度。

🖱 案例效果

　　案例对比效果如图3-92和图3-93所示。

图3-92

图3-93

操作步骤

01 执行菜单"文件>打开"命令，打开素材"1.jpg"，如图3-94所示。

图3-94

02 为了突出松鼠的皮毛质感，针对画面进行锐化处理。选择工具箱中的 △ （锐化工具），在选项栏中单击"画笔预设"下拉按钮，在"画笔预设"面板中设置"大小"为150像素、"硬度"为0，设置"模式"为"正常"，设置"强度"为100%，如图3-95所示。将光标移动到松鼠身体上方，按住鼠标左键进行涂抹。此时松鼠的毛发逐渐趋于清晰，突出了质感，如图3-96所示。

图3-95

图3-96

03 继续在树枝近景处涂抹，锐化枝叶，加大空间关系，如图3-97所示。

图3-97

04 由于画面色调灰度较高，所以应提升画面对比度，增强视觉冲击力。执行菜单"图层>新建调整图层>曲线"命令，在弹出的"新建图层"对话框中单击"确定"按钮。在"属性"面板中的曲线上方添加两个控制点，使曲线呈"S"形，如图3-98所示。画面最终效果如图3-99所示。

图3-98

图3-99

实例036 使用涂抹工具制作绘画感

文件路径	第3章\使用涂抹工具制作绘画感
难易指数	★★★★★
技术掌握	涂抹工具

Q扫码深度学习

操作思路

 （涂抹工具）"可以模拟手指划过湿油漆时所产生的效果。通常在画面中使用涂抹工具，能够增强画面艺术感，还能够有效地改变图片风格。本案例使用涂抹工具对画面进行适当的涂抹，使画面呈现出绘画效果。

案例效果

案例对比效果如图3-100和图3-101所示。

图3-100

图3-101

操作步骤

01 执行菜单"文件>打开"命令，打开素材"1.jpg"，如图3-102所示。

图3-102

02 选择工具箱中的 （涂抹工具），在选项栏中设置画笔"大小"为50像素的柔边圆画笔，然后设置"强度"为50%，如图3-103所示。设置完成后，在画面中按住鼠标左键，在尾部羽毛处按照羽毛走向进行拖曳，如图3-104所示。

图3-103

图3-104

03 继续在其他尾部羽毛处拖曳，效果如图3-105所示。调整选项栏中画笔的"大小"和"强度"，在鹦鹉身体羽毛处进行涂抹，如图3-106所示。

图3-105

图3-106

04 在选项栏中设置"模式"为"变亮"，勾选"手指绘画"复选框，则可以设置合适的前景色，然后沿着羽毛走向进行涂抹，前景色与画面内容会产生混合，如图3-107所示。最终效果如图3-108所示。

图3-107

图3-108

📖 要点速查：涂抹工具的选项

涂抹选项栏如图3-109所示。

图3-109

➢ 强度：用来设置颜色展开的衰减程度。
➢ 模式：设置涂抹位置颜色的混合模式。
➢ 手指绘画：勾选"手指绘画"复选框后，可以使用前景色进行涂抹绘制。

实例037	使用减淡工具制作纯白背景	
文件路径	第3章\使用减淡工具制作纯白背景	
难易指数	⭐⭐⭐⭐⭐	
技术掌握	减淡工具	🔍扫码深度学习

💡 操作思路

使用 🔍（减淡工具）在画面中按住鼠标左键拖曳可提高涂抹区域的亮度。本案例使用减淡工具制作纯白色背景。

🖱 案例效果

案例对比效果如图3-110和图3-111所示。

图3-110

图3-111

🎙 操作步骤

01 执行菜单"文件>打开"命令，或按Ctrl+O快捷键，在弹出的"打开"对话框中选择素材"1.jpg"，单击"打开"按钮，效果如图3-112所示。

图3-112

02 选择工具箱中的 ![] （减淡工具），在选项栏中单击"画笔预设"按钮，在"画笔预设"面板中设置"大小"为200像素、"硬度"为0的柔边圆画笔，设置"范围"为"高光"，设置"曝光度"为100%，取消勾选"保护色调"复选框，接着将光标移动到画面中对左侧背景进行涂抹，可以看到左侧背景变白了，如图3-113所示。继续在画面背景上涂抹，效果如图3-114所示。

图3-113

图3-114

03 由于海鸥身体整体偏暗，在选项栏中将"画笔大小"调整为70像素，设置"范围"为"中间调"，设置"曝光度"为40%，勾选"保护色调"复选框，接着将光标移动到海鸥身体处进行涂抹，如图3-115所示。最终效果如图3-116所示。

图3-115

图3-116

🔖 要点速查：减淡工具的选项

减淡选项栏如图3-117所示。

图3-117

➤ 范围：用来选择减淡操作，针对的色调区域可以是"中间调""阴影"或"高光"。例如，要提亮灰色背景的亮度，就设置"范围"为"中间调"（因为这个颜色相对于整个画面中的其他颜色来说属于中间调）。

➤ 曝光度：用于控制颜色减淡的强度，数值越大，在画面中涂抹时对画面减淡的程度也就越强。

➤ 保护色调：如果勾选"保护色调"复选框，可以在使画面内容变亮的同时，保证色相不会更改。设置完成后，在画面中涂抹，即可看到颜色减淡的效果。

实例038　使用加深工具制作纯黑背景

文件路径	第3章\使用加深工具制作纯黑背景
难易指数	★★★★★
技术掌握	● 加深工具 ● 置入嵌入的智能对象

🔍 扫码深度学习

💡 操作思路

![] （加深工具）与 ![] （减淡工具）的功能相反。本案例主要使用加深工具制作黑色背景，使人的注意力全部集中在主体物上。

🖱 案例效果

案例对比效果如图3-118和图3-119所示。

图3-118

图3-119

🎤 操作步骤

01 执行菜单"文件>打开"命令，或按Ctrl+O快捷键，在弹出的"打开"对话框中选择素材"1.jpg"，单击"打开"按钮，效果如图3-120所示。

图3-120

02 选择工具箱中的 🔘（加深工具），在选项栏中单击"画笔预设"按钮，在"画笔预设"面板中设置"大小"为200像素、"硬度"为5%的柔边圆画笔，设置"范围"为"阴影"，设置"曝光度"为100%，取消勾选"保护色调"复选框，接着将光标移动到画面中，对画面右侧进行涂抹，可以看到画面右侧变为黑色，如图3-121所示。

图3-121

03 继续使用加深工具在画面中的其他背景区域涂抹，当涂抹到杯子边缘时适当调整画笔笔尖，并要注意与光标中心位置保持距离，如图3-122所示。画面整体涂抹效果如图3-123所示。

图3-122

图3-123

04 执行菜单"文件>置入嵌入的智能对象"命令，置入素材"2.jpg"，如图3-124所示，按Enter键完成置入。接着执行菜单"图层>栅格化>智能对象"命令，将该图层栅格化为普通图层，如图3-125所示。

图3-124

图3-125

05 最后在"图层"面板中将该图层的混合模式设置为"滤色"，如图3-126所示。此时茶杯将呈现出来，画面最终效果如图3-127所示。

图3-126

图3-127

实例039	使用海绵工具增强花环颜色
文件路径	第3章\使用海绵工具增强花环颜色
难易指数	⭐⭐⭐⭐⭐
技术掌握	海绵工具

🔍扫码深度学习

💡 操作思路

使用 🔘（海绵工具）可以增加或减少画面中颜色的饱和度，能很好地增强画面感染力。其使用方法和 🔍（减淡工具）相似。本案例使用海绵工具增强花环的颜色饱和度。

🖱 案例效果

案例对比效果如图3-128和图3-129所示。

图3-128

图3-129

🎤 操作步骤

01 执行菜单"文件>打开"命令，或按Ctrl+O快捷键，在弹出的"打开"对话框中选择素材"1.jpg"，单击"打开"按钮，效果如图3-130所示。可以看到画面中花环部分饱和度较低，在此要增强画面的色彩感。

中文版Photoshop数码照片处理全视频 实战228例

Photoshop

选择工具箱中的 ◙（海绵工具），在选项栏中单击"画笔预设"按钮，在"画笔预设"面板中设置"大小"为100像素、"硬度"为0的柔边圆画笔，设置"模式"为"加色"，设置"流量"为100%，勾选"自然饱和度"复选框，接着将光标移动到画面中，对花环中的花朵进行涂抹，如图3-131所示。

图3-130

图3-131

02 继续使用海绵工具在花环其他位置进行涂抹，可以看到花环的色彩感明显增强了，最终效果如图3-132所示。

图3-132

💡 操作思路

☑（颜色替换工具）是一款比较

"初级"的调色工具，它通过手动涂抹的方式进行颜色的调整。例如，在图像编辑过程中，需要将画面局部更改为不同的配色方案时，不妨使用颜色替换工具进行颜色的调整。本案例主要使用颜色替换工具为画面局部更换颜色，最终替换原有颜色。

🖱 案例效果

案例对比效果如图3-133和图3-134所示。

图3-133　　　　　　　　图3-134

🎤 操作步骤

01 执行菜单"文件>打开"命令，或按Ctrl+O快捷键，在弹出的"打开"对话框中选择素材"1.jpg"，单击"打开"按钮。选择工具箱中的 ☑（颜色替换工具），在选项栏中单击"画笔预设"按钮，在"画笔预设"面板中设置"大小"为126像素、"硬度"为0的柔边圆画笔，设置"模式"为"颜色"，单击"取样：连续"按钮。然后将前景色设置为洋红色，接着将光标移动到卡通蜗牛眼部位置，如图3-135所示。沿蜗牛身体轮廓进行涂抹。注意画笔中心的十字位置不要移动到要更改颜色以外的区域，如图3-136所示。

图3-135　　　　　　　　图3-136

02 由于蜗牛身体下方有阴影，所以应在选项栏中调整画笔笔尖大小，在阴影处仔细涂抹，如图3-137所示。涂抹完成后，画面最终效果如图3-138所示。

图3-137　　　　　　　　图3-138

🍃 要点速查：颜色替换工具的选项

颜色替换选项栏如图3-139所示。

图3-139

> 模式：选择替换颜色的模式，包括"色相""饱和度""颜色"和"明度"。当选择"颜色"模式时，可以同时替换色相、饱和度和明度。
> 取样：用来设置颜色的取样方式。激活"取样：连续"按钮⊿后，在拖曳光标时，可以对颜色进行取样；激活"取样：一次"按钮◢后，只替换包含

第一次取样颜色的区域；激活"取样：背景色板"按钮◢后，只替换包含当前背景色的区域。

> 限制：当选择"不连续"选项时，可以替换光标所在任何位置的样本颜色；当选择"连续"选项时，只替换与光标处颜色接近的颜色；当选择"查找边缘"选项时，可以替换包含样本颜色的连接区域，同时保留形状边缘的锐化程度。
> 容差：选取较低的百分比可以替换与所选像素非常相似的颜色，而增加该百分比可替换范围更广的颜色。

第4章

调色

本章概述 作为一款专业的图像处理软件，Photoshop的调色技术非常强大。在Photoshop中提供了多种调色命令，以及两种使用命令的方法：执行菜单"图像>调整"命令，可以在子菜单中选择适合的命令，对画面进行调整；执行菜单"图层>新建调整图层"命令，可以创建调整图层对画面进行调色。

本章重点
◆ 掌握调色命令的使用方法
◆ 综合使用多种调色命令完成调色操作

/ 佳 / 作 / 欣 / 赏 /

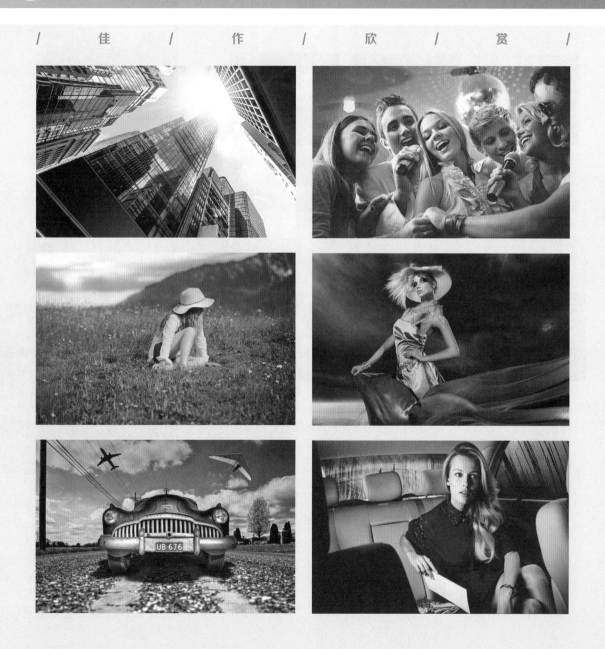

4.1 基本调色命令与操作

实例041 使用调色命令与调整图层

文件路径	第4章\使用调色命令与调整图层
难易指数	★★★★★
技术掌握	● 使用调色命令 ● 创建调整图层 ● 对调整图层的蒙版进行编辑

扫码深度学习

操作思路

Photoshop提供了两种调色方式，即调色命令和调整图层。本案例就针对这两种方式分别进行调色尝试。

案例效果

案例效果如图4-1～图4-3所示。

图4-1   图4-2   图4-3

操作步骤

01 打开一张图片，如图4-4所示。执行菜单"图像>调整>色相/饱和度"命令，弹出"色相/饱和度"对话框，在该对话框中调整任意参数后单击"确定"按钮，如图4-5所示。如图4-6所示，此时可以发现画面中的颜色、色调发生了变化，如果觉得效果不满意，那么只能进行"撤销"操作。如果操作的步骤太多，可能就无法还原之前的效果了。

图4-4   图4-5   图4-6

02 如果对图像执行菜单"图层>新建调整图层>色相/饱和度"命令，会弹出"属性"面板，在该面板中可以看到与"色相/饱和度"对话框同样的参数选项，接着调整同样的参数，如图4-7所示。此时画面的效果也与图4-6相同，但是不同的是在"图层"面板中会生成一个调整图层，如图4-8所示。

图4-7   图4-8

03 调整图层与普通图层的属性相同，也可以显示\隐藏、删除、调整不透明度等。这就方便了我们显示或隐藏调色效果。而且调整图层还带有图层蒙版，使用黑色的画笔在蒙版中涂抹，可以隐藏画面中的调色效果，如图4-9所示。如果对调整的参数不满意，也无须撤销，只需要双击调整图层的缩览图，还可以再次打开"属性"面板，在该面板中重新调整参数即可，如图4-10所示。调整参数后效果如图4-11所示。

图4-9

图4-10

图4-11

04 经过操作，我们可以发现使用调色命令进行调色是直接作用于像素，一旦做出更改很难被还原。而"新建调整图层"命令，则是一种可以逆转、可编辑的调色方式。在这里我们推荐使用"新建调整图层"的方式进行调色，因为会对后期的调整、编辑都起到了极大的帮助。

实例042　使用"自动颜色"命令校正偏色

文件路径	第 4 章 \ 使用"自动颜色"命令校正偏色
难易指数	⭐⭐⭐⭐⭐
技术掌握	自动颜色

🔍扫码深度学习

💡操作思路

在"图像"菜单中提供了3种可以快速自动调整图像颜色的命令，即"自动色调""自动对比度"和"自动颜色"。这些命令会自动检测图像明暗以及偏色问题，无须设置参数就可以进行自动校正。通常用于校正数码照片出现的明显偏色、对比过低、颜色暗淡等常见问题。本案例使用了"自动颜色"命令，无须设置任何参数就可以轻松校正偏色情况。

🖱案例效果

案例对比效果如图4-12和图4-13所示。

图4-12　　　　　　　　图4-13

🎤操作步骤

执行菜单"文件>打开"命令，打开素材"1.jpg"，如图4-14所示。由于打开的素材图片存在偏色现象，背景中红色部分偏多，所以需要进行整体颜色的调整。执行菜单"图像>自动颜色"命令，最终效果如图4-15所示。

图4-14　　　　　　　　图4-15

实例043　使用"自动色调"命令校正画面色调

文件路径	第 4 章 \ 使用"自动色调"命令校正画面色调
难易指数	⭐⭐⭐⭐⭐
技术掌握	自动色调

🔍扫码深度学习

💡操作思路

"自动色调"命令可以对每个颜色通道进行调整，将每个颜色通道中最亮

和最暗的像素调整为纯白和纯黑，中间像素值按比例重新分布。

🖱案例效果

案例对比效果如图4-16和图4-17所示。

图4-16

图4-17

🎤操作步骤

执行菜单"文件>打开"命令，打开素材"1.jpg"，如图4-18所示。由于画面中的主体人物发灰且存在一定的偏色情况，所以我们要将画面的对比度提高并修正偏色问题。执行菜单"图像>自动色调"命令，最终效果如图4-19所示。

图4-18

图4-19

实例044　使用"亮度/对比度"命令调整画面

文件路径	第4章\使用"亮度/对比度"命令调整画面
难易指数	★★★★★
技术掌握	● 创建调整图层 ● "亮度/对比度"命令

🔍扫码深度学习

💡 操作思路

　　本案例使用"亮度/对比度"命令增强图像亮度，并适当增大画面对比度，使图像整体视觉冲击力增强。

🖱 案例效果

　　案例对比效果如图4-20和图4-21所示。

图4-20

图4-21

🎤 操作步骤

01 执行菜单"文件>打开"命令，打开素材"1.jpg"，如图4-22所示。由于画面中图像整体偏灰，可以使用"亮度/对比度"命令进行校正。执行菜单"图层>新建调整图层>亮度/对比度"命令，弹出"新建图层"对话框，单击"确定"按钮完成设置，如图4-23所示。

图4-22

图4-23

02 系统自动弹出"属性"面板，设置"亮度"数值为100，如图4-24所示。此时画面变亮，效果如图4-25所示。

图4-24

图4-25

03 继续在"属性"面板中设置"对比度"数值为50，如图4-26所示。画面对比度明显增强，最终效果如图4-27所示。

图4-26

图4-27

📖 要点速查：亮度/对比度的选项

➤ 亮度：用来设置图像的整体亮度。数值为负值时，表示降低图像的亮度；数值为正值时，表示提高图像的亮度。

➤ 对比度：用于设置图像亮度对比的强烈程度。数值为负值时表示降低对比度；数值为正值时表示增加对比度。

实例045　使用"色阶"命令更改画面亮度与色彩

文件路径	第4章\使用"色阶"命令更改画面亮度与色彩
难易指数	★★★★★
技术掌握	"色阶"命令

🔍扫码深度学习

💡 操作思路

　　Photoshop中的"色阶"命令，可以调整图像的阴影、中间调和高光的强度级别，从而校正图像的色调范围和色彩平衡。"色阶"命令不仅可以作用于整个图像的明暗调整，还可以作用于图像的某一范围或者各个通道、图层进行调整。在本案例中，通过"色阶"命令调整将原本色调偏暗的照片进行提亮，然后在此基础上为画面添加蓝色使其更加具有情调。

🖱 案例效果

案例对比效果如图4-28和图4-29所示。

图4-28

图4-29

🎙 操作步骤

01 执行菜单"文件>打开"命令，打开素材"1.jpg"，如图4-30所示。首先针对素材图像进行明暗对比度的调整。

图4-30

02 执行菜单"图层>新建调整图层>色阶"命令，在弹出的"属性"面板中将灰色滑块向左拖曳，提高画面中间调的亮度，如图4-31所示。此时画面效果如图4-32所示。

图4-31　　　　　　　　　图4-32

提示 认识"色阶"对话框中的3个"吸管"工具

✒ 在图像中取样以设置黑场：使用该工具在图像中单击取样，可以将单击点处的像素调整为黑色，同时图像中比该单击点暗的像素也会变成黑色。

✒ 在图像中取样以设置灰场：使用该工具在图像中单击取样，可以根据单击点像素的亮度来调整其他中间调的平均亮度。

✒ 在图像中取样以设置白场：使用该工具在图像中单击取样，可以将单击点处的像素调整为白色，同时图像中比该单击点亮的像素也会变成白色。

03 此时画面的亮度虽然提高了，但是缺乏对比；将黑色滑块向右拖曳，压暗暗部的亮度，如图4-33所示。画面效果如图4-34所示。

图4-33　　　　　　　　　图4-34

04 将白色滑块向左拖曳，提高暗部区域的亮度，如图4-35所示。此时画面的明暗度调整完成，效果如图4-36所示。

图4-35　　　　　　　　　图4-36

05 下面可以继续对画面的颜色进行调整，在"属性"面板中设置通道为"蓝"，设置输入色阶的数值为17、1.34、226，如图4-37所示。最终效果如图4-38所示。

图4-37

图4-38

实例046　使用"曲线"命令打造青色调

文件路径	第4章\使用"曲线"命令打造青色调
难易指数	★★★★★
技术掌握	● "曲线"命令 ● 调整单个通道色彩倾向

⊙扫码深度学习

💡**操作思路**

　　在Photoshop中，"曲线"命令被誉为"调色之王"，它的色彩控制能力在所有调色工具中是最强大的。"曲线"命令可以调整画面颜色的亮度，也可以进行色调的调整。在本案例中，先用"曲线"命令增加画面的亮度和对比度，然后进行调色，最后制

作暗角效果，为画面增加神秘氛围。

🖱**案例效果**

　　案例对比效果如图4-39和图4-40所示。

图4-39

图4-40

🎤**操作步骤**

01 执行菜单"文件>打开"命令，打开素材"1.jpg"，如图4-41所示。

图4-41

02 由于素材图像存在整体偏红、对比度低的问题，所以首先进行明暗的校正。单击"图层"面板底部的"创建新的填充或调整图层"按钮 ⊘.，在弹出的下拉菜单中执行"曲线"命令，此时会自动弹出"属性"面板，在曲线图的左下角（这部分控制画面暗部区域）按住鼠标左键向右拖曳，如图4-42所示。此时画面暗部变得更暗了，效果如图4-43所示。

图4-42

图4-43

03 接下来解决偏色问题。在"属性"面板中，设置通道为"红"，在曲线上的中间位置单击，然后按住鼠标左键向下拖曳；然后在上半部分单击，按住鼠标左键向上拖曳；接着在曲线下半部分单击，按住鼠标左键向上拖曳，如图4-44所示。此时画面效果如图4-45所示。

图4-44

图4-45

艺境 中文版Photoshop数码照片处理全视频 实战228例 Photoshop

04 设置通道为"绿",在曲线上添加两个控制点,调整顶部控制点的位置,增加画面中亮部区域的绿色成分,如图4-46所示。此时画面效果如图4-47所示。

图4-46　　　　　　　　　　图4-47

05 在"图层"面板上单击"创建新的填充或调整图层"按钮,在弹出的下拉菜单中执行"曲线"命令,此时会自动弹出"属性"面板,在曲线图的右上角按住鼠标左键向下拖曳,如图4-48所示。画面效果如图4-49所示。

图4-48　　　　　　　　　　图4-49

06 设置前景色为黑色,接着选择工具箱中的画笔工具,在选项栏上设置柔边圆画笔,"大小"为1200像素、"硬度"为0,如图4-50所示。在调整图层蒙版中按住鼠标左键拖动,使画面中央位置的调色效果隐藏,此时画面产生了暗角效果,如图4-51所示。

图4-50　　　　　　　　　　图4-51

要点速查:详解"曲线"对话框

➤ 预设:在"预设"下拉列表中共有9种曲线预设效果,选中即可自动生成调整效果。

➤ 通道:在"通道"下拉列表中可以选择一个通道对图像进行调整,以校正图像的颜色。

➤ 在曲线上单击并拖动可修改曲线:选择该工具后,将光标放置在图像上,曲线上会出现一个圆圈,表示光标处的色调在曲线上的位置,单击并拖曳鼠标左键可以添加控制点以调整图像的色调。向上调整表示提亮,向下调整则为压暗。

➤ 编辑点以修改曲线:使用该工具在曲线上单击,可以添加新的控制点,通过拖曳控制点可以改变曲线的形状,从而达到调整图像的目的。

➤ 通过绘制来修改曲线:使用该工具可以以手绘的方式自由绘制曲线,绘制好曲线后单击"编辑点以修改曲线"按钮,可以显示出曲线上的控制点。

➤ 输入/输出:"输入"即"输入色阶",显示的是调整前的像素值;"输出"即"输出色阶",显示的是调整后的像素值。

实例047	使用"曝光度"命令调整图像明暗
文件路径	第 4 章 \ 使用"曝光度"命令调整图像明暗
难易指数	★★★★★
技术掌握	"曝光度"命令

扫码深度学习

操作思路

"曝光度"一词来源于摄影。当画面曝光度不足时,图像晦暗无力,画面沉闷;当曝光度过高时,图像泛白,画面高光部分无层次,彩色不饱和,整个画面像褪了色似的。在Photoshop中,可以通过"曝光度"命令校正图像常见的曝光过度、曝光不足的问题。本案例使用"曝光度"命令将偏灰的图形调亮,使画面色彩变得鲜艳,亮度增加,达到丰富画面层次感的目的。

案例效果

案例对比效果如图4-52和图4-53所示。

Photoshop

图4-52   图4-53

认识"曝光度""位移"和"灰度系数校正"3个选项

曝光度：调整画面的曝光度。向左拖曳滑块，可以降低曝光效果；向右拖曳滑块，可以增强曝光效果。

位移：该选项主要对阴影和中间调起作用，可以使其变暗，但对高光基本不会产生影响。

灰度系数校正：使用一种乘方函数来调整图像灰度系数，可以增加或减少画面的灰度系数。

操作步骤

01 执行菜单"文件>打开"命令，打开素材"1.jpg"，如图4-54所示。打开的素材图像偏暗，很多细节都无法正常显示。执行菜单"图层>新建调整图层>曝光度"命令，在弹出的"新建图层"对话框中单击"确定"按钮完成设置，如图4-55所示。

图4-54

图4-55

02 此时会自动弹出"属性"面板，设置"曝光度"数值为2.5，如图4-56所示。此时画面变亮，效果如图4-57所示。

图4-56

图4-57

03 在"属性"面板中设置"灰度系数校正"数值为1.50，如图4-58所示。最终效果如图4-59所示。

图4-58

图4-59

实例048 使用"自然饱和度"命令增强照片色感

文件路径	第4章\使用"自然饱和度"命令增强照片色感
难易指数	★★★★★
技术掌握	"自然饱和度"命令

扫码深度学习

操作思路

"饱和度"是画面颜色的鲜艳程度。使用"自然饱和度"命令能够增强或减弱画面中颜色的饱和度，调整效果细腻、自然，不会造成因饱和度过高出现的溢色状况。本案例中通过"自然饱和度"命令将颜色不够鲜艳的照片调整得艳丽、饱满。

案例效果

案例对比效果如图4-60和图4-61所示。

图4-60

图4-61

图4-64

操作步骤

01 执行菜单"文件>打开"命令，打开素材"1.jpg"，如图4-62所示。

图4-62

02 打开的素材颜色发白，花朵颜色不饱和，因此可以使用"自然饱和度"命令增加图像的饱和度的同时有效防止过于饱和。执行菜单"图层>新建调整图层>自然饱和度"命令，在"属性"面板中设置"自然饱和度"数值为+100，"饱和度"数值为+15，如图4-63所示。最终效果如图4-64所示。

图4-63

提示

"自然饱和度"和"饱和度"选项的区别

"自然饱和度"和"饱和度"都是用来调整颜色饱和度的，这两个选项的区别在于，"自然饱和度"选项可以智能提升画面中饱和度过低的像素，而原本饱和度正常的像素依旧保持原状，不会造成因饱和度过高出现的溢色状况；"饱和度"选项对整个画面中的色彩饱和度起作用，数值越大色彩越艳丽，同时会出现溢色的情况。

要点速查："自然饱和度"的参数设置

打开一张图片，如图4-65所示。执行菜单"图像>调整>自然饱和度"命令，在弹出的"自然饱和度"对话框中，调整"自然饱和度"和"饱和度"数值，如图4-66所示。

图4-65 　　　　　　　图4-66

> 自然饱和度：向左拖曳滑块，可以降低画面中的鲜艳感，如图4-67所示；向右拖曳滑块，可以提高画面中低饱和度区域颜色的鲜艳感，如图4-68所示。

图4-67 　　　　　　　图4-68

> 饱和度：向左拖曳滑块，可以增加整个画面中色彩的饱和度，如图4-69所示；向右拖曳滑块，可以降低整个画面中色彩的饱和度，如图4-70所示。

图4-69 　　　　　　　图4-70

艺境／第4章 调色

实战228例

Photoshop

实例049 使用"色相/饱和度"命令打造多彩苹果

文件路径	第4章\使用"色相/饱和度"命令打造多彩苹果
难易指数	★★★★★
技术掌握	"色相/饱和度"命令

扫码深度学习

操作思路

颜色的三要素包括色相、明度和纯度。在Photoshop中,"色相/饱和度"命令就是调整色彩三要素的。"色相/饱和度"不仅可以对画面整体进行颜色调整,还可以对画面中单独的颜色进行调整。

案例效果

案例对比效果如图4-71和图4-72所示。

图4-71

图4-72

操作步骤

01 执行菜单"文件>打开"命令,打开素材"1.psd",如图4-73所示。本案例的素材文件中包含3个苹果图层。

图4-73

02 选中第一个苹果所在的图层,执行菜单"图层>新建调整图层>色相/饱和度"命令,此时会自动弹出"属性"面板,设置通道为"全图",设置"色相"数值为-40。单击"属性"面板底部的"此调整剪切到此图层"按钮 ,如图4-74所示。此时苹果和表面的油漆颜色均发生了变化,效果如图4-75所示。

图4-74

图4-75

03 选中第二个苹果所在的图层,执行菜单"图层>新建调整图层>色相/饱和度"命令,在弹出的"属性"面板中设置通道为"红色",设置"色相"数值为+100。单击"属性"面板底部的"此调整剪切到此图层"按钮 ,如图4-76所示。此时红色的油漆变为了绿色,效果如图4-77所示。

图4-76

图4-77

04 选中第三个苹果所在的图层,执行菜单"图层>新建调整图层>色相/饱和度"命令,在弹出的"属性"面板中设置通道为"黄色",设置"饱和度"数值为-100,设置"明度"数值为+100。单击"属性"面板底部的"此调整剪切到此图层"按钮 ,如图4-78所示。此时苹果变为了白色,最终效果如图4-79所示。

图4-78

图4-79

要点速查：详解"色相/饱和度"对话框

➤ 预设：在"预设"下拉列表中提供了8种色相/饱和度预设。

➤ 通道下拉列表：在通道下拉列表中可以选择全图、红色、黄色、绿色、青色、蓝色和洋红通道进行调整。选择好通道后，拖曳下面的"色相""饱和度"和"明度"的滑块，可以对该通道的色相、饱和度以及明度进行调整。

➤ 在图像上单击并拖动可修改饱和度：使用该工具在图像上单击设置取样点后，按住鼠标左键并向左拖曳鼠标可以降低图像的饱和度；向右拖曳可以增加图像的饱和度。

➤ 着色：勾选该复选框后，图像会整体偏向单一的红色调，还可以通过拖曳3个滑块来调节图像的色调。

实例050	使用"色彩平衡"命令制作梦幻冷调
文件路径	第4章\使用"色彩平衡"命令制作梦幻冷调
难易指数	★★★★★
技术掌握	"色彩平衡"命令

扫码深度学习

操作思路

"色彩平衡"命令常用于校正图像的偏色情况，它的工作原理是通过"补色"校正偏色。本案例是将一张普通的外景照片通过"色彩平衡"命令调整为蓝色调，制作冷艳效果。

案例效果

案例对比效果如图4-80和图4-81所示。

图4-80

图4-81

操作步骤

01 执行菜单"文件>打开"命令，打开素材"1.jpg"，如图4-82所示。如果想要制作青蓝色系的冷调效果，可以使用"色彩平衡"命令进行制作。

图4-82

02 在"图层"面板的底部单击"创建新的填充或调整图层"按钮 ，在弹出的下拉菜单中执行"色彩平衡"命令，此时会自动弹出"属性"面板，设置"色调"为"阴影"，调整"洋红"数值为+60，"黄色"数值为+100，如图4-83所示。此时画面效果如图4-84所示。

图4-83

图4-84

03 在"属性"面板中设置"色调"为"中间调"，调整"青色"数值为+20、"黄色"数值为+100，如图4-85所示。此时画面效果如图4-86所示。

图4-85

图4-86

04 新建一个图层，设置前景色为白色。接着选择工具箱中的画笔工具，在选项栏中设置柔边圆画笔，设置"大小"为1000像素、"硬度"为0、"不透明度"为52%，如图4-87所示。在画面右上角绘制光照效果，如图4-88所示。

图4-87

图4-88

05 执行菜单"文件>置入嵌入的智能对象"命令，置入素材"2.png"，最终效果如图4-89所示。

图4-89

🗐 **要点速查："色彩平衡"的参数设置**

打开一张图片，如图4-90所示。执行菜单"图像>调整>色彩平衡"命令，在弹出的"色彩平衡"对话框中进行参数的设置，如图4-91所示。

图4-90   图4-91

➢ 色彩平衡：用于调整"青色-红色""洋红-绿色"以及"黄色-蓝色"在图像中所占的比例，可以手动输入，也可以拖曳滑块进行调整。比如，向左拖曳"黄色-蓝色"滑块，可以在图像中增加黄色，同时减少其补色蓝色，如图4-92所示；反之，可以在图像中增加蓝色，同时减少其补色黄色，如图4-93所示。

图4-92   图4-93

➢ 色调平衡：选择调整色彩平衡的方式，包含"阴影""中间调"和"高光"3个选项。图4-94所示为选中"阴影"单选按钮时的调色效果；图4-95所示为选中"中间调"单选按钮时的调色效果；图4-96所示为选中"高光"单选按钮时的调色效果。

图4-94 图4-95 图4-96

➢ 保持明度：如果勾选该复选框，还可以保持图像的色调不变，以防止亮度值随着颜色的改变而改变。

实例051 使用"黑白"命令制作复古画面

文件路径	第4章 \ 使用"黑白"命令制作复古画面
难易指数	⭐⭐⭐⭐⭐
技术掌握	"黑白"命令

🔍扫码深度学习

💡**操作思路**

"黑白"命令可以将画面中的彩色颜色丢弃，使图像以黑白颜色显示，还可以制作单一颜色的图像。"黑白"命令有一个非常大的优势，就是可以控制每一种色调转换为灰度时的明暗程度或者制作单色图像。本案例通过"黑白"命令将一张多色照片变成单色图片。

案例效果

案例对比效果如图4-97和图4-98所示。

图4-97　　　　　　　　　图4-98

操作步骤

01 执行菜单"文件>打开"命令，打开素材"1.jpg"。如图4-99所示。执行菜单"图像>调整>黑白"命令，在弹出的"黑白"对话框中设置完成参数后，单击"确定"按钮，如图4-100所示。此时图像自动变为黑白效果，如图4-101所示。

图4-99　　　　　　　　图4-100　　　　　　　　图4-101

02 如果想要调整画面中不同区域的明暗程度，可以通过设置各种颜色的数值进行调整。例如，降低了黄色的数值，如图4-102所示，则画面中带有黄色成分的图像区域的明度会被降低，如图4-103所示。

图4-102　　　　　　　　　　图4-103

03 如果想要制作单色图像，可以在"黑白"对话框中勾选"色调"复选框，单击右侧的色块，在弹出的拾色器中设置合适的颜色，单击"确定"按钮，如图4-104所示。图像会产生一个与所选颜色接近的色调，如图4-105所示。

图4-104　　　　　　　　　　图4-105

要点速查："黑白"命令的参数设置

打开一张图像，如图4-106所示。执行菜单"图像>调整>黑白"命令或按Alt+Shift+Ctrl+B快捷键，打开"黑白"对话框，如图4-107所示。默认情况下，打开该对话框后图片会自动变为黑白效果。

图4-106

图4-107

➤ 预设：在"预设"下拉列表中提供了12种黑色效果，可以直接选择相应的预设来创建黑白图像。

➤ 颜色：这6个选项用来调整图像中特定颜色的灰色调。例如，在打开的这张图像中，向左拖曳"红色"滑块，可以使由红色转换而来的灰度色变暗，如图4-108所示；向右拖曳，则可以使灰度色变亮，如图4-109所示。

图4-108

图4-109

➢ 色调：勾选"色调"复选框，可以为黑色图像着色，以创建单色图像；另外，还可以调整单色图像的色相及饱和度。图4-110和图4-111所示为设置不同色调的效果。

图4-110

图4-111

实例052　使用"照片滤镜"命令改变画面色温

文件路径	第4章 \ 使用"照片滤镜"命令改变画面色温
难易指数	★★★★★
技术掌握	"照片滤镜"命令

🔍扫码深度学习

操作思路

　　"暖色调"与"冷色调"这两个词想必用户都不陌生，没错，颜色是有温度的。蓝色调通常让人感觉寒冷、冰凉，被称之为冷色调；黄色或者红色为暖色调，给人温暖、和煦的感觉。"照片滤镜"命令可以轻松改变图像的"温度"。本案例将一张暖色调的照片通过"照片滤镜"命令制作出冷色调的效果。

案例效果

　　案例对比效果如图4-112和图4-113所示。

图4-112

图4-113

操作步骤

01 执行菜单"文件>打开"命令，打开素材"1.jpg"，如图4-114所示。素材图像整体倾向于暖调，接下来使用"照片滤镜"命令将画面转换为冷色调。

图4-114

02 执行菜单"图层>新建调整图层>照片滤镜"命令，在弹出的"属性面板"中设置"滤镜"为"冷却滤镜（80）"、"浓度"为50%，勾选"保留明度"复选框，如图4-115所示。最终效果如图4-116所示。

图4-115

图4-116

要点速查：详解"照片滤镜"对话框

➢ 滤镜：在"滤镜"下拉列表中可以选择一种预设的效果应用到图像中。

➢ 颜色：选中"颜色"单选按钮，可以自行设置滤镜颜色。

➢ 浓度：设置"浓度"数值可以调整滤镜颜色应用到图像中的颜色百分比。数值越高，应用到图像中的颜色浓度就越大；数值越小，应用到图像中的颜色浓度就越低。

➢ 保留明度：勾选该复选框后，可以保持图像的明度不变。

实例053　使用"通道混合器"命令更改汽车颜色

文件路径	第4章 \ 使用"通道混合器"命令更改汽车颜色
难易指数	★★★★★
技术掌握	"通道混合器"命令

🔍扫码深度学习

操作思路

"通道混合器"命令是通过混合当前通道颜色与其他通道的颜色像素,从而改变图像的颜色。在本案例中,通过"通道混合器"命令将汽车的绿色更改为红色。

案例效果

案例对比效果如图4-117和图4-118所示。

图4-117

图4-118

操作步骤

01 执行菜单"文件>打开"命令,打开素材"1.jpg",如图4-119所示。

图4-119

02 执行菜单"图层>新建调整图层>通道混合器"命令,在弹出的"属性"面板中设置"输出通道"为"红",设置"红色"数值为0、"绿色"数值为+100%,如图4-120所示。此时画面效果如图4-121所示。

图4-120

图4-121

03 在"属性"面板中设置"输出通道"为"绿",设置"绿色"数值为0,"蓝色"数值为+100%,如图4-122所示。最终效果如图4-123所示。

图4-122

图4-123

要点速查:"通道混合器"的参数设置

打开一张图像,执行菜单"图形>调整>通道混合器"命令,打开"通道混合器"对话框,如图4-124所示。

图4-124

➢ 预设:Photoshop提供了6种制作黑白图像的预设效果。

➢ 输出通道:在下拉列表中可以选择一种通道来对图像的色调进行调整。

➢ 源通道:设置各颜色在图像中的百分比。

> 总计：显示源通道的计数值。如果计数值大于100%，则有可能会丢失一些阴影和高光细节。

> 常数：用来设置输出通道的灰度值。负值可以在通道中增加黑色；正值可以在通道中增加白色。

> 单色：勾选该复选框可以制作黑白图像。

实例054　使用"颜色查找"命令打造风格化色彩

文件路径	第4章\使用"颜色查找"命令打造风格化色彩
难易指数	★★★★★
技术掌握	● "颜色查找"命令 ● "智能锐化"命令 ● "阴影/高光"命令 ● "曲线"命令

🔍扫码深度学习

操作思路

　　"颜色查找"集合了多种预设的调色效果，在弹出的面板中可以选择3DLUT文件、摘要、设备链接用于颜色查找的方式。并在每种方式的下拉列表中选择合适的类型，选择完成后可以看到图像整体颜色产生了风格化的效果。

案例效果

　　案例对比效果如图4-125和图4-126所示。

图4-125

图4-126

操作步骤

01 执行菜单"文件>打开"命令，打开素材"1.jpg"，如图4-127所示。

图4-127

02 执行菜单"滤镜>锐化>智能锐化"命令，在弹出的对话框中设置"数量"为114%、"半径"为2.4像素，设置阴影"渐隐量"为0、"色调宽度"为50%、"半径"为1像素，设置高光"渐隐量"为0、"色调宽度"为50%、"半径"为1像素，单击"确定"按钮完成设置，如图4-128所示。此时画面效果如图4-129所示。

图4-128

图4-129

03 执行菜单"图像>调整>阴影/高光"命令，在弹出的"阴影/高光"对话框中勾选"显示更多选项"复选框，如图4-130所示。设置阴影"数量"为49%、"色调宽度"为56%、"半径"为27像素，设置高光"数量"为62%、"色调宽度"为52%、"半径"为339像素，单击"确定"按钮，如图4-131所示。效果如图4-132所示。

图4-130

图4-131

图4-132

04 执行菜单"图层>新建调整图层>颜色查找"命令，此时会自动弹出"属性"面板，在"3DLUT文件"下拉列表中选择"FuturisticBleak.3DL"，如图4-133所示。此时画面效果如图4-134所示。

图4-133

图4-134

05 执行菜单"图层>新建调整图层>曲线"命令,将曲线调整为S形增加画面对比度,如图4-135所示。最终效果如图4-136所示。

图4-135

图4-136

4.2 特殊的调色命令与操作

实例055 使用"反相"命令"颠倒黑白"

文件路径	第4章\使用"反相"命令"颠倒黑白"
难易指数	⭐⭐⭐⭐⭐
技术掌握	"反相"命令

🔍扫码深度学习

💡操作思路

"反相"就是将图像中的颜色转换为它的补色。例如,在通道抠图时就会时常将黑白两色进行反选。"反相"命令是可逆的过程,再次执行该命令可以得到原始效果。在本案例中,将彩色图像和黑白图像进行反相查看其效果。

🖱案例效果

案例对比效果如图4-137和图4-138所示。

图4-137

图4-138

🎤操作步骤

01 执行菜单"文件>打开"命令,打开"素材1.jpg",如图4-139所示。执行菜单"图像>调整>反相"命令,此时画面中的颜色全部呈现出反相效果,如图4-140所示。

图4-139

图4-140

02 如果打开的图像为黑白图像,如图4-141所示。执行菜单"图像>调整>反相"命令,得到的效果如图4-142所示。

图4-141

图4-142

文件路径	第4章\使用"色调分离"命令制作绘画效果	
难易指数	★★★★★	
技术掌握	● "色调分离"命令 ● 设置混合模式	扫码深度学习

操作思路

　　"色调分离"是将图像中每个通道的色调数目或亮度值指定级别，然后将其余的像素映射到最接近的匹配级别。在"色调分离"面板中可以进行"色阶"数量的设置，"色阶"值越小，分离的色调越多；"色阶"值越大，保留的图像细节就越多。在本案例中，将一张正常的摄影作品通过"色调分离"命令制作出绘画效果。

案例效果

　　案例对比效果如图4-143和图4-144所示。

图4-143

图4-144

操作步骤

01 执行菜单"文件>打开"命令，打开素材"1.jpg"，如图4-145所示。下面使用"色调分离"命令减少图像中的色调，从而制作出绘画效果。

图4-145

02 执行菜单"图层>新建调整图层>色调分离"命令，此时会自动弹出"属性"面板，设置"色阶"为8，如图4-146所示。此时画面效果如图4-147所示。

图4-146

图4-147

03 执行菜单"文件>置入嵌入的智能对象"命令，置入素材"2.jpg"，然后将该图层栅格化，如图4-148所示。在"图层"面板中选中新置入素材的图层，设置混合模式为"线性加深"，如图4-149所示。最终效果如图4-150所示。

图4-148

图4-149

图4-150

实例057 使用"阈值"命令制作黑白图像

文件路径	第4章\使用"阈值"命令制作黑白图像
难易指数	★★★★★
技术掌握	"阈值"命令

操作思路

"阈值"命令常用于将彩色的图像转换为只有黑白两色的图像。执行该命令后,所有比设置的阈值色阶亮的像素将转换为白色,而比阈值色阶暗的像素将转换为黑色。

案例效果

案例对比效果如图4-151和图4-152所示。

图4-151

图4-152

操作步骤

01 执行菜单"文件>打开"命令,打开素材"1.jpg",如图4-153所示。下面通过"阈值"命令将图片转换为只有黑白两种颜色的图像。

图4-153

02 执行菜单"图层>新建调整图层>阈值"命令,在"属性"面板中设置"阈值色阶"为197,如图4-154所示。最终效果如图4-155所示。

图4-154

图4-155

> **提示**
>
> **"阈值"选项**
>
> 在打开的"属性"面板中,拖曳"阈值"滑块设置"阈值色阶"数值,当阈值色阶越大时黑色像素分布就越广。

实例058 使用"阈值"命令制作彩色绘画效果

文件路径	第4章\使用"阈值"命令制作彩色绘画效果
难易指数	★★★★★
技术掌握	● "阈值"命令 ● 混合模式

操作思路

本案例首先使用"阈值"命令将人像摄影作品制作成矢量效果,然后通过设置图层的混合模式将绘画图片混合到人像上方,制作出彩色绘画的效果。

案例效果

案例对比效果如图4-156和图4-157所示。

图4-156

图4-157

01 执行菜单"文件>打开"命令，或按Ctrl+O快捷键，在弹出的"打开"对话框中选择素材"1.jpg"，单击"打开"按钮，如图4-158所示。执行"图层>新建调整图层>阈值"命令，在弹出的"属性"面板中设置"阈值色阶"为113，如图4-159所示。效果如图4-160所示。

图4-158　　　　　图4-159　　　　　图4-160

02 选择工具箱中的横排文字工具，在选项栏中设置合适的"字体"和"字号"，设置"填充"为黑色，在画面中单击输入文字，如图4-161所示。执行菜单"文件>置入"命令，在弹出的"置入"对话框中选择素材"2.jpg"，单击"置入"按钮，按Enter键完成置入。接着执行菜单"图层>栅格化>智能对象"命令，将该图层栅格化为普通图层，如图4-162所示。

图4-161　　　　　　　　图4-162

03 在"图层"面板中设置图层混合模式为"滤色"，如图4-163所示。最终效果如图4-164所示。

图4-163　　　　　　　　图4-164

实例059　使用"渐变映射"命令制作怀旧双色效果

文件路径	第4章\使用"渐变映射"命令制作怀旧双色效果
难易指数	★★★★★
技术掌握	"渐变映射"命令

Q扫码深度学习

操作思路

"渐变映射"命令可以根据图像的明暗关系将渐变颜色映射到图像中不同亮度的区域。本案例是为一张普通的照片通过"渐变映射"命令制作复古色调。

案例效果

案例对比效果如图4-165和图4-166所示。

图4-165

图4-166

操作步骤

01 执行菜单"文件>打开"命令，打开素材"1.jpg"，如图4-167所示。执行菜单"图层>新建调整图层>渐变映射"命令，会弹出"新建图层"对话框，单击"确定"按钮，完成设置，如图4-168所示。

图4-167

图4-168

02 此时会新建一个调整图层，如图4-169所示。并且会弹出"属性"面板，单击渐变色条，如4-170所示。

图4-169

图4-170

03 在弹出的"渐变编辑器"对话框中，编辑一种紫色到浅黄色（肉色）的渐变，单击"确定"按钮完成设置，如图4-171所示。最终效果如图4-172所示。

图4-171

图4-172

提示 制作出效果自然的"渐变映射"

在编辑渐变时色相的顺序排列是很关键的，相邻色标的色相最好也相邻，不要跨色相区域挑选颜色。色相的顺序是红、橙、黄、绿、青、蓝、紫，如果某一个色标是绿色相，那么与它相邻的色标最好是黄色相或青色相，这两者都能形成比较自然的映射效果。

📖 要点速查："渐变映射"的选项

➤ 仿色：勾选该复选框后，Photoshop会添加一些随机的杂色来平滑渐变效果。
➤ 反向：勾选该复选框后，可以反转渐变的填充方向，映射出的渐变效果也会发生变化。

实例060 使用"可选颜色"命令制作浓郁的电影色

文件路径	第4章\使用"可选颜色"命令制作浓郁的电影色
难易指数	★★★★★
技术掌握	"可选颜色"命令

🔍扫码深度学习

💡 操作思路

"可选颜色"是非常常用的调色命令，使用该命令可以对图像中的红、黄、绿、青、蓝、洋红、白色、中性色以及黑色等各种颜色所占的百分比单独进行调整。在"可选颜色"面板中的"颜色"下拉列表中选中需要调整的颜色，然后拖曳下方的滑块，控制各种颜色的百分比。在本案例中，通过"可选颜色"命令增加画面中的黄色和蓝色的数量，使画面色调更加有质感。

📷 案例效果

案例对比效果如图4-173和图4-174所示。

图4-173

图4-174

🎤 操作步骤

01 执行菜单"文件>打开"命令，打开素材"1.jpg"，如图4-175所示。执行菜单"图层>新建调整图层>可选颜色"命令，在弹出的"新建图层"对话框中调整颜色，然后单击"确定"按钮，如图4-176所示。

图4-175

图4-176

02 此时会自动弹出"属性"面板，设置"颜色"为"白色"，调整"黄色"数值为100%，然后选中"相对"单选按钮，如图4-177所示。这时画面中亮部区域黄色的成分有所增加，效果如图4-178所示。

图4-177

图4-178

03 在"属性"面板上设置"颜色"为"黑色"，并设置"黄色"数值为-27%，如图4-179所示。此时画面暗部将产生偏紫色的效果，如图4-180所示。

图4-179

图4-180

04 执行菜单"文件>置入嵌入的智能对象"命令，置入素材"1.png"，然后按Enter键完成置入操作，最终效果如图4-181所示。

图4-181

📖 **要点速查："可选颜色"的参数设置**

打开一张图片，如图4-182所示。执行菜单"图像>调整>可选颜色"命令，弹出"可选颜色"对话框，如图4-183所示。在"颜色"下拉列表中选中需要调整的颜色，然后拖曳下方的滑块，控制各种颜色的百分比。

图4-182

图4-183

➤ 颜色：在"颜色"下拉列表中选择要修改的颜色，然后拖曳滑块对颜色进行调整，可以调整该颜色中青色、洋红、黄色和黑色所占的百分比。图4-184所示为设置"颜色"为"黑色"的调色效果；图4-185所示为设置"颜色"为"黄色"的调色效果。

图4-184

图4-185

> 方法：选择"相对"方式，可以根据颜色总量的百分比来修改青色、洋红、黄色和黑色的数量；选择"绝对"方式，可以采用绝对值来调整颜色。

实例061　使用"阴影高光"命令还原暗部细节

文件路径	第4章\使用"阴影高光"命令还原暗部细节
难易指数	★★★★★
技术掌握	"阴影高光"命令

🔍扫码深度学习

💡操作思路

"阴影/高光"也是一个用来调整画面明度的命令，使用该命令可以对画面中暗部区域和高光区域的明暗分别进行调整，常用于还原图像阴影区域过暗或高光区域过亮造成的细节损失问题。本案例通过"阴影高光"命令还原画面暗部细节，制作出细节丰富的风景照片。

👆案例效果

案例对比效果如图4-186和图4-187所示。

图4-186

图4-187

🎤操作步骤

01 执行菜单"文件>打开"命令，打开素材"1.jpg"，如图4-188所示。

图4-188

02 执行菜单"图像>调整>阴影高光"命令，在弹出的"阴影/高光"对话框中，勾选"显示更多选项"复选框，如图4-189所示。设置阴影"数量"为100%、"色调宽度"为50%、"半径"为30像素，设置高光"数量"为41%、"色调宽度"为50%、"半径"为30像素，单击"确定"按钮，如图4-190所示。最终效果如图4-191所示。

图4-189

图4-190

图4-191

📗要点速查：详解"阴影/高光"选项

> 阴影："数量"选项用来控制阴影区域的亮度，值越大，阴影区域就越亮；"色调宽度"选项用来控制色调的修改范围，值越小，修改的范围就只针对较暗的区域；"半径"选项用来控制像素是在阴影中还是在高光中。

> 高光："数量"用来控制高光区域的黑暗程度，值越大，高光区域越暗；"色调宽度"选项用来控制色调的修改范围，值越小，修改的范围就只针对较亮的区域；"半径"选项用来控制像素是在阴影中还是在高光中。

> 调整："颜色校正"选项用来调整已修改区域的颜色；"中间调对比度"选项用来调整中间调的对比度；"修剪黑色"和"修剪白色"选项决定了在图像中将多少阴影和高光修剪到新的阴影中。

实例062　使用"HDR色调"命令制作HDR效果

文件路径	第4章\使用"HDR色调"命令制作HDR效果
难易指数	★★★★★
技术掌握	"HDR色调"命令

🔍扫码深度学习

💡操作思路

HDR图像全称为High Dynamic Range，即高动态范围。其特点是：

Photoshop

亮的地方可以非常亮，暗的地方可以非常暗，过渡区域的细节都很明显。"HDR色调"命令常用于风景照片的处理。当拍摄风景照片时，明明看着非常漂亮，但是拍摄下来无论是从色彩还是意境上就差了许多，这时就可以将图像制作成HDR风格。在Photoshop中有这样一个命令专门用来制作充满视觉冲击力的HDR效果。

图4-195

图4-196

案例效果

案例对比效果如图4-192和图4-193所示。

图4-192

图4-193

提示 执行"HDR色调"命令后弹出的"脚本警告"提示框

执行"HDR色调"命令后会弹出"脚本警告"提示框，如果单击"是"按钮，就会将文档内的图层合并，然后进行调色；如果单击"否"按钮，则会放弃调色操作。如果在很多图层的情况下需要使用"HDR色调"命令，可以将需要调色的图像在新的文档中打开，然后使用该命令进行调色，最后再将调色后的图像添加到原有文档中，这样既进行了调色，也不会合并图层。

📖 要点速查："HDR色调"的参数设置

打开一张图片，如图4-197所示。执行菜单"图像>调整>HDR色调"命令，打开"HDR色调"对话框，可以使用预设选项，也可以自行设定参数，如图4-198所示。

操作步骤

01 执行菜单"文件>打开"命令，打开素材"1.jpg"，如图4-194所示。

图4-194

02 执行菜单"图像>调整>HDR色调"命令，在弹出的"HDR色调"对话框中设置"预设"为"逼真照片高对比度"，单击"确定"按钮完成设置，如图4-195所示。最终效果如图4-196所示。

图4-197

图4-198

➤ 边缘光：该选项组用于调整图像边缘光的强度。当"强度"数值不同时，对比效果如图4-199和图4-200所示。

图4-199

图4-200

➤ 色调和细节：调节该选项组中的选项可以使图像的色调和细节更加丰富细腻。当"细节"数值不同时，对比效果如图4-201和图4-202所示。

图4-201

图4-202

实例063　使用"匹配颜色"命令快速更改画面色调

文件路径	第4章 \ 使用"匹配颜色"命令快速更改画面色调
难易指数	★★★★★
技术掌握	● "匹配颜色"命令 ● 画笔工具

Q 扫码深度学习

操作思路

"匹配颜色"是指以一个素材图像的颜色为样本，对另一个素材图像的颜色进行匹配融合，使二者达到统一或者相似的色调效果。在本案例中，通过"匹配颜色"命令进行调色，制作甜美色调效果。

案例效果

案例对比效果如图4-203和图4-204所示。

图4-203

图4-204

操作步骤

01 执行菜单"文件>打开"命令，打开素材"1.jpg"，如图4-205所示。执行"文件>置入嵌入的智能对象"命令，置入素材"2.jpg"，如图4-206所示。选中置入的素材"2.jpg"所在的图层，执行菜单"图像>栅格化>智能对象"命令。隐藏素材"2.jpg"所在的图层。本案例将素材图像"1.jpg"作为源图像，素材图像"2.jpg"作为目标图像。然后将源图像的颜色与目标图像的颜色进行匹配。

图4-205

图4-206

02 在"图层"面板上选中"背景"图层，执行菜单"图像>调整>匹配颜色"命令，在弹出的"匹配颜色"对话框中设置"源"为匹配颜色、"图层"为1，设置"明亮度"为80、"颜色强度"为130，单击"确定"按钮完成设置，如图4-207所示。效果如图4-208所示。

图4-207

图4-208

03 在"图层"面板上新建一个图层，设置前景色为白色。选择工具箱中的画笔工具，在选项栏中设置柔边圆画笔，"大小"为120像素、"硬度"为0，如图4-209所示。在画面四角处按住鼠标左键拖动绘制朦胧的白色边缘效果，如图4-210所示。

图4-209

图4-210

04 执行菜单"文件>置入嵌入的智能对象"命令，置入素材"3.png"，最终效果如图4-211所示。

图4-211

📖 要点速查：详解"匹配颜色"选项

➤ 目标：这里显示要修改的图像名称以及颜色模式。

➤ 应用调整时忽略选区：如果目标图像（即被修改的图像）中存在选区，勾选该复选框，Photoshop将忽视选区，会将调整应用到整个图像。如果不勾选该复选框，那么调整只针对选区内的图像。

➤ 渐隐：该选项类似于图层蒙版，它决定了有多少源图像的颜色匹配到目标图像的颜色中。

➤ 使用源选区计算颜色：该选项可以使用源图像中的选区图像的颜色来计算匹配颜色。

➤ 使用目标选区计算调整：该选项可以使用目标图像中的选区图像的颜色来计算匹配颜色（注意，这种情况必须选择源图像为目标图像）。

➤ 源：该选项用来选择源图像，即将颜色匹配到目标图像的图像。

实例064 使用"替换颜色"命令更改局部颜色

文件路径	第4章\使用"替换颜色"命令更改局部颜色
难易指数	⭐⭐⭐⭐⭐
技术掌握	"替换颜色"命令

🔍 扫码深度学习

💡 操作思路

如果要更改画面中某个区域的颜色，以常规的方法是先得到选区，然后填充其他颜色。而使用"替换颜色"命令可以免去很多麻烦，可以通过在画面中的单击拾取的方式，直接对图像中的指定颜色进行色相、饱和度以及明度的修改，从而起到替换某一颜色的目的。在本案例中，使用"替换颜色"命令将红色部分调整为紫色。

🖱 案例效果

案例对比效果如图4-212和图4-213所示。

图4-212

图4-213

⚙ 操作步骤

01 执行菜单"文件>打开"命令，打开素材"1.jpg"，如图4-214所示。当前垫子的颜色为红色，下面使用"替换颜色"命令将其更换为紫色。

图4-214

02 执行菜单"图像>调整>替换颜色"命令，在弹出的"替换颜色"对话框中，先设置"颜色容差"为40，然后在红色垫子上单击，在缩览图中被选中的部分会显示为白色，如图4-215所示。

图4-215

03 单击"添加到取样"按钮🖊，然后设置"颜色容差"为60，继续在红色垫子上单击进行颜色取样，直至缩览图中的垫子变为白色，如图4-216所示。

图4-216

04 最后调整选中的颜色。设置"色相"为−60、"饱和度"为20、"明度"为−30，单击"确定"按钮完成设置，如图4-217所示。垫子被替换为紫色，最终效果如图4-218所示。

图4-217

图4-218

要点速查：详解"替换颜色" 对话框

> 本地化颜色簇：该选项主要用来在图像上同时选择多种颜色。

> 吸管：利用吸管工具可以选中被替换的颜色。使用 ✐（吸管工具）在图像上单击，可以选中单击点处的颜色，同时在"选区"缩览图中也会显示选中的颜色区域（白色代表选中的颜色，黑色代表未选中的颜色）；使用 ✐（添加到取样工具）在图像上单击，可以将单击点处的颜色添加到选中的颜色中；使用 ✐（从取样中减去）工具在图像上单击，可以将单击点处的颜色从选定的颜色中减去。

> 颜色容差：该选项用来控制选中颜色的范围。数值越大，选中的颜色范围就越广。

> 选区/图像：选择"选区"方式，可以以蒙版方式进行显示，其中白色表示选中的颜色，黑色表示未选中的颜色，灰色表示只选中了部分颜色；选择"图像"方式，则只显示图像。

> 替换："替换"包括3个选项，这3个选项与"色相/饱和度"命令的3个选项相同，可以调整选定颜色的色相、饱和度及明度。调整完成后，画面选区部分即可变成替换的颜色。

实例065	使用"色调均化"命令重新分布画面亮度值
文件路径	第4章\使用"色调均化"命令重新分布画面亮度值
难易指数	★★★★★
技术掌握	"色调均化"命令

🔍扫码深度学习

操作思路

"色调均化"命令是使各个阶调范围的像素分布尽可能均匀，以达到色彩均化的目的。执行该命令后，图像会自动重新分布像素的亮度值，以便它们更均匀地呈现所有范围的亮度级。在本案例中，通过"色调均化"命令提高画面的亮度。

案例效果

案例对比效果如图4-219和图4-220所示。

图4-219　　　　　　　图4-220

操作步骤

01 执行菜单"文件>打开"命令，打开素材"1.jpg"，如图4-221所示。可以看到素材图像的原始效果偏暗而且对比度较低。

02 执行菜单"图像>调整>色调均化"命令，将图像的亮度值进行重新分布，效果如图4-222所示。

图4-221　　　　　　　图4-222

> **提示**
>
> **在有选区的状态下执行"色调均化"命令**
>
> 在有选区的状态下执行"色调均化"命令，会弹出"色调均化"对话框，如图4-223和图4-224所示。
>
>
>
> 图4-223　　　　　　　图4-224
>
> 当选中"仅色调均化所选区域"单选按钮时，只对选区内的像素进行均化，效果如图4-225所示。若选中"基于所选区域色调均化整个图像"单选按钮，则以选区中的像素均匀分布所有图像的像素，效果如图4-226所示。
>
>
>
> 图4-225　　　　　　　图4-226

实例066 使用多种调色命令制作神秘紫色调

文件路径	第4章\使用多种调色命令制作神秘紫色调
难易指数	★★★★★
技术要点	● 曲线 ● 选取颜色 ● 色相/饱和度 ● 混合模式

扫码深度学习

操作思路

在本案例中，首先提高画面的亮度，降低画面中绿色的含量；接着提亮皮肤的颜色；然后将背景调整为紫色调并且适当压暗；最后通过混合模式将画面整体调整为蓝紫色调，并同时将光效融入画面中。

案例效果

案例对比效果如图4-227和图4-228所示。

图4-227　　　　　　　　　图4-228

操作步骤

01 执行菜单"文件>打开"命令，或按Ctrl+O快捷键，在弹出的"打开"对话框中单击选择素材"1.jpg"，单击"打开"按钮，如图4-229所示。效果如图4-230所示。

图4-229　　　　　　　　　图4-230

02 在画面中可以看到效果整体偏暗，首先需要将画面整体亮度提高。执行菜单"图层>新建调整图层>曲线"命令，在弹出的"属性"面板中的"曲线"上单击添加控制点，拖曳控制点改变曲线形状，对"中间调"进行调整，如图4-231所示。此时画面整体变亮了一些，效果如图4-232所示。

图4-231　　　　　　　　　图4-232

03 执行菜单"图层>新建调整图层>可选颜色"命令，在"属性"面板中设置"颜色"为"中性色"、"黄色"为-36%，如图4-233所示。减少了画面中的黄色，画面整体倾向于紫色，效果如图4-234所示。

图4-233

图4-234

04 接着要对人物主体的肤色进行调整。继续执行菜单"图层>新建调整图层>曲线"命令，在弹出的"属性"面板中的曲线上单击添加控制点，拖曳控制点改变曲线形状，继续添加控制点对形状进行改变，对"中间调"进行调整，如图4-235所示。效果如图4-236所示。在"图层"面板中选择图层蒙版缩览图，设置前景色为黑色，使用Alt+Delete快捷键为该图层蒙版填充黑色，如图4-237所示。

图4-235

图4-236　　　　　　　　　图4-237

图4-244

图4-245

05 设置前景色为白色，接着选择工具箱中的画笔工具，在选项栏中单击"画笔预设"选取器下拉按钮，在"画笔预设"面板中设置"大小"为100像素、"硬度"为100%，如图4-238所示。使用画笔工具在画面中的人物皮肤上进行涂抹，在该图层蒙版缩览图中可以看到被涂抹的区域变成了白色，如图4-239所示。我们可以看到在背景颜色不变的情况下只有人物皮肤亮度提高了，效果如图4-240所示。

图4-238　　　　　　图4-239　　　　　　　图4-240

06 下面要对背景颜色进行调整，执行菜单"图层>新建调整图层>色相/饱和度"命令，在弹出的"属性"面板中设置"色相"为+180，如图4-241所示。在"图层"面板中单击图层蒙版缩览图，设置前景色为黑色，使用Alt+Delete快捷键为该图层蒙版填充黑色，使效果隐藏，如图4-242所示。继续使用白色画笔工具在背景上进行涂抹，使背景部分受到调整图层的影响，效果如图4-243所示。

图4-246

08 执行菜单"图层>新建调整图层>曲线"命令，在弹出的"属性"面板中的曲线上单击添加控制点，拖曳控制点改变曲线形状，对中间调进行轻微调整，如图4-247所示。效果如图4-248所示。选中调整图层蒙版，接着选择画笔工具，将前景色设置为黑色，在画面中的左右两侧涂抹，将其调色效果隐藏，如图4-249所示。

图4-241　　　　　　　图4-242　　　　　　　图4-243

07 我们可以看出画面左右的明暗不平衡，所以要对画面左侧进行压暗。执行菜单"图层>新建调整图层>曲线"命令，在弹出的"属性"面板中的曲线上单击添加控制点，拖曳控制点改变曲线形状，如图4-244所示。效果如图4-245所示。设置前景色为黑色，在"图层"面板中单击图层蒙版缩览图，使用Ctrl+Delete快捷键为该图层蒙版填充黑色，使效果隐藏，接着设置"前景色"为黑色，使用画笔工具在人物以及右侧背景处进行涂抹，效果如图4-246所示。

图4-247

图4-248

图4-249

09 执行菜单"文件>置入嵌入的智能对象"命令，在弹出的"置入"对话框中选择素材"2.jpg"，单击"置入"按钮，如图4-250所示。将画面放置在中间位置，效果如图4-251所示。

图4-250

图4-251

10 在"图层"面板中设置图层混合模式为"滤色"，如图4-252所示。最终效果如图4-253所示。

图4-252

图4-253

4.3 使用Camera Raw处理照片

Camera Raw主要是针对数码照片进行修饰、调色编辑，它能在不损坏原照片质量的前提下批量、高效、专业、快速地对图像进行基本处理。所以，很多不需要对图像进行深度处理的情况下，都可以快速使用Camera Raw对图像进行基本的处理。

在Photoshop中打开一张RAW格式的照片，会自动启动Camera Raw。对于其他格式的图像，执行菜单"滤镜>Camera Raw"命令，也可以打开Camera Raw窗口，如图4-254所示。Camera Raw的界面非常简单，工具箱位于界面的左上角，而右侧则是包含大量的参数选项的调整窗口。参数调整完成后单击右下角的"确定"按钮或"打开"按钮即可完成操作。

工具箱

直方图

图像调整选项栏

选项设置窗口

图4-254

要点速查：Camera Raw的工具

Camera Raw顶部工具箱中包含一些工具，这些工具可以对画面局部进行处理，如图4-255所示。

图4-255

➤ 🔍缩放工具：使用该工具在图像中单击即可放大图像；按住Alt键单击该工具按钮即可缩小图像；双击该工具按钮可使图像恢复到100%。

➤ ✋抓手工具：当图像放大到超出窗口显示时，使用该工具在画面中按住鼠标左键并拖曳，可以调整在预览窗口中显示的图像区域。

➤ 🖊白平衡工具：调整白平衡首先需要确定图像中原本应该是中性色的区域（白色或灰色），然后使用该工具在这个区域上单击，以单击位置为准矫正画面白平衡效果。

➤ 🎨颜色取样器工具：该工具用来检测指定颜色点的颜色信息。选中该工具在图像中单击，即可显示该点的颜色信息。

> ⊙目标调整工具：可以通过在画面中单击直接确定取样颜色，然后按住并移动鼠标来改变图像中取样颜色的色相、饱和度、亮度等属性。

> ⊡裁剪工具：在画面中按住鼠标左键拖曳绘制裁剪区域，双击即可裁剪图像，裁剪框以外的区域被隐藏。使用方法与Photoshop工具箱中的裁剪工具相同。

> ⊟拉直工具：该工具适用于校正画面角度。在画面中按住鼠标左键并拖曳绘制一条线，画面中会自动以当前线条的角度创建裁剪框，双击鼠标左键即可进行裁剪。

> ⊞变换工具：可用于调整画面的扭曲、透视以及缩放，常用于校正画面的透视效果，或者为画面营造出透视感。单击该工具，可以直接在界面右侧设置画面变换的相关数值。也可以手动调整，在画面中绘制想要设定为水平线的线条，接着绘制垂直线，释放鼠标后，两条线变为水平和垂直的线条，画面也随之被自动校正了。

> ✐污点去除：可以使用另一区域的样本修复图像中选中的区域。

> +◎红眼去除：与Photoshop中的红眼工具相同，可以去除红眼。单击红眼去除工具，右侧参数面板出现其参数设置。拖动"瞳孔大小"滑块可以增加或减少校正区域的大小。向右拖动"变暗"滑块可以使选区中的瞳孔区域和选区外的光圈区域变暗。

> ✐调整画笔：使用调整画笔在画面中限定一个范围，然后在右侧设置数值来处理局部图像的曝光度、亮度、对比度、饱和度、清晰度等。

> ▤渐变滤镜：该工具能够以渐变的方式对画面的一侧进行处理，另外一侧不进行处理。两个部分之间过渡柔和。使用该工具在画面中拖到鼠标，会出现两条直线把图像分为两部分，在参数设置中调整一部分的颜色色调，另一部分不会改变，两条直线之间的部分为渐变过渡地带。两条直线的位置、角度都可以进行调整。

> ◎径向滤镜：该工具能够突出展示图像的特定部分。与"光圈模糊"滤镜有些类似。

> ☰打开首选项对话框：单击该按钮可以打开"Camera Raw首选项"对话框。与执行菜单"编辑>首选项>Camera Raw"命令相同。

> ↺逆时针旋转图像90度：单击该按钮可以使图像逆时针旋转90度。

> ↻顺时针旋转图像90度：单击该按钮可以使图像顺时针旋转90度。

提示 **认识RAW**

　　RAW这个单词的中文解释是"原材料"或"未经处理的东西"。我们可以把RAW理解为照片在转换为图像之前的一系列数据信息。准确地说，RAW并不是一种图片格式的后缀名，RAW甚至不是图像文件，而是一个包含照片原始数据信息的数据包。这也是为什么用普通的软件无法预览RAW文件的原因。

　　不同品牌的相机拍摄出来的RAW文件格式也不相同，甚至同一款相机不同型号拍摄的RAW文件也会有些许差别。例如，佳能：*.crw、*.cr2，尼康：*.nef，奥林巴斯：*.orf，宾得：*.ptx、*.pef，索尼：*.arw。

实例067　水上都市

文件路径	第4章\水上都市
难易指数	★★★★★
技术掌握	● Camera Raw 滤镜 ● 自由变换 ● 橡皮擦工具 ● 矩形选框工具

🔍扫码深度学习

📖 操作思路

　　Camera Raw滤镜是照片调色中最常用的滤镜。本案例首先使用Camera Raw滤镜为风景图片进行整体调色，接着使用矩形选框工具绘制选区，填充为蓝色，最后搭配混合模式制作蓝色海面效果。

🖱 案例效果

　　案例对比效果如图4-256和图4-257所示。

图4-256

图4-257

🎤 操作步骤

01 执行菜单"文件>打开"命令，打开素材"1.jpg"，如图4-258所示。接着使用Ctrl+J快捷键复制"背景"图层。由于海面中的水平线倾斜，降低了画面视觉感，所以使用Ctrl+T快捷键进行自由变换，将鼠标放在右上角锚点处，当出现旋转箭头时，按住鼠标左键并向左拖动，如图4-259所示。调整完成后按Enter键完成此操作，此时画面构图均衡，如图4-260所示。

图4-258

图4-259

图4-260

05由于水面与城市交接边缘过硬，如图4-267所示。所以选择工具箱中的 🖫（橡皮擦工具），在选项栏中单击"画笔预设"下拉按钮，在"画笔预设"面板中设置"大小"为100像素、"硬度"为0、"模式"为"画笔"、"不透明度"为20%，接着将光标移动到图片中，沿着矩形边缘进行涂抹，如图4-268所示。涂抹完成后水面效果较为自然，如图4-269所示。

02 此时不难看出照片颜色灰暗，接下来为照片调色。执行菜单"滤镜>Camera Raw滤镜"命令，单击选项栏中的"基本"按钮🞂，在选项栏中设置"色温"为8、"曝光"为0.25、"高光"为9、"阴影"为100、"黑色"为90、"清晰度"为23、"自然饱和度"为23、"饱和度"为2，如图4-261所示。接着单击"细节"按钮🞂，设置"半径"为0.5、"细节"为18，如图4-262所示。

图4-261

图4-262

图4-267

03 单击"效果"按钮 𝑓𝑥，将"去除薄雾"的"数量"设置为70，如图4-263所示。设置完成后单击"确定"按钮，此时画面效果如图4-264所示。

图4-263

图4-264

图4-268

04 接下来绘制蓝色水面。新建一个图层。选择工具箱中的 🞂（矩形选框工具），在水面处绘制一个矩形选区，如图4-265所示。将前景色设置为蓝色，使用前景色（填充快捷键为Alt+Delete）进行填充，如图4-266所示。接着使用Ctrl+D快捷键取消选区。

图4-265

图4-266

图4-269

06 在"图层"面板中设置该图层的混合模式为"强光"，如图4-270所示。此时画面中出现清澈的蓝色水面效果，如图4-271所示。

图4-270

图4-271

⫶ 要点速查：认识图像调整选项卡

Camera Raw界面右侧集中了大量的图像调整命令，这些命令被分为多个组，以"选项卡"的形式展示在界面中。每个按钮都针对不同的设置，单击即可切换到各自页面进行相关参数选项的设置，如图4-272所示。

图4-272

➤ ◐基本：单击此按钮，可以通过下面的参数设置选项调整图像的基本色调与颜色品质。

➤ ⊞色调曲线：单击此按钮，可以对图像的亮度、阴影等进行调节。

➤ ▲细节：该选项用来锐化图像与减少杂色。

➤ ▤HSL/灰度：该选项类似于"色相/饱和度"命令，可以对各个颜色进行色相、饱和度、明度设置。使用该选项还可以制作灰度图像。

➤ ▤分离色调：该选项可以分别对高光区域和阴影区域进行色相、饱和度的调整。

➤ ⊞镜头校正：该选项可以用来去除由于镜头原因造成的图像缺陷，例如扭曲、晕影、紫边绿边。

➤ ƒx效果：可以为图像添加或去除杂色，还可以用来制作暗角暗影。

➤ ◙相机校准：不同的相机都有自己的颜色与色调调整设置，拍摄出的照片颜色也会有些许的偏差。"相机校准"功能则可以用于校正这些相机普遍性的色偏问题。

➤ ▤预设：在"预设"中可以将当前图像调整的参数存储为"预设"，然后可以使用该"预设"快速处理其他图像。

第5章

选区与抠图

本章概述　　"选区"是指在图像中规划出的一个区域，区域边界以内的部分为被选中的部分，边界以外的部分为未被选中的部分。在Photoshop中进行图像编辑处理操作时，会直接影响选区以内的部分图像，而不会影响选区以外的图像。除此之外，在图像中创建了合适的选区后，还可以将选区中的内容单独提取出来（可以将选区中的内容复制为独立图层，也可以选中背景部分并删除），这就完成了抠图的操作。而在设计作品的制作过程中经常需要从图片中提取部分元素，所以选区与抠图技术是必不可少的。将多个原本不属于同一图像的元素结合到一起，从而产生新的画面的操作通常称为"合成"。要想使画面中出现多个来自其他图片的元素，就需要使用到选区与抠图技术。从"选区"到"抠图"再到"合成"的一系列经常配合使用的技术，也就是本章将要重点讲解的内容。

本章重点
◆ 选框工具、套索工具的使用方法
◆ 磁性套索工具、魔棒工具、快速选择工具的使用方法
◆ 图层蒙版与剪贴蒙版的使用方法

/ 佳 / 作 / 欣 / 赏 /

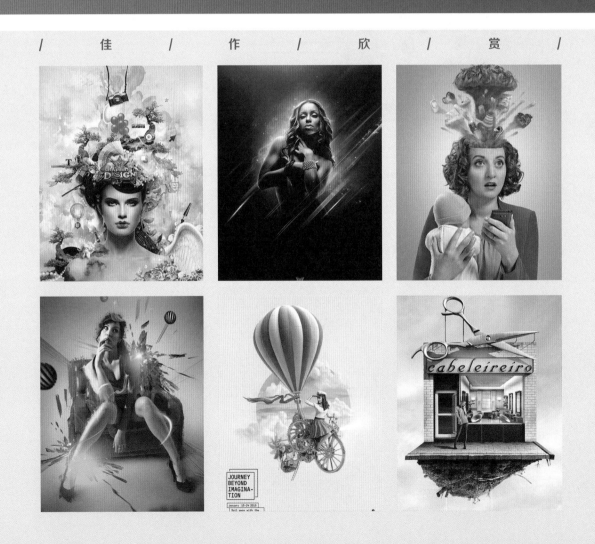

5.1 绘制简单的选区

Photoshop包含多种用于制作选区的工具，例如工具箱的"选框工具组"中就包含4种选区工具，即矩形选框工具、椭圆选框工具、单行选框工具、单列选框工具。在"套索工具组"中也包含3种选区制作工具，即套索工具、多边形套索工具、磁性套索工具。除了这些工具外，使用快速蒙版工具和文字蒙版工具也可以创建简单的选区。

实例068	使用矩形选区为照片添加可爱相框	
文件路径	第5章\使用矩形选区为照片添加可爱相框	
难易指数	⭐⭐⭐⭐⭐	
技术掌握	● 矩形选框工具 ● 置入嵌入的智能对象	扫码深度学习

操作思路

当我们想要对画面中的某个方形区域进行填充或者单独调整时，就需要绘制该区域的选区。要想绘制一个长方形选区或者正方形选区，可以使用矩形选框工具。本案例主要使用矩形选框工具来制作可爱的相框。

案例效果

案例效果如图5-1所示。

图5-1

操作步骤

01 执行菜单"文件>打开"命令，打开相框素材"1.jpg"，如图5-2所示。

图5-2

02 执行菜单"文件>置入嵌入的智能对象"命令，置入素材"2.jpg"，如图5-3所示。按住Shift+Alt快捷键并将光标移到图片左上角控制点处向上拖

图5-3

图5-4

03 将图片调整至合适位置，按Enter键确定置入图片。在该图层上右击，在弹出的快捷菜单中执行"栅格化图层"命令，将其转换为普通图层，如图5-5所示。

图5-5

04 选择"图层"面板中的人像图层，将其"不透明度"设置为50%，如图5-6所示。此时画面中的人像呈半透明状态，背景图像将呈现出来，如图5-7所示。

图5-6

图5-7

05 选择工具箱中的 ▣（矩形选框工具），沿背景相框内部边缘拖动鼠标，绘制矩形选区，如图5-8所示。在"图层"面板中将"不透明度"恢复至100%，此时画面效果如图5-9所示。

图5-8

图5-9

06 使用Ctrl+J快捷键复制选区内的图像，得到一个新的图层。隐藏原人像图层，如图5-10所示。该相框照片的最终画面效果如图5-11所示。

图5-10

图5-11

■ 要点速查：矩形选框工具的选项

矩形选框工具的选项栏如图5-12所示。

图5-12

> 羽化：该选项主要用来设置选区边缘的虚化程度。羽化值越大，虚化范围越宽；羽化值越小，虚化范围越窄。
> 消除锯齿：可以消除选区锯齿现象。在使用椭圆选框工具、套索工具、多边形套索工具时，"消除锯齿"选项才可用。
> 样式：该选项用来设置选区的创建方法。当选择"正常"选项时，可以创建任意大小的选区；当选择"固定比例"选项时，可以在右侧的"宽度"和"高度"文本框中输入数值，以创建固定比例的选区；当选择"固定大小"选项时，可以在右侧的"宽度"和"高度"文本框中输入数值，然后单击鼠标左键即可创建一个固定大小的选区。

实例069　使用基本选区工具制作宠物海报

文件路径	第5章\使用基本选区工具制作宠物海报	
难易指数	★★★★★	
技术掌握	● 椭圆选框工具 ● 图层样式 ● 图层蒙版	扫码深度学习

操作思路

如果需要在画面中绘制一个圆形，或者想要对画面中的某个圆形区域单独进行调色、删除或者其他编辑时，可以使用 ○.（椭圆选框工具）。椭圆选框工具可以制作椭圆选区和正圆选区。本案例主要使用椭圆选框工具制作可爱的宠物海报。

案例效果

案例效果如图5-13所示。

图5-13

操作步骤

01 执行菜单"文件>打开"命令，打开背景素材"1.jpg"，如图5-14所示。继续执行菜单"文件>置入嵌入智能对象"命令，在弹出的"置入嵌入智能对象"对话框中选择素材"2.jpg"，单击"置入"按钮，将素材放置在适当位置，按Enter键完成置入，接着执行菜单"图层>栅格化>智能对象"命令，将该图层栅格化为普通图层，如图5-15所示。

图5-14

图5-15

02 下面要在照片中选择一个圆形区域。选择工具箱中的 ○（椭圆选框工具），在选项栏中单击"新选区"按钮 ▣，然后在小狗位置按住Shift键的同时按住鼠标左键拖曳绘制正圆选区，如图5-16所示。接着选中小狗图层，单击"图层"面板底部的"添加图层蒙版"按钮，效果如图5-17所示。

图5-16

图5-17

03 为图片添加描边效果。选择蒙版图层，执行菜单"图层>图层样式>描边"命令，在弹出的"图层样式"对话框中设置"大小"为18像素、"位置"为"外部"、"混合模式"为"正常"、"不透明度"为100%、"填充类型"为"渐变"、"渐变"为蓝色系渐变、"样式"为"线性"、"角度"为-58度、"缩放"为100%，如图5-18所示。继续在左侧列表框中勾选"内阴影"复选框，设置"混合模式"为"正片叠底"、阴影颜色为黑色、"不透明度"为75%、"角度"为130度、"距离"为5像素、"阻塞"为0、"大小"为9像素，如图5-19所示。

图5-18

图5-19

04 设置完成后，单击"确定"按钮，效果如图5-20所示。单击"图层"面板底部的"创建新组"按钮 ▢，将制作的圆形照片图层放置在新建的组中，如图5-21所示。

图5-20

图5-21

05 选择工具箱中的 （矩形选框工具），在选项栏中单击"新选区"按钮，接着在画面中按住鼠标左键拖曳绘制矩形，如图5-22所示。在"图层"面板中选择"组"，单击"图层"面板底部的"添加图层蒙版"按钮，效果如图5-23所示。

图5-22

图5-23

06 使用同样的方法，制作另外几个照片效果，如图5-24所示。

图5-24

📖 要点速查：选区运算

在大部分选区工具的选项栏中都可以选择选区的运算方式。下面来了解各种方式的区别。

➤ ▣新选区：单击该按钮后，每次绘制都可以创建一个新选区，如果已经存在选区，那么新创建的选区将替代原来的选区。

➤ ▣添加到选区：单击该按钮后，可以将当前创建的选区添加到原来的选区中，如图5-25和图5-26所示。

图5-25　　　　　　　　　　　图5-26

➤ ▣从选区减去：单击该按钮后，可以将当前创建的选区从原来的选区中减去，如图5-27和图5-28所示。

图5-27　　　　　　　　　　　图5-28

➤ ▣与选区交叉，单击该按钮后，新建选区时只保留原有选区与新创建选区相交的部分，如图5-29和图5-30所示。

图5-29　　　　　　　　　　　图5-30

实例070　使用多边形套索工具制作卡通相框

文件路径	第5章\使用多边形套索工具制作卡通相框
难易指数	★★★★★
技术掌握	多边形套索工具

🔲扫码深度学习

💡 操作思路

当我们想要绘制不规则的多边形选区时，或者在需要抠取转折较为明显的图像对象时，可以选择 （多边形套索工具）进行选区的绘制。多边形套索工具主要用于创建转角为尖角的不规则选区。本案例主要使用多边形套索工具制作一个卡通类型的相框。

案例效果

案例效果如图5-31所示。

图5-31

操作步骤

01 执行菜单"文件>打开"命令或按Ctrl+O快捷键，打开.素材"1.jpg"，如图5-32所示。继续执行菜单"文件>置入嵌入的智能对象"命令，置入素材"2.jpg"，将素材放置在适当位置后，按Enter键完成置入。接着执行菜单"图层>栅格化>智能对象"命令，将该图层栅格化为普通图层，如图5-33所示。

图5-32

图5-33

02 将素材中的企鹅放在相片框内。在"图层"面板中选择企鹅图层，将其"不透明度"设置为50%，如图5-34所示。效果如图5-35所示。

图5-34

5-35

03 选择工具箱中的 ☑（多边形套索工具），在画面中相框的一角单击确定起点，如图5-36所示。然后将光标移动到相框的另一角点单击，如图5-37所示。

图5-36

图5-37

04 使用同样的方法继续单击，当勾画到起点时单击，形成闭合选区，效果如图5-38所示。

图5-38

05 使用Ctrl+Shift+I快捷键将选区反选，如图5-39所示。按Delete键删除选区中的像素，再按Ctrl+D快捷键取消选区，效果如图5-40所示。

图5-39

图5-40

06 在"图层"面板中设置"不透明度"为100%，如图5-41所示。效果如图5-42所示。

图5-41

图5-42

实例071　使用快速蒙版制作可爱儿童照片版式

文件路径	第5章\使用快速蒙版制作可爱儿童照片版式
难易指数	⭐⭐⭐⭐⭐
技术掌握	● 快速蒙版 ● 画笔工具 ● 置入嵌入的智能对象

🔍扫码深度学习

💡操作思路

　　◎（快速蒙版）是一种以绘图的方式创建选区的功能。本案例使用快速蒙版配合画笔工具得到不规则的枫叶效果的选区，在此基础上制作可爱风格的儿童照片版式。

📖案例效果

　　案例效果如图5-43所示。

图5-43

🎤操作步骤

01 执行菜单"文件>新建"命令，新建一个"宽度"为918像素、"高度"为632像素、"分辨率"为72像素，"背景内容"为白色的文档，如图5-44所示。

图5-44

02 选择工具箱中的 ✎（画笔工具），在"画笔选取器"中选择一个合适的柔边圆画笔笔尖，将前景色设置为淡黄绿色，在白色背景中进行涂抹，如图5-45所示。

图5-45

03 更换前景色，并按照同样方法使用画笔工具继续在画面中涂抹，呈现出柔和的多彩效果，如图5-46所示。

图5-46

04 执行菜单"文件>置入嵌入的智能对象"命令，置入素材"1.jpg"，按Enter键确定置入操作。接着在"图层"面板中右击该图层，在弹出的快捷菜单中执行"栅格化图层"命令，将其转换为普通图层，画面效果如图5-47所示。

05 选择工具箱中的 ✎（画笔工具），单击选项栏中的"画笔面板"按钮 ◪，在面板右侧选择一个枫叶形状的画笔笔尖，设置"间距"

大小"为65%，如图5-48所示；勾选"形状动态"复选框，设置"大小抖动"为100%、"最小直径"为60%、"角度抖动"为30%，如图5-49所示；勾选"散布"复选框，接着勾选"两轴"复选框，设置"散布大小"为270%、"数量"为4，如图5-50所示；勾选"传递"复选框，设置"不透明抖动"为60%、"流量抖动"为40%，如图5-51所示。

图5-47

图5-48　　　　图5-49

图5-50　　　　图5-51

06 单击工具箱底部的"快速蒙版"按钮 ◎，进入快速蒙版中编辑。使用枫叶画笔在画面右侧人物部分进行涂抹，如图5-52所示。单击"快速蒙版"按钮，退出快速蒙版，得到选区，如图5-53所示。

艺卷 中文版Photoshop数码照片处理全视频　实战228例

图5-52 图5-53

07 使用Ctrl+Shift+I快捷键将选区反选，如图5-54所示。然后单击"图层"面板底部的"添加图层蒙版"按钮 ▣ ，此时画面效果如图5-55所示。

图5-54 图5-55

08 执行菜单"文件>置入嵌入的智能对象"命令，置入素材"2.png"，然后按Enter键确定置入操作，最终效果如图5-56所示。

图5-56

> **提示**
> **编辑快速蒙版的小技巧**
> 在快速蒙版模式下，不仅可以使用各种绘制工具，还可以使用滤镜对快速蒙版进行处理。

5.2 基于色彩的抠图技法

Photoshop中有多种可以创建和编辑选区的工具，除了前面讲解的多种选区工具外，还有3种工具是利用图像中颜色的差异来创建选区，即磁性套索、魔棒以及快速选择工具，这3种工具主要用于"抠图"。除此之外，使用背景橡皮擦工具和魔术橡皮擦工具可以基于颜色差异擦除特定部分的颜色。

实例072 使用磁性套索工具抠图

文件路径	第5章\使用磁性套索工具抠图
难易指数	⭐⭐⭐⭐⭐
技术掌握	磁性套索工具

🔍扫码深度学习

💡 操作思路

▢（磁性套索工具）可以自动检测画面中颜色的差异，并在两种颜色交界的区域创建选区。本案例主要使用磁性套索工具将人物提取出来，再加入其他元素，制作优秀的人像海报。

🖱 案例效果

案例效果如图5-57所示。

图5-57

🎤 操作步骤

01 执行菜单"文件>打开"命令，打开背景素材"1.jpg"，如图5-58所示。继续执行菜单"文件>置入嵌入的智能对象"命令，在弹出的"置入嵌入的智能对象"对话框中选择素材"2.jpg"，然后单击"置入"按钮，将素材放置在适当位置，按Enter键完成置入，如图5-59所示。执行菜单"图层>栅格化>智能对象"命令，将该图层栅格化为普通图层。

02 选择工具箱中的 ▢（磁性套索工具），然后在画面中喊话器的边缘单击确定起点，如图5-60所示。接着沿着喊话器轮廓移动光标，此时

Photoshop会自动生成很多锚点，如图5-61所示。

图5-58

图5-59

图5-60

图5-61

03 继续沿人体边缘移动光标，当勾画到起点时单击形成闭合选区，如图5-62所示。使用Ctrl+Shift+I快捷键将选区反选，如图5-63所示。

图5-62

图5-63

04 按Delete键删除选区中的像素，再按Ctrl+D快捷键取消选区，效果如图5-64所示。

图5-64

05 此时可以看到手臂和喊话器下面的区域仍有白色背景。再次使用磁性套索工具绘制右侧手臂处的选区，如图5-65所示。直接按Delete键将其删除，如图5-66所示。

图5-65

图5-66

06 用同样的方法，删除其他部分的白色背景，效果如图5-67所示。

图5-67

07 在画面中置入素材进行修饰。执行菜单"文件>置入嵌入智能对象"命令，置入素材"3.png"，将素材放置在适当位置，按Enter键完成置入，最终效果如图5-68所示。

图5-68

要点速查：磁性套索工具的选项栏

磁性套索工具的选项栏如图5-69所示。

图5-69

艺境 中文版Photoshop数码照片处理全视频 实战228例

Photoshop

> 宽度："宽度"值决定了以光标中心为基准，光标周围有多少个像素能够被磁性套索工具检测到。如果对象的边缘比较清晰，可以设置较大的值；如果对象的边缘比较模糊，可以设置较小的值。

> 对比度：该选项主要用来设置磁性套索工具感应图像边缘的灵敏度。如果对象的边缘比较清晰，可以将该值设置得高一些；如果对象的边缘比较模糊，可以将该值设置得低一些。

> 频率：在使用磁性套索工具勾画选区时，Photoshop会生成很多锚点，"频率"选项就是用来设置锚点的数量。数值越高，生成的锚点越多，捕捉到的边缘越准确，但是可能会造成选区不够平滑。

> 钢笔压力：如果计算机配有数位板和压感笔，可以激活该按钮，Photoshop会根据压感笔的压力自动调节磁性套索工具的检测范围。

实例073　使用魔棒工具提取牛奶

文件路径	第5章\使用魔棒工具提取牛奶
难易指数	★★★★★
技术掌握	● 魔棒工具 ● 置入嵌入的智能对象

扫码深度学习

操作思路

在Photoshop中 ✎（魔棒工具）是一个非常便捷好用的抠图工具。只需要在画面中单击即可获得相似颜色的选区。对于颜色内容差异大，色彩倾向明确的图片更利于操作。本案例使用魔棒工具将牛奶提取出来，再加入其他元素，制作新颖的海报效果。

案例效果

案例效果如图5-70所示。

图5-70

操作步骤

01 执行菜单"文件>打开"命令，打开素材"1.jpg"，如图5-71所示。

图5-71

02 执行菜单"文件>置入嵌入的智能对象"命令，置入牛奶素材"2.jpg"，如图5-72所示，然后按Enter键确定置入此图片。执行菜单"图层>栅格化>智能对象"命令，将该图层栅格化为普通图层，如图5-73所示。

图5-72

图5-73

03 提取牛奶元素。选择工具箱中的 ✎（魔棒工具），在选项栏中单击"添加到选区"按钮 ⬚，设置"容差值"为50，接着在牛奶杯中的白色区域上单击，自动获取附近区域相同的颜色，使它们处于被选择状态，如图5-74所示。连续单击牛奶瓶部分使牛奶所有部分处于被选择状态，如图5-75所示。

图5-74

图5-75

04 单击"图层"面板底部的"添加图层蒙版"按钮 ▢，如图5-76所示。画面中的牛奶背景将被隐藏，效果如图5-77所示。

图5-76

图5-77

05 执行菜单"文件>置入嵌入的智能对象"命令,置入丝带素材"3.png",如图5-78所示。接着按Enter键确定置入此图片。画面最终效果如图5-79所示。

图5-78

图5-79

📖 要点速查:魔棒工具的选项

魔棒工具的选项栏如图5-80所示。

图5-80

➤ 容差:决定所选像素之间的相似性或差异性,其取值范围为0~255。

数值越低,对像素的相似程度的要求越高,所选的颜色范围就越小;数值越高,对像素的相似程度的要求越低,所选的颜色范围就越大。

➤ 连续:勾选该复选框时,只选择颜色连接的区域;取消勾选该复选框时,可以选择与所选像素颜色接近的所有区域,当然也包含没有连接的区域。

➤ 对所有图层取样:如果文档中包含多个图层,勾选该复选框时,可以选择所有可见图层上颜色相近的区域;取消勾选该复选框,则仅选择当前图层上颜色相近的区域。

实例074 使用"选择并遮住"抠图

文件路径	第5章\使用"选择并遮住"抠图
难易指数	⭐⭐⭐⭐⭐
技术掌握	● 选择并遮住 ● 魔棒工具

🔍扫码深度学习

💡 操作思路

在使用选框工具、套索工具等选区工具时,在选项栏中都有一个 选择并遮住… 按钮。单击此按钮,可以打开"选择并遮住"窗口。在该窗口中可以对已有的选区边缘进行平滑、羽化、对比度、位置等参数设置。例如,在抠取不规则对象、毛发边缘时可以使用调整边缘参数进行调整得到精确的选区。本案例利用"选择并遮住"模式,对人物头发边缘处进行调整,再利用其他工具制作人像海报。

🖱 案例效果

案例效果如图5-81所示。

图5-81

🎤 操作步骤

01 执行菜单"文件>打开"命令,或按Ctrl+O快捷键,在弹出的"打开"对话框中选择素材"1.jpg",单击"打开"按钮,如图5-82所示。继续执行菜单"文件>置入嵌入智能对象"命令,在弹出的"置入嵌入对象"对话框中选择素材"2.jpg",单击"置入"按钮,将素材放置在适当位置,按Enter键完成置入,如图5-83所示。接着执行菜单"图层>栅格化>智能对象"命令,将该图层栅格化为普通图层。

02 首先将人物的背景去除。选择工具箱中的 🪄(魔棒工具),在选项栏中设置"容差"为20,移动光标在画面的白色背景处单击,得到选区,效果如图5-84所示。

艺境 中文版Photoshop数码照片处理全视频 实战228例

Photoshop

图5-82

图5-83

图5-84

图5-85

图5-86

图5-87

03 单击选项栏中的"选择并遮住"按钮 选择并遮住... ，进入选区编辑状态，设置"视图模式"为黑白，再单击"调整边缘画笔工具" 按钮，然后在头发边缘处涂抹，并设置"半径"为5像素，单击"确定"按钮完成设置，如图5-85所示。得到选区后，按Delete键删除选区中的像素，再使用Ctrl+D快捷键取消选区，效果如图5-86所示。

04 执行菜单"文件>置入"命令，置入素材"3.png"，将素材放置在适当位置，按Enter键完成置入操作，效果如图5-87所示。

📖 要点速查："遮住并选择"模式下的功能介绍

单击选项栏中的"遮住并选择"按钮，打开"遮住并选择"窗口，如图5-88所示。

图5-88

> ➤ 快速选择工具：通过按住鼠标左键拖曳涂抹的方式创建选区，该选区会自动查找和跟随图像颜色的边缘。

> ➤ 调整边缘画笔工具：精确调整发生边缘调整的边界区域。制作头发或毛皮选区时可以使用调整边缘画笔工具柔化区域以增加选区内的细节。

> ➤ 画笔工具：通过涂抹的方式添加或删除选区。选择画笔工具，在选项栏中单击"添加到选区"按钮 ，单击 按钮，在下拉面板中设置笔尖的"大小""硬度"和"距离"选项，接着在画面中按住鼠标左键拖曳进行涂抹，涂抹的位置就会显示出像素，也就是在原来选区的基础上添加了选区。若单击"从选区减去"按钮 ，在画面中涂抹，即可减去选区。

> ➤ 套索工具组：该工具组中有 （套索工具）和 （多边形套索工具）两种。使用该工具可以在选项栏中设置选区运算的方式。

> ➤ 半径：确定发生边缘调整的选区边界的大小。对于锐边，可以使用较小的半径；对于较柔和的边缘，可以使用较大的半径。

> ➤ 智能半径：自动调整边界区域中发现的硬边缘和柔化边缘的半径。

> ➤ 平滑：减少选区边界中的不规则区域，以创建较平滑的轮廓。

> ➤ 羽化：模糊选区与周围的像素之间的过渡效果。

> ➤ 对比度：锐化选区边缘并消除模糊的不协调感。在通常情况下，配合"智能半径"选项调整出来的选区效果会更好。

> ➤ 移动边缘：当设置为负值时，可以向内收缩选区边界；当设置为正值时，可以向外扩展选区边界。

> ➤ 清除选区：单击该按钮可以取消当前选区。

> ➤ 反相：单击该选项，即可将选区反相。

实例075　快速选择抠出人像制作清凉夏日广告

文件路径	第5章\快速选择抠出人像制作清凉夏日广告
难易指数	★★★★★
技术掌握	● 快速选择工具　　　● 置入嵌入智能对象 ● 横排文字工具　　　● 图层样式

操作思路

　　使用 🖌 （快速选择工具），并利用可调整的圆形笔尖迅速绘制出选区。拖曳笔尖时选取范围不但会向外扩张，而且还可以自动寻找并沿着图像的边缘来描绘边界。本案例使用快速选择工具将人物提取出来，再搭配其他元素，制作清凉风格的夏日广告。

案例效果

　　案例效果如图5-89所示。

图5-89

操作步骤

01 执行菜单"文件>打开"命令，或按Ctrl+O快捷键，在弹出的"打开"对话框中选择素材"1.jpg"，单击"打开"按钮，如图5-90所示。继续执行菜单"文件>置入嵌入智能对象"命令，在打开的"置入嵌入智能对象"对话框中选择素材"2.jpg"，单击"置入"按钮，将素材放置在适当位置，按Enter键完成置入，接着执行菜单"图层>栅格化>智能对象"命令，将该图层栅格化为普通图层，如图5-91所示。

图5-90

图5-91

02 选择工具箱中的 🖌 （快速选择工具），在选项栏中单击"添加到选区"按钮 🖌，在"画笔预设"面板中设置"大小"为50像素，接着将光标移动至人物背景处，如图5-92所示，按住鼠标左键拖曳得到背景的选区，如图5-93所示。

03 继续在人物上方和右侧位置按住鼠标左键拖曳得到背景的选区，如图5-94所示。接着在人物腿部位置按住鼠标左键拖曳得到背景的选区，如图5-95所示。

图5-92

图5-93

图5-94

图5-95

04 继续对其他位置进行选取，如图5-96所示。现在可以在画面中看到人物身体部位选择过多，需要将多选择的选区取消，在选项栏中单击"从选区减去"按钮 🖌，接着在人物边缘按住鼠标左键拖曳减去选区，效果如图5-97所示。

05 得到背景选区后，按Delete键删除选区中的像素，再使用Ctrl+D快捷键取消选区，如图5-98所示。

中文版Photoshop数码照片处理全视频　实战228例

图 5-96

图 5-97

图 5-98

06 下面需要添加文字。选择工具箱中的 ⊤ （横排文字工具），在选项栏中设置合适的"字体"和"字号"，设置填充为白色，接着在画面中间位置单击输入文字，如图5-99所示。然后在选项栏中设置一个新的"字体"和"字号"，继续在画面中单击输入副标题文字，如图5-100所示。

图 5-99

图 5-100

07 按住Ctrl键加选两个文字图层，使用Ctrl+Alt+E快捷键进行盖印并命名为"合并"。新建一个图层，然后按住Ctrl键单击"合并"图层的缩览图得到文字选区，接着将选区填充为淡蓝色，如图5-101所示。在"图层"面板中将"合并"图层移动至文字图层的下方，画面效果如图5-102所示。

图 5-101

图 5-102

08 将所有文字图层移动至人物图层的下方，然后选择工具箱中的 ⊕ （移动工具），将蓝色文字向下移动，制作投影效果，如图5-103所示。

图 5-103

09 选择蓝色文字图层，执行菜单"图层>图层样式>描边"命令，在弹出的"图层样式"对话框中设置"大小"为4像素、"位置"为"外部"、"混合模式"为"正常"、"不透明度"为100像素、"填充类型"为"颜色"、"颜色"为白色，单击"确定"按钮完成设置，如图

5-104所示。文字效果如图5-105所示。

图 5-104

图 5-105

10 继续使用横排文字工具在画面中输入文字，如图5-106所示。

图 5-106

实例076	使用色彩范围为多叶植物换背景
文件路径	第 5 章 \ 使用色彩范围为多叶植物换背景
难易指数	★★★★☆
技术掌握	● 色彩范围 ● 图层蒙版

扫码深度学习

💡 操作思路

"色彩范围"命令可根据图像中某一种或多种颜色的范围创建选区。"色彩范围"具有一个完整的参数设

置对话框,在其中可以进行颜色的选择、颜色容差的设置,以及使用"添加到取样"吸管、"从选区中减去"吸管对选中的区域进行调整。本案例主要通过"色彩范围"命令来识别图中的绿色区域,为风景照片换背景。

🖱 案例效果

案例效果如图5-107所示。

图5-107

🎤 操作步骤

01 执行菜单"文件>打开"命令,打开素材"1.jpg",如图5-108所示。

图5-108

02 执行菜单"文件>置入嵌入的智能对象"命令,置入风景素材"2.jpg",如图5-109所示。按住Shift+Alt快捷键并将光标移到图片左上角锚点处,按住鼠标左键向外拖曳,进行中心等比例放大,直至覆盖整个画面。接着执行菜单"图层>栅格化>智能对象"命令,将该图层栅格化为普通图层,效果如图5-110所示。

图5-109

图5-110

03 执行菜单"选择>色彩范围"命令,在弹出的"色彩范围"对话框中设置"选择"为"取样颜色",选中"选择范围"单选按钮,为了便于观察,将"选区预览"设置为"黑色杂边"。将鼠标移动至画面中,光标会变成🖊形状,单击天空的位置,对颜色进行取样,然后返回到"色彩范围"对话框中设置"颜色容差"为100,如图5-111和图5-112所示。

图5-111

图5-112

04 此时未被选择的区域在画面中用黑色表示,而画面中天空的区域仍有部分区域为灰色,单击"色彩范围"对话框中的"添加到取样"按钮🖊,如图5-113所示。在画面的左上角处单击,此时可以看到天空部分被完全选中,如图5-114所示。

05 单击"色彩范围"对话框中的"确定"按钮,得到天空部分选区。使用Ctrl+Shift+I快捷键反选选区,如图5-115所示。此时单击该"图层"面板底部的"添加图层蒙版"按钮▢,即可隐藏天空部分,蒙版效果如图5-116所示。

图5-113

图5-114

图5-115

图5-116

06 画面最终效果如图5-117所示。

图5-117

要点速查：详解"色彩范围"对话框

执行菜单"选择>色彩范围"命令，弹出"色彩范围"对话框，如图5-118所示。

图5-118

- ➤ 图像查看区域："图像查看区域"下面包含"选择范围"和"图像"两个选项。当选中"选择范围"单选按钮时，预览区域中的白色代表被选择的区域，黑色代表未被选择的区域，灰色代表被部分选择的区域（即有羽化效果的区域）；当选中"图像"单选按钮时，预览区内会显示彩色图像。
- ➤ 选择：用来设置创建选区的方式。选择"取样颜色"选项时，光标会变成✐形状，将光标放置在画布中的图像上单击进行取样；选择"红色""黄色""绿色""青色"等选项时，可以选择图像中特定的颜色；选择"高光""中间调"和"阴影"选项时，可以选择图像中特定的色调；选择"肤色"选项时，会自动检测皮肤区域；选择"溢色"选项时，可以选择图像中出现的溢色。
- ➤ 检测人脸：当"选择"设置为"肤色"选项时，将激活"检测人脸"复选框可以更加准确地查找皮肤部分的选区。
- ➤ 本地化颜色簇：启用此选项，移动"范围"滑块可以控制要包含在蒙版中的颜色与取样点的最大和最小距离。

- ➤ 颜色容差：用来控制颜色的选择范围。数值越高，包含的颜色就越广；数值越低，包含的颜色就越少。
- ➤ 范围：当取样方式为"高光""中间调"和"阴影"时，可以通过调整范围数值，设置"高光""中间调"和"阴影"各个部分的大小。
- ➤ ✐ ✐ ✐：当选择"取样颜色"选项时，可以对取样颜色进行添加或减去。使用"吸管工具"✐可以直接在画面中单击进行取样。如果要添加取样颜色，可以单击"添加到取样"按钮✐，然后在预览图像上单击，以取样其他颜色。如果要减去多余的取样颜色，可以单击"从取样中减去"按钮✐，然后在预览图像上单击以减去其他取样颜色。

5.3 钢笔抠图

✐（钢笔工具）可以绘制"路径"对象和"形状"对象。可以将"路径"理解为一种可以随时进行形状调整的"轮廓"。通常绘制路径不仅是为了绘制形状，更多的是为了选区的创建与抠图操作。

实例077　使用钢笔抠出精细人像

文件路径	第5章\使用钢笔抠出精细人像
难易指数	★★★★★
技术掌握	钢笔工具

操作思路

✐（钢笔工具）可以用来绘制复杂的路径和形状对象。本案例就是利用钢笔工具绘制人物形态的路径，然后转换为选区并进行抠图，从而制作出精美的人像海报。

案例效果

案例效果如图5-119所示。

图5-119

操作步骤

01 执行菜单"文件>打开"命令，或按Ctrl+O快捷键，在弹出的"打开"对话框中选择素材"1.jpg"，单击"打开"按钮，如图5-120所示。执行菜单"文件>置入嵌入的智能对象"命令，在弹出的"置入嵌入对象"对话框中选择素材"2.jpg"，单击"置入"按钮，然后按Enter键完成置入，如图5-121所示。接着执行菜单"图层>栅格化>普通图层"命令，将该图层栅格化为普通图层。

图5-120

5-121

02 选择工具箱中的 ✐（钢笔工具），沿人物边缘绘制大致的路径，如图5-122所示。继续在人物边缘处单击并拖曳进行绘制，如图5-123所示。

图5-122

图5-123

03 对制作的路径中的锚点进行精确调整。选择工具箱中的 ▶.（直接选择工具），单击选择锚点，如图5-124所示。接着选择工具箱中的 ▶.（转换点工具），在框选过的点上按住鼠标左键并拖曳进行转换，如图5-125所示。切换到直接选择工具，按住鼠标左键将锚点拖曳到人物边缘，如图5-126所示。

图5-124

图5-125

图5-126

04 用同样的方法对其他锚点进行操作，效果如图5-127所示。接着使用Ctrl+Enter快捷键将路径转换为选区，如图5-128所示。

图5-127

图5-128

05 执行菜单"选择>反向"命令，此时得到了背景部分的选区，如图5-129所示。按Delete键删除选区中的像素，如图5-130所示。接着使用Ctrl+D快捷键取消选区的选择。

图5-129

图5-130

06 对画面置入的素材进行修饰。执行菜单"文件>置入嵌入的智能对象"命令，置入素材"3.png"，单击"置入"按钮，将素材放置在适当位置，按Enter键完成置入，最终效果如图5-131所示。

图5-131

提示 **终止路径绘制的操作**

如果要终止路径绘制的操作，可以在钢笔工具的状态下按Esc键完成路径的绘制。或者单击工具箱中的其他任意一个工具，也可以终止路径绘制的操作。

提示 **钢笔选项栏中的"建立"选项**

在选项栏中单击 选区… 按钮，路径会被转换为选区。单击 蒙版 按钮，会以当前路径为图层创建矢量蒙版。单击 形状 按钮，路径对象会转换为形状图层。

5.4 通道抠图

前面介绍的几种方法是借助颜色的差异创建选区，但是有一些特殊的对象往往很难借助这种方法进行抠图，如毛发、玻璃、云朵、婚纱这类边缘复杂、带有透明质感的对象，这时就可以使用通道抠图法抠取这些对象。利用通道抠取头发是利用通道的灰度图像可以与选区相互转换的特性制作精细的选区，从而实现抠图的目的。

实例078　通道抠图——半透明白纱

文件路径	第5章 \ 通道抠图——半透明白纱
难易指数	★★★★★
技术掌握	● 通道抠图 ● 钢笔工具 ● 画笔工具

扫码深度学习

操作思路

通道抠图主要是利用图像的色相差别或明度来创建选区。通道抠图法常用于抠取毛发、云朵、烟雾以及半透明的婚纱等对象。本案例首先使用钢笔工具抠取人物背景部分，接着通过使用通道抠图技法并搭配其他工具将画面中的人物头纱部分展现出半透明效果。

案例效果

案例对比效果如图5-132和图5-133所示。

图5-132

图5-133

操作步骤

01 执行菜单"文件>打开"命令，打开素材"1.jpg"，如图5-134所示。使用Ctrl+J快捷键复制"背景"图层，并将"背景"图层隐藏，如图5-135所示。

图5-134

图5-135

02 由于人像边缘部分需要进行精细的抠取，所以首先使用工具箱中的 ![钢笔工具图标]（钢笔工具），沿人像外轮廓绘制路径，如图5-136所示。接着使用Ctrl+Enter快捷键将路径转换为选区，得到人像的选区，如图5-137所示。

图5-136

图5-137

03 使用Ctrl+Shift+I快捷键将选区反选，如图5-138所示。按Delete键删除背景部分，如图5-139所示，然后使用Ctrl+D快捷键取消选区。

图5-138

图5-139

04 执行菜单"置入>嵌入的智能对象"命令，置入光效素材"2.jpg"，如图5-140所示，按Enter键完成置入。接着将光效图层移动到人物图层的下方，如图5-141所示。

图5-140

图5-141

05 选择"人物"图层,单击图层面板底部的"添加图层蒙版"按钮■,为该图层添加蒙版,如图5-142所示。选择工具箱中的 ✎(画笔工具),然后在画笔选取器中设置"大小"为300像素,选择一个硬边圆画笔笔尖,如图5-143所示。

图5-142

图5-143

06 将前景色设置为黑色,然后在人物头纱处进行涂抹,适当降低画笔的不透明度,继续涂抹,此时图层蒙版中的黑白关系如图5-144所示。画面效果如图5-145所示。

图5-144

图5-145

07 提高人物身体的亮度。执行菜单"图层>新建调整图层>曲线"命令,在弹出的"新建图层"对话框中单击"确定"按钮。在"属性"面板中的曲线上单击添加一个控制点并向上拖曳,提高画面的亮度。单击窗口下方的"此调整剪切到此蒙版"按钮,曲线形状如图5-146所示。此时画面效果如图5-147所示。

08 使用钢笔工具单独抠取头纱部分。下面需要对头纱部分进行处理,使头纱产生半透明效果。隐藏其他图层,只显示"头纱"图层,如图5-148所示。

图5-146

图5-147

图5-148

09 进入"通道"面板,观察"红""绿""蓝"通道中的特点,"绿"通道的细节保留比较完好,选择"绿"通道并右击,在弹出的快捷菜单中执行"复制通道"命令,将"绿"通道复制,如图5-149和图150所示。

图5-149

图5-150

10 使用加深工具、减淡工具处理通道的明暗关系,在头纱上面进行绘制涂抹,如图5-151所示。调整完成后选中"绿 拷贝"通道,单击"通道"面板底部的"将通道作为选区载入"按钮,如图5-152所示。

图5-151

图5-152

11 此时在画面中会出现选区,如图5-153所示。

图5-153

12 单击RGB复合通道,返回到"图层"面板中,单击该面板底部的"添加图层蒙版"按钮,为该图层添加蒙版,如图5-154所示。此时将隐藏图层显示出来,头纱出现了半透明的效果,如图5-155所示。

图5-154

图5-155

13 最后提高头纱亮度。执行菜单"图层>新建调整图层>色相/饱和度"命令,在弹出的"新建图层"对话框中单击"确定"按钮,接着在打开的"属性"面板中设置"明度"为+60,单击该面板底部的"此调整剪切到此蒙版"按钮 ,如图5-156所示。画面效果如图5-157所示。

图5-156

图5-157

14 选择工具箱中的画笔工具,在画笔选取器中设置一个合适大小的柔边圆画笔。单击"色相/饱和度"图层蒙版缩览图,在婚纱右侧边缘进行涂抹,如图5-158所示。最终画面效果如图5-159所示。

图5-158

图5-159

提示 **通道中的黑白关系**

在通道中,白色为选区,黑色为非选区,灰色为半透明选区。这是一个很重要的知识点。在调整黑色关系时,我们可以使用画笔工具进行涂抹,也可以使用"曲线""色阶"这些能够增强颜色对比效果的调色命令调整通道中的颜色。还可以使用加深工具和减淡工具进行调整。

实例079 通道抠图——动物

文件路径	第5章\通道抠图——动物
难易指数	★★★★★
技术掌握	● 通道抠图 ● 加深工具 ● 减淡工具

扫码深度学习

操作思路

本案例利用通道抠图法并配合加深工具和减淡工具抠取动物形象,将一张可爱风趣的合成照片展现出来。

案例效果如图5-160所示。

图5-160

操作步骤

01 执行菜单"文件>打开"命令，打开风景素材"1.jpg"，如图5-161所示。

图5-161

02 执行菜单"文件>置入嵌入的智能对象"命令，置入素材"2.jpg"，如图5-162所示，按Enter键完成置入。接着执行菜单"图层>栅格化>智能对象"命令，将该图层栅格化为普通图层。

图5-162

03 使用通道抠图法进行抠图。选择小狗所在图层，进入"通道"面板，可以看出"蓝"通道中小狗的明度与背景明度差异最大，如图5-163

所示。选择"蓝"通道并右击，在弹出的快捷菜单中执行"复制通道"命令，将该通道进行复制，如图5-164所示。

图5-163

图5-164

04 对"蓝 拷贝"通道进行颜色调整。首先需要增加画面黑白对比度。执行菜单"图像>调整>曲线"命令，弹出"曲线"对话框，在曲线上单击添加控制点并向下拖曳，单击"确定"按钮完成调整，如图5-165所示。此时效果如图5-166所示。

图5-165

图5-166

05 选择工具箱中的 （加深工具），调整合适的笔尖大小，在小狗身体上的白色部分进行涂抹，涂抹效果如图5-167所示。接着选择工具箱中的 （减淡工具），将画笔移动到画面中背景位置拖动鼠标将其涂抹为白色，如图5-168所示。

图5-167

图5-168

06 单击"通道"面板底部的"将通道作为选区载入"按钮 ，如图5-169所示。

图5-169

07 进入"图层"面板，可以看到画面中的小狗背景选区，接着使用Ctrl+Shift+I快捷键将选区进行反选，得到小狗选区，如图5-170所示。选择小狗素材图层，弹出"图层"面板底部的"添加图层蒙版"按钮 ，此时小狗素材的"背景"图层将被隐藏，画面最终效果如图5-171所示。

图5-170

图5-171

实例080 通道抠图——长发

文件路径	第5章\通道抠图——长发
难易指数	⭐⭐⭐⭐⭐
技术掌握	通道抠图

扫码深度学习

💡 操作思路

本案例使用通道抠图法抠出美女形象，使头发边缘更加自然，并结合置入的光效素材，提升画面整体梦幻气息。

🖱 案例效果

案例效果如图5-172所示。

图5-172

🎤 操作步骤

01 执行菜单"文件>打开"命令，打开素材"1.jpg"，如图5-173所示。

图5-173

02 执行菜单"置入>嵌入的智能对象"命令，置入素材"2.jpg"，如图5-174所示。按Enter键完成置入，接着执行菜单"图层>栅格化>智能对象"命令，将该图层栅格化为普通图层，如图5-175所示。

03 利用通道抠图法抠取人像。选择人物所在图层，进入"通道"面板，可以看出"蓝"通道中人物的明度与背景明度差异最大，如图5-176所示。

单击"蓝"通道并右击，在弹出的快捷菜单中执行"复制通道"命令，此时会看见"通道"面板中出现"蓝 拷贝"通道，如图5-177所示。

图5-174

图5-175

图5-176

图5-177

04 接着需要增大"蓝 拷贝"通道中主体人物与背景之间的黑白反差。执行菜单"图像>调整>曲线"命令，在弹出的"曲线"对话框中添加控制点并向下拖曳，单击"确定"按钮完成调整，如图5-178所示。此时人物基本变为黑色，效果如图5-179所示。

图5-178

图5-179

05 将前景色设置为黑色，使用画笔工具将人物的皮肤、衣服等白色区域涂抹为黑色，效果如图5-180所示。然后使用减淡工具涂抹背景，并将前景色设置为白色，在背景处的黑色部分进行涂抹，此时效果如图5-181所示。

图5-180

图5-181

06 选择"蓝 拷贝"通道，单击"通道"面板底部的"将通道作为选区载入"按钮 ⊙，载入选区。使用Ctrl+Shift+I快捷键将选区进行反选，得到人物选区。单击"图层"面板中的人物图层，此时效果如图5-182所示。单击"图层"面板底

部的"添加图层面板"按钮 ▣，此时背景将被隐藏，效果如图5-183所示。

图5-182

图5-183

07 执行菜单"置入>嵌入的智能对象"命令，置入光效素材"3.png"，画面最终效果如图5-184所示。

图5-184

实例081　通道抠图——云朵

文件路径	第5章\通道抠图——云朵
难易指数	★★★★★
技术掌握	通道抠图

扫码深度学习

操作思路

　　本案例主要通过通道抠图法将云彩从天空中扣出来，并保留一定的透明度。在操作过程中一定要注意云朵这种边缘比较柔和的对象，在"通道"面板中调整通道黑白关系时需要保留部分灰色区域，否则抠取的云朵边缘将会非常生硬。

案例效果

　　案例效果如图5-185所示。

图5-185

操作步骤

01 执行菜单"文件>打开"命令，打开风景素材"1.jpg"，如图5-186所示。

艺境 中文版Photoshop数码照片处理全视频 实战228例

Photoshop

图5-186

02 执行菜单"文件>置入嵌入的智能对象"命令，置入素材"2.jpg"，如图5-187所示。按Enter键完成置入，接着执行"图层>栅格化>智能对象"命令，拖动该图层并向上移动，调整至合适位置后将该图层栅格化为普通图层，如图5-188所示。

图5-187

图5-188

03 针对云彩图层进行抠图处理。为了便于"云"图层的操作。首先单击"背景"图层前的 👁 按钮，将"背景"图层隐藏，如图5-189和图5-190所示。

图5-189

04 接下来需要从天空中抠取云朵。进入"通道"面板，可以看出"蓝"通道中云朵的明度最高，在"蓝"通道上右击，在弹出的快捷菜单中执行"复制通道"命令，如图5-191所示。此时将会出现一个"蓝拷贝"通道，如图5-192所示。

图5-190

图5-191

图5-192

05 为了制作云朵部分的选区，就需要增大通道中云朵与背景色的差距。按Ctrl+M快捷键，在弹出的"曲线"对话框中选择黑色吸管，在背景处单击使背景变为黑色，如图5-193所示。效果如图5-194所示。

图5-193

图5-194

06 接着选择工具箱中的 ◔ （加深工具），在选项栏中设置"范围"为"阴影"、"曝光度"为50%，选择合适的柔边圆画笔笔尖，如图5-195所示。接着使用加深画笔工具，在云朵上面进行绘制涂抹，加深天空颜色，如图5-196所示。

图5-195

图5-196

07 调整完成后选中"蓝 拷贝"通道，单击"通道"面板底部的"将通道作为选区载入"按钮 ◌ ，如图5-197所示。此时画面中会出现云朵的选区，如图5-198所示。

图5-197

Photoshop

图5-198

08 单击RGB复合通道，然后返回到"图层"面板中，以当前选区为天空图层添加一个图层蒙版，如图5-199所示。此时云朵从背景中完好地分离出来了，而且保留了一定的透明度，效果如图5-200所示。

图5-199

图5-200

09 使用Ctrl+D快捷键取消选区，然后显示"背景"图层，画面最终效果如图5-201所示。

图5-201

艺境 中文版Photoshop数码照片处理全视频 实战228例

Photoshop

5.5 抠图与合成

抠图也常称为"去背"，就是将需要的对象从原来的图像中提取出来。抠图的思路无非是两种，一种是将不需要的删除，只保留需要的内容；另一种就是把需要的内容从原来的图像中单独提取出来。抠图的目的大多是为了合成，将抠取出来的对象融入其他画面中，这就叫作合成。

实例082　使用图层蒙版制作婚纱照版面

文件路径	第 5 章 \ 使用图层蒙版制作婚纱照版面
难易指数	★★★★★
技术掌握	● 钢笔工具 ● 图层蒙版 ● 混合模式

扫码深度学习

操作思路

■（图层蒙版）是一种利用黑白色来控制图层显示和隐藏的工具，在图层蒙版中黑色的区域表示为透明，白色区域为不透明，灰色区域为半透明。本案例在操作过程中首先运用钢笔工具抠出人物形象，再使用图层蒙版隐藏照片中的人物背景，最后利用混合模式在画面中混入一些装饰元素，使画面整体风格统一，得到典雅复古的婚纱照版面。

案例效果

案例效果如图5-202所示。

图5-202

操作步骤

01 执行菜单"文件>新建"命令，在弹出的"新建文档"对话框中设置"宽度"为3246像素、"高度"为2408像素、"分辨率"为300像素/英寸，设置完成后，单击"创建"按钮，如图5-203所示。

图5-203

02 选择工具箱中的 （矩形工具），在选项栏中设置绘制模式为"形状"、"填充"为黄色系渐变、"描边"为无，接着在画面中绘制渐变矩形，绘制完成后按Enter键确定此操作，如图5-204所示。

图5-204

03 继续选择矩形工具，在选项栏中编辑一个比背景明度稍高的黄色系渐变填充，接着在画面右侧绘制淡黄色系的渐变矩形作为右侧页面的背景，如图5-205所示。

图5-205

04 执行菜单"文件>置入嵌入的智能对象"命令，置入人像素材"1.jpg"，如图5-206所示。按住鼠标拖动图片，将其放置在画面右侧，按Enter键完成置入，然后执行菜单"图层>栅格化>智能对象"命令，将该图层栅格化为普通图层，如图5-207所示。

图5-206

图5-207

05 在画面中针对美女人物形态进行抠图处理。选择工具箱中的 （钢笔工具），设置绘制模式为"路径"，然后在画面中人物裙摆处单击鼠标左键，创建起始锚点。以路径绘制模式进行绘制，如图5-208所示。继续在人物边缘处单击进行绘制，效果如图5-209所示。

图5-208

图5-209

06 绘制完成后使用Ctrl+Enter快捷键将路径转换为选区，如图5-210所示。然后选择人物图层，单击"图层"面板底部的"添加图层蒙版"按钮 ，此时效果如图5-211所示。

07 执行菜单"文件>置入嵌入的智能对象"命令，置入素材"2.png"，如图5-212所示。按Enter键完成置入，然后将该素材调整至合适位置并进行栅格化，此时效果如图5-213所示。

图5-210

图5-211

图5-212

图5-213

提示 **基于选区添加图层蒙版**

　　如果当前图像中存在选区，选中某图层，单击"图层"面板底部的"添加图层蒙版"按钮 ，可以基于当前选区为任何图层添加图层蒙版，选区以外的图像将被蒙版隐藏。

08 为图层添加阴影效果。单击该图层，执行菜单"图层>图层样式>投影"命令，在弹出的"图层样式"对话框中设置"混合模式"为"正片叠底"、阴影颜色为棕色、"不透明度"为75%、"角度"为30度、"距离"为20像素、"大小"为10像素，设置完成后单击"确定"按钮，如图5-214所示。画面效果如图5-215所示。

图5-214

图5-215

09 执行菜单"文件>置入嵌入的智能对象"命令，置入素材"3.jpg"，并调整图片位置，按Enter键完成置入，然后将其栅格化，如图5-216所示。

图5-216

10 在"图层"面板中将人物图片的"不透明度"设置为30%，以便于在抠图过程中掌握精确度，如图5-217和图5-218所示。

11 使用钢笔工具沿古窗内侧绘制路径，如图5-219所示。绘制完

成后在"图层"面板中将之前设置的"不透明度"恢复为100%，如图5-220所示。

图5-217

图5-218

图5-219

图5-220

12 使用Ctrl+Enter快捷键将路径转换为选区，如图5-221所示。单击"图层"面板底部的"创建图层蒙版"按钮，为该图层添加图层蒙版，如图5-222所示。

图5-221

图5-222

提示 蒙版的使用
要使用图层蒙版，首先要选对图层，其次是要选择蒙版。默认情况下，添加图层蒙版后就是选中的状态。如果要重新选择图层蒙版，可以单击图层蒙版缩览图。

13 由于此时相框缺少厚重感，所以执行菜单"图层>图层样式>内阴影"命令，在弹出的"图层样式"对话框中设置"混合模式"为"正片叠底"、阴影颜色为黑色、"不透明度"为75%、"角度"为30度、"距离"为5像素、"大小"为35像素，如图5-223所示。此时相框效果如图5-224所示。

图5-223

艺境 中文版Photoshop数码照片处理全视频 实战228例

Photoshop

图5-224

14 接下来在画面中添加诗词素材渲染画面气氛，使古风韵味更浓厚。执行"菜单文件>置入嵌入的智能对象"命令，置入素材"4.png"，并将其拖曳至画面左侧，按Enter键完成置入，画面效果如图5-225所示。

图5-225

15 执行菜单"文件>置入嵌入的智能对象"命令，置入素材"5.png"，将花朵素材放置在画面顶部，按Enter键完成置入，如图5-226所示。在"图层"面板中设置图层混合模式为"变暗"，如图5-227所示。

图5-226

图5-227

16 画面最终效果如图5-228所示。

图5-228

要点速查："图层蒙版"的基本操作

- 停用与删除图层蒙版：在创建图层蒙版后，可以控制图层蒙版的显示与停用来观察图像的对比效果。停用后的图层蒙版仍然存在，只是暂时失去图层蒙版的作用。如果要停用图层蒙版，在图层蒙版缩览图上右击，然后在弹出的快捷菜单中选择"停用图层蒙版"命令。如果要重新启用图层蒙版，可以在蒙版缩览图上右击，然后在弹出的快捷菜单中选择"启用图层蒙版"命令。

- 删除图层蒙版：在蒙版缩览图上右击，然后在弹出的快捷菜单中选择"删除图层蒙版"命令。

- 移动图层蒙版：在要转移的图层蒙版缩览图上按住鼠标左键将蒙版拖曳到其他图层上，即可将该图层的蒙版转移到其他图层上。

- 应用图层蒙版：是指将图层蒙版效果应用到当前图层中，也就是说图层蒙版中黑色的区域将会被删除，白色区域将会保留，并且删除图层蒙版。在图层蒙版缩览图上右击，在弹出的快捷菜单中选择"应用图层蒙版"命令，即可应用图层蒙版，需注意的是，应用图层蒙版后，不能再还原图层蒙版。

实例083　使用剪贴蒙版制作婚纱照版面

文件路径	第5章\使用剪贴蒙版制作婚纱照版面	
难易指数	★★★★★	
技术掌握	● 剪贴蒙版 ● 矩形选框工具	● 画笔工具 ● 横排文字工具

〔扫码深度学习〕

操作思路

"剪贴蒙版"是一种使用底层图层形状限制顶层图层显示内容的蒙版。本案例主要使用剪贴蒙版来制作婚纱照的版面。

案例效果

案例效果如图5-229所示。

图5-229

操作步骤

01 执行菜单"文件>打开"命令,打开素材"1.jpg",如图5-230所示。

图5-230

02 执行菜单"文件>置入嵌入的智能对象"命令,置入人像素材"2.jpg",如图5-231所示,按Enter键确定此操作。执行菜单"图层>栅格化>智能对象"命令,将该图层栅格化为普通图层,如图5-232所示。

图5-231

图5-232

03 执行菜单"文件>置入嵌入的智能对象"命令,置入天空素材"3.jpg",如图5-233所示,按Enter键确定此操作。接着将该图层栅格化为普通图层。

04 在"图层"面板中设置图层混合模式为"柔光",接着选择该图层,执行菜单"图层>创建剪贴蒙版"

命令,如图5-234所示。此时画面效果如图5-235所示。

图5-233

图5-234

图5-235

05 将前景色设置为黑色。选择工具箱中的 ✔.(画笔工具),在画笔选取器中设置"大小"为300像素,选择一个柔边圆画笔笔尖,如图5-236所示。选中天空图层,单击"图层"面板底部的"添加图层蒙版"按钮 ▢,为该图层添加图层蒙版,然后在人物及周围进行涂抹,在涂抹中显示人像图片本身色调,此时画面效果如图5-237所示。

06 执行菜单"文件>置入嵌入的智能对象"命令,置入云朵素材"4.png",如图5-238所示。将该图层拖曳至图片底部,然后按Enter键确定此操作,并将其栅格化为普通图层,如图5-239所示。

图5-236

图5-237

图5-238

07 单击该图层,执行菜单"图层>创建剪贴蒙版"命令,使云朵只出现在人物照片的底部,如图5-240所示。

图5-239

图5-240

08 新建一个图层，选择工具箱中的 ▣（矩形选框工具），在画面中绘制一个矩形选区，如图5-241所示。将前景色设置为浅蓝色，使用前景色（填充快捷键为Alt+Delete）进行画面填充，完成后使用Ctrl+D快捷键取消选区，画面效果如图5-242所示。

图5-241

图5-242

09 执行菜单"图层>创建剪贴蒙版"命令，然后选择工具箱中的画笔工具，在选项栏中设置一个合适的柔边圆画笔笔尖，接着将前景色设置为黑色，在蒙版中的相应位置涂抹，蒙版效果如图5-243所示，此时画面呈现雾面感，效果如图5-244所示。

图5-243

图5-244

10 选择工具箱中的 T（横排文字工具），在选项栏中设置合适的字体、字号及颜色，接着在画面底部输入文字，如图5-245所示。

图5-245

11 再次执行菜单"文件>置入嵌入的智能对象"命令，置入背景素材"1.jpg"，如图5-246所示。选择该图层创建剪贴蒙版，使背景图层只作用于文字图层，并让画面更加和谐统一，画面最终效果如图5-247所示。

图5-246

图5-247

提示 **剪贴蒙版的使用**

剪贴蒙版至少有两个图层，位于底部用于控制显示范围的"基底图层"（基底图层只能有一个），位于上方用于控制显示内容的"内容图层"（内容图层可以有多个）。如果对基底图层进行移动、变换等操作，那么上面的图像也会受到影响。对内容图层的操作不会影响基底图层，但是对其进行移动、变换等操作时，其显示范围也会随之而改变。

操作思路

本案例在操作过程中首先运用快速选择工具抠出书籍素材，再使用图层蒙版隐藏书籍背景，然后置入其他素材，最后利用"镜头光晕"滤镜制造光晕效果，建立奇妙的书中世界。

案例效果

案例效果如图5-248所示。

图5-248

🎤 操作步骤

01 执行菜单"文件>打开"命令，打开背景素材"1.jpg"，如图5-249所示。执行菜单"文件>置入嵌入的智能对象"命令，置入书本素材"2.jpg"，放在背景画面的下方，如图5-250所示。按Enter键完成置入，然后执行菜单"图层>栅格化>智能对象"命令，将其栅格化为普通图层。

图5-249

图5-250

02 为了使书本与背景融合，我们需要隐藏书本素材的背景。选择工具箱中的 ✎ （快速选择工具），按住鼠标左键拖动鼠标，为书本建立选区，如图5-251所示。选中书本素材图层，单击在"图层"面板底部的"添加图层蒙版"按钮 ▢ ，即可将书本背景隐藏，效果如图5-252所示。

图5-251

图5-252

03 接下来再制作书本阴影。在书本下方新建一个图层，首先选择工具箱中的 ✎ （画笔工具），在选项栏中选择一个柔边圆画笔，设置画笔"大小"为30像素、"不透明度"为20%，在书本下方轻轻涂抹，制作阴影效果，如图5-253所示。

图5-253

04 执行菜单"文件>置入嵌入的智能对象"命令，置入前景素材"3.png"，并放置在适当的位置，按Enter键完成置入，画面效果如图5-254所示。

图5-254

05 接下来为画面增添光晕。单击"图层"面板底部的"创建新图层"按钮 ▢ ，新建一个图层。将前景色设为黑色，选择工具箱中的 ▨ （油漆桶工具），单击画面，填充图层，如图5-255所示。

图5-255

06 选中该图层，执行菜单"滤镜>渲染>镜头光晕"命令，在弹出的"镜头光晕"对话框中设置"亮度"为100%，在"镜头类型"选项组中选中"50-300毫米变焦"单选按钮，在缩览图中调整光晕位置，设置完成后单击"确定"按钮，如图5-256所示。画面效果如图5-257所示。

图5-256

图5-257

07 使用Ctrl+T快捷键调出界定框，将该图层自由变换，如图5-258所示。然后单击选项栏中的"提交变换"√按钮。

图5-258

08 选择该图层，在"图层"面板上设置图层混合模式为"滤色"，如图5-259所示。最终画面效果如图5-260所示。

图5-259

图5-260

提示 本案例在绘制"镜头光晕"操作中，并没有直接在"背景"图层上操作，而是新建了一个图层。这样做的好处是，当制作完成后，可以随意对"镜头光晕"进行操作，如旋转或删除，而不会影响其他的图层，而且光晕位于独立图层时，还可以通过多次复制该图层的方式来增强光感。

实战228例

Photoshop

第 **6** 章

绘图

本章概述　在Photoshop中，既可以使用画笔工具绘图，也可以使用矢量工具绘图。在绘图的过程中，需要进行颜色的设置。在Photoshop中不仅可以使用纯色，还可以使用图案、渐变对画面进行填充。

本章重点
- ◆ 掌握颜色的设置方法
- ◆ 学会渐变色的编辑与填充方法
- ◆ 掌握画笔工具的使用方法
- ◆ 学会矢量绘图工具的使用方法

/ 佳 / 作 / 欣 / 赏 /

6.1 画笔与绘画

Photoshop中有非常强大的绘画工具,这类工具都可以调整画笔笔尖的大小以及形态。在绘图之前,颜色的设置必不可少。在Photoshop中提供了多种设置颜色的方法,既可以在"拾色器"中选择适合的颜色,也可以从图像中选取颜色进行使用。当我们使用画笔工具、渐变工具、文字工具等工具,以及进行填充、描边选区、修改蒙版等操作时都需要设置颜色。

实例085 使用画笔工具在照片上涂鸦

文件路径	第 6 章 \ 使用画笔工具在照片上涂鸦
难易指数	★★★★★
技术掌握	● 颜色设置 ● 画笔工具的使用 ● 橡皮擦工具的使用

扫码深度学习

💡 操作思路

在Photoshop中,画笔工具是最常用的工具之一,既可以使用前景色绘制各种线条,也可以使用不同形状的笔尖绘制特殊效果,还可以在图层蒙版中绘制。画笔工具的功能非常丰富,配合"画笔"面板使用能够绘制更加丰富的效果。本案例使用画笔工具绘制Q版卡通表情。

🖱 案例效果

案例对比效果如图6-1和图6-2所示。

图6-1　　　　　　　图6-2

🎤 操作步骤

01 执行菜单"文件>打开"命令,打开素材"1.jpg",如图6-3所示。

图6-3

02 单击"图层"面板底部的"创建新图层"按钮🔲,添加新图层。接下来绘制Q版卡通表情形象。首先将前景色设置为黑色,然后选择工具箱中的🖌(画笔工具),单击选项栏中的"画笔预设"选取器,在画笔预设选取器中选择一个硬边圆画笔笔尖,设置画笔"大小"为200像素、"硬度"为100%,如

图6-4所示。将光标放置在右下方果汁杯中并单击鼠标左键,绘制两只黑色的眼睛,如图6-5所示。

图6-4

图6-5

03 接下来绘制眉毛。新建一个图层,选择工具箱中的画笔工具,将笔尖大小设置为100像素,然后在眼睛的上方按住鼠标左键拖曳进行绘制,如图6-6所示。使用同样的方式,绘制另一侧的眉毛,效果如图6-7所示。

图6-6

图6-7

调整笔尖大小的快捷键

　　在使用画笔工具时，笔尖的大小是根据当时的使用情况随机设置的，利用快捷键可以很快捷地设置笔尖大小。在英文输入法下按"]"键可以增大笔尖大小，按"["键可以减小笔尖大小。

04 接下来制作眼睛上的高光。一种方式是使用画笔工具在黑色的眼睛上点两个白色的圆点；另一种方式就是使用橡皮擦工具将黑色的颜色擦除。选择工具箱中的 （橡皮擦工具），然后在画笔选取器中设置"大小"为50像素、"硬度"为100%。接着在黑色的眼睛上单击，此时单击位置处的像素将被擦除而露出下方图层中的内容，如图6-8所示。使用同样的方法，制作另外一个眼睛上的高光，效果如图6-9所示。

图6-8

图6-9

05 继续将前景色设置为黑色，使用硬边圆画笔笔尖绘制波浪线形的嘴部，如图6-10所示。

图6-10

详解橡皮擦工具

　　 （橡皮擦工具）从名称上就能够看出，这是一种用于擦除图像的工具。橡皮擦工具能够以涂抹的方式将光标移动过的区域像素更改为背景色或透明。

　　使用橡皮擦工具时会遇到两种情况，一种是选择普通图层时；一种是选择"背景"图层时。当选择普通图层时，在选项栏中设置合适的笔尖大小，然后在画面中按住鼠标左键拖曳，光标经过的位置像素就会被擦除，变为透明，如图6-11所示。如果选择的是"背景"图层，被擦除的区域将更改为背景色，如图6-12所示。

图6-11

图6-12

　　在橡皮擦选项栏中，从"模式"下拉列表中可以选择橡皮擦的种类。"画笔"和"铅笔"模式可将橡皮擦工具设置为像画笔工具和铅笔工具一样工作。"块"是指具有硬边缘和固定大小的方形，这种方式的橡皮擦工具无法进行不透明度或流量的设置。

06 接下来制作红脸蛋，红脸蛋应该是边缘模糊且半透明的效果。选择工具箱中的画笔工具，然后将前景色设置为红色，在选项栏中单击"画笔预设"选取器，在画笔预设选取器中选择一个柔边圆画笔笔尖，设置画笔"大小"为400像素，接着在选项栏

中设置"不透明度"为30%。新建一个图层，在脸颊的位置单击即可绘制红脸蛋的效果，如图6-13所示。继续在另一侧单击，效果如图6-14所示。

图6-13

图6-14

07 将前景色设置为白色，然后选择一个较小的硬边圆画笔笔尖进行绘制，此时一个完整的卡通表情就呈现出来了，效果如图6-15所示。

图6-15

08 按照上述方法，继续使用画笔工具塑造其他不同的表情形象，最终效果如图6-16所示。

图6-16

要点速查：画笔工具的选项设置

画笔工具的选项栏如图6-17所示。

图6-17

> 画笔大小：单击倒三角形图标，可以打开"画笔预设"选取器，在这里可以选择笔尖、设置画笔的大小和硬度。

> 模式：设置绘画颜色与现有像素的混合方法。

> 不透明度：设置画笔绘制的颜色的不透明度。数值越大，笔迹的不透明度就越高；数值越小，笔迹的不透明度就越低。

> 流量：设置当前光标移动到某个区域上方时应用颜色的速率。例如降低画笔"流量"后，在一个位置涂抹，此时效果是半透明的，但是反复在这个位置涂抹，可以达到当前所设置的不透明度数值所显示的效果。

> 启用喷枪模式：激活该按钮后，可以启用喷枪功能，Photoshop能够根据按住鼠标左键时间的长短来确定画笔笔迹的填充数量。例如，关闭喷枪功能时，每单击一次会绘制一个笔迹；而启用喷枪功能以后，按住鼠标左键不放，即可持续绘制笔迹。

> 绘图板压力控制大小：在使用压感笔时，启用该选项，可以通过压感笔的压力去控制不透明度等属性，达到模拟真实画笔笔触的效果。

实例086 使用画笔工具制作光斑

文件路径	第6章\使用画笔工具制作光斑	
难易指数	★★★★★	
技术掌握	● 画笔工具 ● "画笔"面板 ● 形状动态	● 散布 ● 颜色动态

操作思路

画笔工具的功能十分强大，因为它不仅能够进行手动绘制，还可以配合"画笔"面板制作大小不一、颜色各异的笔触效果。

案例效果

案例对比效果如图6-18和图6-19所示。

图6-18

图6-19

操作步骤

01 执行菜单"文件>打开"命令，打开背景素材"1.jpg"，如图6-20所示。

图6-20

02 接下来使用画笔工具制作光斑效果。单击"图层"面板底部的"创建新图层"按钮，添加新图层。选择工具箱中的（画笔工具），使用F5键调出"画笔"面板，单击面板左侧的"画笔笔尖形状"，然后选择一个硬边圆画笔笔尖，设置画笔"大小"为250像素，设置"间距"为150%，此时在面板下方的预览框中可以看到笔尖处于一个"分离"的状态，如图6-21所示。勾选左侧列表框中的"形状动态"复选框，设置"大小抖动"为50%，这样绘制出的光斑才有大小不一的效果。通过下方的预览框可以看到笔尖呈现出大小不一的效果，如图6-22所示。

03 勾选左侧列表框中的"散布"复选框，设置"散布"为250%，这样可以让笔尖分散开来，然后设置"数量"为2，这样可以增加笔尖的数量，如图6-23所示。勾选左侧列表框中的"颜色动态"复选框，设置"前景/背景抖动"为50%、"色相抖动"为20%、"饱和度抖动"为10%、"亮度抖动"为20%、"纯度"为20%，这样设置可以在绘制时将前景色与背景色应用到笔尖上，如图6-24所示。

04 将前景色设置为洋红色，背景色设置为蓝色，在选项栏中设置"不透明度"为30%，然后在画面中按住鼠标左键拖曳进行绘制，如图6-25所示。选择该图层，设置图层混合模式为"滤色"，此时画面效果如图6-26所示。

图6-21

图6-22

图6-23

图6-24

图6-25

图6-26

图6-27

图6-28

图6-29

07 执行菜单"文件>置入嵌入的智能对象"命令，置入素材"2.jpg"，如图6-30所示。按Enter键确定置入此操作，接着设置该图层的混合模式为"滤色"，完成后的效果如图6-31所示。

图6-30

05 接下来制作柔和的光斑，用来丰富层次。新建一个图层，单击选项栏中的"画笔预设"选取器，在"画笔预设"选取器中选择一个柔边圆画笔笔尖，设置画笔"大小"为250像素、"硬度"为30%，如图6-27所示。在画面的左右两侧拖曳进行绘制，然后将该图层的混合模式设置为"滤色"，效果如图6-28所示。

06 再次新建一个图层，将画笔笔尖调小，然后在画面中进行绘制，将该图层的混合模式设置为"滤色"，效果如图6-29所示。

图6-31

实例087 使用形状动态与散布制作纷飞的花朵

文件路径	第6章 \ 使用形状动态与散布制作纷飞的花朵
难易指数	★★★★★
技术掌握	● 形状动态 ● 散布 ● 载入画笔

扫码深度学习

操作思路

　　"形状动态"可以进行大小/角度/圆度的"抖动"设置，所谓"抖动"就是指在一条连续绘制的笔触内包含不同大小/角度/圆度的笔触效果。"散布"可以调整笔触与绘制路径之间的距离以及笔触的数目，使绘制效果呈现出不规则的扩散分布。本案例主要通过"散布"和"形状动态"绘制纷飞花朵的效果。

案例效果

　　案例对比效果如图6-32和图6-33所示。

图6-32

图6-33

操作步骤

01 执行菜单"文件>打开"命令，打开素材"1.jpg"，如图6-34所示。

图6-34

02 首先需要将花朵笔刷载入。执行菜单"编辑>预设>预设管理器"命令，在弹出的"预设管理器"对话框中将"预设类型"设置为"画笔"，单击"载入"按钮，如图6-35所示。在弹出的"载入"对话框中单击笔刷素材"2.abr"，然后单击"载入"按钮，即可完成笔刷的载入，如图6-36所示。

图6-35

图6-36

03 选择工具箱中的 ✐（画笔工具），在选项栏中单击打开"画笔预设"选取器，在"画笔预设"选取器的最底部找到花朵画笔，然后单击进行选择，接着设置画笔"大小"为100像素，如图6-37所示。单击选项栏中的"画笔面板"按钮 ▣，在打开的"画笔"面板中的"画笔笔尖形状"选项卡中设置"间距"为130%，如图6-38所示。

图6-37

图6-38

04 勾选左侧列表框中的"形状动态"复选框，设置"大小抖动"为70%，如图6-39所示。勾选左侧列表框中的"散布"复选框，然后勾选"两轴"复选框，设置"散布"为600%，设置"数量"为2，如图6-40所示。

图6-39

Photoshop

图6-40

05 新建一个图层，将前景色设置为粉红色，接着在画面的右上角按住鼠标左键拖曳进行绘制，画面最终效果如图6-41所示。

图6-41

实例088	使用颜色动态绘制多彩枫叶
文件路径	第6章\使用颜色动态绘制多彩枫叶
难易指数	★★★★★
技术掌握	颜色动态画笔

扫码深度学习

操作思路

"颜色动态"选项可以通过设置前景/背景颜色、色相、饱和度、亮度的抖动，在使用画笔工具绘制时一次性绘制多种色彩。

案例效果

案例对比效果如图6-42和图6-43所示。

图6-42

图6-43

操作步骤

01 执行菜单"文件>打开"命令，打开风景素材"1.jpg"，如图6-44所示。

图6-44

02 可以看出此时画面偏暗，接下来使用"曲线"命令增加画面亮度的对比效果。执行菜单"图层>新建调整图层>曲线"命令，在弹出的"新建图层"对话框中单击"确定"按钮，得到调整图层。然后在弹出的"属性"面板中的曲线上单击添加一个控制点并向上拖曳，提高画面的亮度。曲线形状如图6-45所示。此时画面效果如图6-46所示。

图6-45

图6-46

03 接下来绘制彩色枫叶。新建一个图层，选择工具箱中的 ✎（画笔工具），使用F5键，打开"画笔"面板，在"画笔笔尖形状"选项卡中选择枫叶笔尖，然后设置"大小"为200像素、"间距"为100%，如图6-47所示。勾选"形状动态"复选框，设置"大小抖动"为35%、"角度抖动"为40%，如图6-48所示。

图6-47

图6-48

04 勾选"散布"复选框，设置"散布"为270%、"数量"为1，如图6-49所示。勾选"颜色动态"复选框，再勾选"应用每笔尖"复选框，设置"前景/背景抖动"为100%、"饱和度"为-20%，参数设置如图6-50所示。

图6-49

图6-50

05 将前景色设置为橘红色，背景色设置为黄色，然后在画面中按住鼠标左键拖曳进行绘制，效果如图6-51所示。

图6-51

06 为了枫叶的颜色更加丰富，可以在"颜色动态"中设置"色相抖动"为40%，如图6-52所示。勾选"传递"复选框，设置"不透明度抖动"为90%，如图6-53所示。

图6-52

图6-53

07 将笔尖适当调小，新建一个图层，然后在画面中进行绘制，最终画面效果如图6-54所示。

图6-54

📖 **要点速查：颜色动态与传递**

"颜色动态"选项，可以通过设置前景/背景颜色、色相、饱和度、亮度的抖动，在使用画笔绘制时一次性绘制出多种色彩。

➢ 前景/背景抖动/控制：用来指定前景色和背景色之间的油彩变化方式。数值越小，变化后的颜色越接近前景色；数值越大，变化后的颜色越接近背景色。如果要指定如何控制画笔笔迹的颜色变化，可以在下面的"控制"下拉列表中进行选择。

➢ 色相抖动：设置颜色变化范围。数值越小，颜色越接近前景色；数值越高，色相变化越丰富。

➢ 饱和度抖动：饱和度抖动会使颜色偏淡或偏浓，百分比越大变化范围越广，为随机选项。

➢ 亮度抖动：使图像偏亮或偏暗，百分比越大变化范围越广，为随机选项。数值越小，亮度越接近前景色；数值越高，颜色的亮度值越大。

➢ 纯度：该选项的效果类似于饱和度，用来整体增加或降低色彩饱和度。数值越小，笔迹的颜色越接近黑白色；数值越高，颜色饱和度就越高。

"传递"选项可以使画笔笔触随机地产生半透明效果。

➢ 不透明度抖动/控制：指定画笔描边中油彩不透明度的变化方式，最高值是选项栏中指定的不透明度值。如果要指定如何控制画笔笔迹的不透明度变化，可以从下面的"控制"下拉列表中进行选择。

➢ 流量抖动/控制：用来设置画笔笔迹中油彩流量的变化程度。如果要指定如何控制画笔笔迹的流量变化，可以从下面的"控制"下拉列表中进行选择。

➢ 湿度抖动/控制：用来控制画笔笔迹中油彩湿度的变化程度。如果要指定如何控制画笔笔迹的湿度变化，可以从下面的"控制"下拉列表中进行选择。

> 混合抖动/控制：用来控制画笔笔迹中油彩混合的变化程度。如果要指定如何控制画笔笔迹的混合变化，可以从下面的"控制"下拉列表中进行选择。

实例089　定义画笔绘制雪花

文件路径	第6章\定义画笔绘制雪花
难易指数	★★★★★
技术掌握	定义画笔

扫码深度学习

操作思路

Photoshop允许用户将图片或者图片中的部分内容"定义"为画笔笔尖，方便在使用画笔工具、橡皮擦工具、加深工具和减淡工具时使用。

案例效果

案例对比效果如图6-55和图6-56所示。

图6-55

图6-56

操作步骤

01 执行菜单"文件>打开"命令，打开素材"1.jpg"，如图6-57所示。

图6-57

02 执行菜单"文件>置入嵌入的智能对象"命令，置入雪花素材"2.jpg"，如图6-58所示。按Enter键确定置入操作，接着在该图层上右击，在弹出的快捷菜单中执行"栅格化图层"命令，将其转换为普通图层，如图6-59所示。

图6-58

图6-59

03 选择工具箱中的（矩形选框工具），接着将光标移到雪花素材上，框选单个雪花建立矩形选区，如图6-60所示。接着执行菜单"编辑>定义画笔预设"命令，在弹出的"画笔名称"对话框中单击"确定"按钮，如图6-61所示。按Ctrl+D快捷键取消选区，并在"图层"面板中将雪花素材图层隐藏。

图6-60

图6-61

04 单击"图层"面板底部的"创建新图层"按钮，新建一个图层。然后选择工具箱中的（画笔工具），使用F5键，打开"画笔"面板，在"画笔笔尖形状"选项卡中选择雪花笔刷，设置"大小"为350像素、"间距"为130%，参数设置如图6-62所示。勾选"形状动态"复选框，设置"大小抖动"为70%、"角度抖动"为40%，参数设置如图6-63所示。

图6-62

图6-63

05 勾选"散布"复选框，再勾选"两轴"复选框，设置"散布"为550%、"数量"为1，参数设置

中文版Photoshop数码照片处理全视频　实战228例

如图6-64所示。勾选"传递"复选框，设置"不透明度抖动"为100%，"流量抖动"为100%，参数设置如图6-65所示。

图6-64

图6-65

06 将前景色设置为白色，然后在画面中按住鼠标左键拖曳进行绘制，效果如图6-66所示。

图6-66

07 在"图层"面板中显示出素材图层，选择工具箱中的矩形选框工具，然后在中间位置的雪花上绘制选区，如图6-67所示。执行菜单"编辑>定义画笔预设"命令，在弹出的"画笔名称"对话框中设置"名称"为"样本画笔2"，完成后单击"确定"按钮，如图6-68所示。在画面中按Ctrl+D快捷键取消选区，并隐藏图层面板中的雪花素材。

图6-67

图6-68

08 新建一个图层，将前景色设置为白色，在选项栏中单击"画笔预设"选取器，在画笔预设选取器的最底部找到雪花样本画笔2，如图6-69所示。接着在"画笔"面板中勾选"形状动态""散布"和"传递"复选框，并设置相应的数值，然后进行绘制，效果如图6-70所示。

图6-69

图6-70

09 继续定义其他两个画笔，如图6-71和图6-72所示。在"画笔"面板中进行参数的设置，并进行绘制。

图6-71

图6-72

10 最终效果如图6-73所示。

图6-73

实例090　使用历史记录画笔工具打造无瑕肌肤

文件路径	第6章\使用历史记录画笔工具打造无瑕肌肤
难易指数	★★★★★
技术掌握	● 历史记录画笔工具 ● "历史记录"面板 ● 污点修复画笔工具 ● "曲线"命令

扫码深度学习

操作思路

使用历史记录画笔工具需要在"历史记录"面板中"标记"步骤作为"源"，然后在画面中绘制，绘制的部分会呈现出标记历史记录的状态。

案例效果

案例对比效果如图6-74和图6-75所示。

图6-74

图6-75

操作步骤

01 执行菜单"文件>打开"命令，打开人物素材，此时人物面部有比较明显的痘痘，如图6-76所示。选择工具箱中的（污点修复画笔工具），在选项栏中设置画笔"大小"为19像素，然后在痘痘上单击即可去除瑕疵，如图6-77所示。

图6-76

图6-77

02 接下来使用模糊滤镜处理面部，使皮肤看起来光滑。执行菜单"滤镜>模糊>表面模糊"命令，在弹出的"表面模糊"对话框中设置"半

径"为5像素、"阈值"为15色阶，设置完成后单击"确定"按钮，如图6-78所示。此时效果如图6-79所示。

图6-78

图6-79

03 此时面部的皮肤变光滑了，但是头发的位置也受到了影响。接下来通过历史记录画笔工具隐藏头发位置的模糊效果。执行菜单"窗口>历史记录"命令，打开"历史记录"面板，在"表面模糊"操作的上一步操作的左侧单击作为"源"，如图6-80所示。接着选择工具箱中的（历史记录画笔工具），在选项栏中单击"画笔预设"选取器，在画笔预设选取器中选择一个柔边圆画笔笔尖，设置画笔大小为60像素，然后在头发位置涂抹，随着涂抹可以看到头发部分被还原，效果如图6-81所示。

图6-80

图6-81

04 在历史记录画笔选项栏中设置"不透明度"为70%，然后在眉毛、眼皮、嘴唇、鼻梁等位置涂抹，使五官变得清晰一些，效果如图6-82所示。

图6-82

05 执行菜单"图层>新建调整图层>曲线"命令，在弹出的"新建图层"对话框中单击"确定"按钮，得到调整图层。在打开的"属性"面板中的曲线上方单击添加控制点并向上拖曳，曲线形状如图6-83所示。此时皮肤颜色被提亮了，最终效果如图6-84所示。

图6-83

图6-84

艺境 中文版Photoshop数码照片处理全视频 实战228例 Photoshop

实例091 使用历史记录艺术画笔工具制作手绘效果

文件路径	第 6 章 \ 使用历史记录艺术画笔工具制作手绘效果
难易指数	★★★★★
技术掌握	● 历史记录艺术画笔工具 ● 多边形套索工具 ● 图层蒙版

扫码深度学习

💡 操作思路

历史记录艺术画笔工具可以将标记的历史记录状态或快照用作源数据，然后以一定的"艺术效果"对图像进行修改，从而呈现出一种非常有趣的艺术绘画效果。本案例使用历史记录艺术画笔工具制作手绘效果。

🖱 案例效果

案例对比效果如图6-85和图6-86所示。

图6-85 图6-86

🎤 操作步骤

01 执行菜单"文件>打开"命令，打开素材"1.jpg"，如图6-87所示。

图6-87

02 选择工具箱中的 ☑（历史记录艺术画笔工具），在选项栏中设置画笔"大小"为50像素，设置"样式"为"绷紧短"、"区域"为50像素，然后将光标移至蛋糕图片上方进行绘制，效果如图6-88所示。继续在选项栏中调整大小、样式及区域参数，根据盘子和背景的走向在画面中进行绘制，此时效果如图6-89所示。

图6-88 图6-89

03 此时素材"1jpg"为背景图层，按住Alt键双击"背景"图层将其转换为普通图层。执行菜单"文件>置入嵌入的智能对象"命令，置入背景素材"2.jpg"，然后按Enter键确定置入操作。将蛋糕图层移动到"背景"图层上方，此时画面效果如图6-90所示。

图6-90

04 选择蛋糕图层，使用Ctrl+T快捷键调出界定框，将其适当地进行缩放与旋转，然后放置在左侧相纸内，如图6-91所示。按Enter键确定变换操作。接着选择蛋糕图层，使用Ctrl+J快捷键将其复制，然后将复制的蛋糕图层移动到右侧相纸内，并进行缩放和旋转操作，效果如图6-92所示。

图6-91

图6-92

05 选择工具箱中的 ☑（多边形套索工具），然后在画面中绘制多边形选区，如图6-93所示。单击"图层"面板底部的"添加图层蒙版"按钮 ◻，基于选区为该图层添加图层蒙版，如图6-94所示。

艺览／第6章 绘图／

实战228例

Photoshop

123

图6-93　　　　　　　　　　　　图6-94

图6-98

06 最终画面效果如图6-95所示。

图6-95

图6-99

实例092	使用渐变工具制作七彩照片
文件路径	第 6 章 \ 使用渐变工具制作七彩照片
难易指数	★★★★★
技术掌握	● 渐变工具 ● 去色 ● 混合模式

扫码深度学习

02 接下来制作梦幻渐变效果。新建一个图层，选择工具箱中的 ▣（渐变工具），在选项栏中设置渐变类型为"线性渐变"▣，单击选项栏中的"渐变色条"图标 ▅，弹出"渐变编辑器"对话框，双击底部色标，在弹出的"拾色器（色标颜色）"对话框中选择合适的颜色，然后单击"确定"按钮，如图6-100所示。若要添加色标，在渐变色条下方单击即可添加色标，色标添加完成后继续更改色标颜色，如图6-101所示。

💡 **操作思路**

　　渐变工具用于创建多种颜色之间的过渡效果。在平面设计中，需要进行纯色填充时，不妨以同类色渐变替代纯色填充。因为渐变颜色变化丰富，能够使画面更具层次感。本案例主要讲解使用渐变工具为图像进行调色，制作七彩效果。

🖱 **案例效果**

　　案例对比效果如图6-96和图6-97所示。

图6-100

图6-96　　　　　　　　　图6-97

🎤 **操作步骤**

01 执行菜单"文件>打开"命令，打开背景素材"1.jpg"，如图6-98所示。使用Ctrl+Shift+U快捷键进行图片去色，如图6-99所示。

图6-101

03 使用同样的方法，添加其他颜色的色标，设置完成后单击"确定"按钮，如图6-102所示。

图6-102

提示 编辑色标的方法

按住鼠标左键并拖曳"色标"图标🔲可以调整渐变颜色的变化，如图6-103所示。两个色标之间有一个滑块◆，拖曳滑块可以调整两个颜色之间过渡的效果，如图6-104所示。

图6-103

图6-104

若要删除色标，可以单击需要删除的色标，然后按Delete键进行删除。若要制作半透明的渐变，可以单击选择渐变色条上方的色标🔲，然后在"不透明度"选项中调整数值，如图6-105所示。

图6-105

04 将光标移至画面左下角，按住鼠标左键由左下角向右上角拖曳，如图6-106所示。释放鼠标后即可完成渐变填充操作，如图6-107所示。

图6-106

图6-107

05 在"图层"面板中将渐变图层的混合模式设置为"滤色"，如图6-108所示。画面最终效果如图6-109所示。

图6-108

图6-109

📖 **要点速查：渐变工具的选项**

渐变工具的选项栏如图6-110所示。

渐变色条 渐变类型

图6-110

➢ 渐变色条：渐变色条分为左右两个部分，单击颜色部分可以弹出"渐变编辑器"对话框；单击倒三角按钮，可以选择预设的渐变颜色。

➢ 渐变类型：激活"线性渐变"按钮，可以以直线方式创建从起点到终点的渐变；激活"径向渐变"按钮，可以以圆形方式创建从起点到终点的渐变；激活"角度渐变"按钮，可以创建围绕起点以逆时针扫描方式的渐变；激活"对称渐变"按钮，可以使用均衡的线性渐变在起点的任意一侧创建渐变；激活"菱形渐变"按钮，可以以菱形方式从起点向外产生渐变，终点定义菱形的一个角。各种渐变效果如图6-111所示。

图6-111

➢ 反向：转换渐变中的颜色顺序，得到反方向的渐变结果。图6-112和图6-113所示分别是正常渐变和反向渐变效果。

图6-112

图6-113

➤ 仿色：勾选该复选框时，可以使渐变效果更加平滑。主要用于防止打印时
出现条带化现象，但在计算机屏幕上并不能明显地体现出来。

实例093　使用油漆桶工具为照片制作图案背景

文件路径	第6章＼使用油漆桶工具为照片制作图案背景
难易指数	★★★★★
技术掌握	● 渐变工具 ● 油漆桶工具 ● 定义图案

🔍扫码深度学习

💡 操作思路

油漆桶工具可以快速地为选区中的部分、整个画布，或者是颜色相近的
色块填充纯色或图案。在本案例中，使用油漆桶工具为画面填充半透明的纹
理效果。

🖱 案例效果

案例对比效果如图6-114和图6-115所示。

图6-114

图6-115

🎤 操作步骤

01 新建一个文档。如果要编辑两种颜色的渐变可以先设置合适的前景色与背
景色，然后选择工具箱中的■（渐变工具），接着单击选项栏中渐变色
条右侧的倒三角按钮﹀，在下拉面板中第一个渐变颜色就是"前景色到背景色
渐变"，如图6-116所示。单击选择此渐变颜色，设置渐变类型为"线性渐
变"■，然后在画面中按住鼠标左键拖曳，释放鼠标后即可填充渐变颜色，如
图6-117所示。

图6-116

图6-117

02 执行菜单"文件>置入嵌入的
智能对象"命令，将人物素材
"1.jpg"置入文档中，按Enter键确
定置入操作，如图6-118所示。

图6-118

03 接下来定义图案。在Photoshop
中打开图案素材"2.jpg"，如
图6-119所示。执行菜单"编辑>定
义图案"命令，在弹出的"图案名
称"对话框中设置合适的"名称"，
然后单击"确定"按钮，完成图案的
定义，如图6-120所示。

图6-119

图6-120

04 选择工具箱中的■（油漆桶工
具），在选项栏中设置填充方
式为"图案"，然后单击"图案拾色
器"倒三角按钮﹀，在下拉面板中单
击选择刚刚定义的图案，设置混合模
式为"柔光"、"容差"为255，如
图6-121所示。选择渐变图层，然后
单击鼠标左键即可完成图案的填充
操作，最终效果如图6-122所示。

图6-121　　　　　　　图6-122

要点速查：油漆桶工具选项设置

- 填充内容：选择填充的模式，包含"前景"和"图案"两种模式。如果选择"前景"，则使用前景色进行填充；如果选择"图案"，那么需要在右侧图案列表中选择合适的图案。
- 容差：用来定义必须填充像素的颜色相似程度。设置较低的"容差"值会填充颜色范围内与鼠标单击处像素非常相似的像素；设置较高的"容差"值会填充更大颜色范围的像素。

6.2 矢量绘图

在了解绘图工具之前，我们需要先了解一个概念——矢量图。矢量图使用轮廓填充组成图形，不会因为放大或缩小而使像素受损，从而影响清晰度。钢笔工具与形状工具都是矢量绘图工具，在平面设计制作过程中，应尽量使用矢量绘图工具进行绘制，这样可以保证为了适应不同尺寸的打印要求时，对图像缩放不会使画面元素变得模糊。除此之外，矢量绘图因其明快的色彩、动感的线条也常用于插画或者时装画的绘制。

实例094　使用钢笔工具绘制简单形状

文件路径	第6章\使用钢笔工具绘制简单形状
难易指数	★★★★★
技术掌握	● 钢笔工具 ● 横排文字工具

操作思路

（钢笔工具）可以用来绘制复杂的路径和形状对象。本案例主要使用钢笔工具绘制简单的几何图形。

案例效果

案例对比效果如图6-123和图6-124所示。

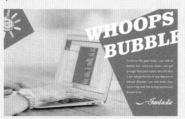

图6-123　　　　　　　图6-124

操作步骤

01 执行菜单"文件>打开"命令，打开素材"1.jpg"，如图6-125所示。

图6-125

02 选择工具箱中的钢笔工具，在选项栏中设置绘制模式为"形状"，然后单击"填充"按钮，在下拉面板中单击"纯色"按钮▇，在"纯色"选项卡中有很多预设的颜色，若要自定义颜色可以单击"拾色器"▢按钮，在弹出的"拾色器（填充颜色）"对话框中设置颜色为青灰色，单击"确定"按钮，完成颜色的设置，如图6-126所示。设置描边的颜色为白色（设置"描边"的方法与设置"填充"的方法相同），接着设置"宽度"为1.5点，然后单击"设置形状描边类型"按钮，在下拉列表中选择虚线，如图6-127所示。

图6-126

图6-127

提示

详解"填充"下拉面板

在"填充"下拉面板中，不仅可以以纯色进行填充，还可以填充渐变的图案。在该面板中的上方有☑无颜色、▇纯色、▨渐变、▨图案4

个按钮。

单击"无颜色"按钮,可以取消填充。单击"纯色"按钮,可以从颜色列表中选择预设颜色,或单击"拾色器"按钮■,在弹出的拾色器中选择所需颜色。单击"渐变"按钮,即可设置渐变效果的填充。单击"图案"按钮,可以选择某种图案,并设置合适的图案缩放数值,如图6-128所示。图6-129所示为3种形式填充的效果。

图6-128

图6-129

03 将光标移动到画面中单击确定起始锚点的位置,如图6-130所示。接着将光标移动到下一个位置单击,两个锚点之间由一条路径相连,如图6-131所示。

图6-130

图6-131

04 继续将光标移动到下一个位置单击进行绘制,然后将光标移动到起始锚点位置单击即可闭合路径,图形绘制完成,效果如图6-132所示。使用同样的方法,在画面的左上角绘制多边形,效果如图6-133所示。

图6-132

图6-133

05 接下来在画面中输入文字。选择工具箱中的 T.（横排文字工具）,在选项栏中设置合适的"字体"和"字号",颜色为白色,然后在画面右侧单击插入光标并输入文字,文字输入完成后单击选项栏中的✓按钮即可,如图6-134所示。选择文字图层,使用Ctrl+T快捷键调出界定框,然后拖动控制点将其旋转,如图6-135所示。

图6-134

图6-135

06 旋转完成后按Enter键确定变换操作。使用同样的方法输入下方文字,如图6-136所示。继续使用横排文字工具输入其他文字,效果如图6-137所示。

图6-136

图6-137

07 执行菜单"文件>置入嵌入的智能对象"命令,置入卡通太阳素材"2.png",如图6-138所示。按住Shift+Alt快捷键的同时拖动控制点将其以中心等比缩放,缩放完成后按Enter键确定此操作,然后将其移动到画面的左上方,最终效果如图6-139所示。

图6-138

图6-139

自由钢笔工具

(自由钢笔工具)是一个比较适合初学者使用的工具,使用该工具可以在画面中按住鼠标左键并以拖动的方式随意徒手绘制路径。

(1)选择工具箱中的自由钢笔工具,在文档中按住鼠标左键并拖动光标即可像使用画笔工具绘图一样自动沿着光标路径创建相应的矢量路径,如图6-140所示。绘制到起始锚点位置后,单击并释放鼠标得到一个闭合路径,如图6-141所示。

图6-140

图6-141

(2)在选项栏中勾选"磁性的"复选框,此时自由钢笔工具变为 (磁性钢笔工具)。磁性钢笔工具可以根据颜色差异自动寻找对象边缘并建立路径。在对象边缘处单击,然后沿对象的边缘移动光标,Photoshop会自动查找颜色差异较大的边缘,添加锚点建立路径,如图6-142所示。磁性钢笔工具与磁性套索工具非常相似,但是磁性钢笔工具绘制的是路径,可以进一步进行形状的编辑,而磁性套索工具绘制的是选区。

(3)在使用自由钢笔工具或磁性钢笔工具时,可以通过设置"曲线拟合"控制绘制路径的精度。单击选项栏中的 按钮,在下拉面板中可以看到"曲线拟合"选项。数值越高,路径就越精准,如图6-143所示。数值越小,路径就越平滑,如图6-144所示。

图6-142　　　　图6-143　　　　图6-144

要点速查:路径、像素、形状3种绘制模式

在使用形状工具组中的工具或钢笔工具时,首先要考虑选择哪种绘制模式,其中包括路径、像素、形状3种绘制模式,但是在使用钢笔工具时不能使用"像素"绘制模式,如图6-145所示。图6-146所示为3种不同的绘制模式。

图6-145　　　　　　　　图6-146

➤ 路径:路径是虚拟对象,不能用来打印输出。绘制路径后可以将其创建选区和矢量蒙版,或者使用颜色填充和描边以创建栅格图形。所绘制的路径为临时性的,若新绘制一个路径将替换之前的路径,使用"路径"面板可以存储路径。

➤ 形状:"形状图层"是一种带有填充、描边的实体对象,可以选择纯色、渐变或图案作为填充内容,可以对描边进行颜色、宽度等参数设置。

➤ 像素:可以在选中图层上绘制,与绘制工具相似。在此模式中工作时,创建的为位图图像,而不是矢量图形。

实例095　使用钢笔工具制作混合插画

文件路径	第6章\使用钢笔工具制作混合插画	
难易指数	⭐⭐⭐⭐⭐	
技术掌握	● 钢笔工具 ● 描边路径 ● 图层样式	扫码深度学习

操作思路

使用钢笔工具不仅可以绘制几何图形,还能够绘制高精度的图像。本案例主要绘制花纹图形的路径,将路径转换为选区后填充纯色或渐变,制作多彩花纹的效果。

案例效果

案例效果如图6-147所示。

图6-147

操作步骤

01 执行菜单"文件>打开"命令，打开背景素材"1.jpg"，如图6-148所示。

图6-148

02 接下来绘制花纹图案。单击图层面板底部的"创建新图层"按钮，建立新的图层。选择工具箱中的（钢笔工具），在选项栏中设置绘制模式为"路径"，接着在画面中单击创建起始锚点，将光标移动至下一个位置按住鼠标左键拖曳，通过控制柄控制路径的走向，如图6-149所示。继续进行绘制，绘制到起始锚点位置单击即可闭合路径，如图6-150所示。

图6-149

图6-150

03 使用Ctrl+Enter快捷键建立选区，将前景色设置为橙色，使用前景色（填充快捷键为Alt+Delete）将其进行填充，完成后按Ctrl+D快捷键取消选区，效果如图6-151所示。

图6-151

04 新建一个图层，继续使用钢笔工具沿图案内部绘制路径并转换为选区，如图6-152所示。然后选择工具箱中的（渐变工具），单击选项栏中的"线性渐变"按钮，接着单击选项栏中的"渐变色条"，在弹出的"渐变编辑器"对话框中编辑一个橘黄色系的渐变，如图6-153所示。

图6-152

图6-153

05 将光标移至选区上方，按住鼠标左键拖曳，如图6-154所示。释放鼠标后即可完成填充操作，接着使用Ctrl+D快捷键取消选区，此时效果如图6-155所示。

图6-154

图6-155

06 接下来为渐变图层添加"内发光"效果。选择渐变图层，执行菜单"图层>图层样式>内发光"命令，在弹出的"图层样式"对话框中设置"内发光"的"混合模式"为"滤色"、"不透明度"为35%、颜色为白色、"方法"为"柔和"、设置"源"为"边缘"、"大小"为250像素、"范围"为50%，设置完成后单击"确定"按钮，如图6-156所示。此时效果如图6-157所示。

图6-156

图6-157

07 按住Ctrl键单击加选两个花纹图层，然后将其拖曳到"创建新组"按钮上方，如图6-158所示。释放鼠标后将其进行编组，然后将图层组进行命名，如图6-159所示。

艺圃 中文版Photoshop数码照片处理全视频 实战228例

Photoshop

图6-158

图6-159

08 执行菜单"文件>置入嵌入的智能对象"命令，置入人像素材"2.png"，将其适当等比例缩小并放置于画面左侧，按Enter键确定置入操作，如图6-160所示。选择该图层并右击，在弹出的快捷菜单中执行"栅格化图层"命令，将其转换为普通图层，如图6-161所示。

图6-160

图6-161

09 接下来绘制第二个花纹图案。首先使用钢笔工具绘制花纹路径，然后使用Ctrl+Enter快捷键建立选区，如图6-162所示。新建一个图层，然后编辑一个粉色系的径向渐变颜色进行填充，效果如图6-163所示。

图6-162

图6-163

10 新建一个图层，使用同样的方法绘制内侧的花纹，如图6-164所示。选择该图层，执行菜单"图层>图层样式>内发光"命令，在弹出的"图层样式"对话框中设置"内发光"的"混合模式"为"滤色"、"不透明度"为35%、颜色为白色、"方法"为"柔和"、设置"源"为"边缘"、"大小"为84像素、"范围"为50%，设置完成后单击"确定"按钮，如图6-165所示。

图6-164

图6-165

11 勾选"渐变叠加"复选框，设置"混合模式"为"正常"、"渐变"为洋红色系的渐变、"样式"为"径向"、"角度"为−90度，设置完成后单击"确定"按钮，如图6-166所示。此时图形效果如图6-167所示。

图6-166

图6-167

12 使用同样的方法，绘制一个叶子图形，如图6-168所示。

图6-168

13 接下来使用"描边路径"的方法制作螺旋线。首先选择工具箱中的钢笔工具，在选项栏中设置绘制模式为"路径"，然后在画面中绘制一段螺旋线的路径，如图6-169所示。选择工具箱中的画笔工具，在选项栏中单击"画笔预设"选取器，在画笔预设选取器中设置"大小"为4像素，然后选择一个硬边圆画笔笔尖，接着将前景色设置为黄色，如图6-170所示。

14 新建一个图层，选择工具箱中的钢笔工具，在路径上方右击，在弹出的快捷菜单中执行"描边路径"命令，如图6-171所示。在弹出的

"描边路径"对话框中设置"工具"为"画笔",勾选"模拟压力"复选框,然后单击"确定"按钮,如图6-172所示。

图6-169

图6-170

图6-171

图6-172

15 此时画面效果如图6-173所示。

图6-173

16 选择螺旋线图层,使用Ctrl+J快捷键复制图层,接着将其向左下方移动,然后进行旋转缩放,如图6-174所示。继续复制几个螺旋线,效果如图6-175所示。

图6-174

图6-175

17 接下来制作叶子上的螺旋线。首先将螺旋线图案复制多份并调整合适的大小,如图6-176所示。在"图层"面板中按住Ctrl键加选叶子上方的螺旋线,然后右击,在弹出的快捷菜单中执行"合并图层"命令,进行图层的合并操作,如图6-177所示。

图6-176

图6-177

18 找到刚绘制的叶子形状图层,按住Ctrl键单击叶子图层的缩览图载入选区。选择合并的螺旋线图层,单击"图层"面板底部的"添加图层蒙版"按钮 ▢,基于选区为该图层添加图层蒙版,如图6-178所示。此时画面效果如图6-179所示。

图6-178

图6-179

19 将带有螺旋线纹理的叶子复制一份并移动到合适位置,效果如图6-180所示。

图6-180

20 使用钢笔工具绘制其他花纹图形,如图6-181所示。执行菜单"文件>置入嵌入的智能对象"命令,置入素材"3.png",并移至图片右侧位置,按Enter键确定置入操作,此时画面效果如图6-182所示。

图6-181

图6-182

21 最后使用钢笔工具绘制高光部分。选择工具箱中的钢笔工具，在选项栏中设置绘制模式为"形状"，填充颜色为白色，然后沿花纹弧度绘制月牙形的图形，如图6-183所示。按此方法继续绘制其他形上的高光，最终效果如图6-184所示。

图6-183

图6-184

🔖 要点速查：调整路径形态

当使用钢笔工具绘制路径或者形状时，很难一次性绘制出完全准确又美观的图形，所以通常都会在路径绘制完成后对路径的形态进行调整。由于路径是由大量的锚点和锚点之间的线段构成的，调整锚点的位置或者形态都会影响路径的形态，所以对路径形态的调整往往就是对锚点的调整。在Photoshop中有多个调整锚点的工具。

（1）当路径上的锚点不够用，无法对路径进一步进行细节编辑时，自然就需要添加锚点，使用钢笔工具组中的 ☑（添加锚点工具），在路径

没有锚点的位置单击即可添加新的锚点，如图6-185和图6-186所示。

图6-185

图6-186

（2）锚点会影响路径，如果有多余的锚点，可以使用 ☑（删除锚点工具）删除多余锚点。选择工具箱中的删除锚点工具，将光标放在要删除的锚点上，单击鼠标左键即可删除锚点，如图6-187和图6-188所示。

图6-187

图6-188

（3）路径的锚点分为角点和平

滑点。"角点"处的路径是尖角，而"平滑点"处的路径则是圆滑的，如图6-189所示。选择工具箱中的 ☑（转换点工具），在"角点"上单击并拖曳即可将"角点"转换为"平滑点"，同时能够看到路径发生了变化，如图6-190所示。使用转换点工具在"平滑点"上单击，可以将"平滑点"转换为"角点"，如图6-191所示。

图6-189

图6-190

图6-191

（4）对于矢量对象的选择，可以使用工具箱中的 ☑（路径选择工具），在路径上单击即可选中路径，如图6-192所示。如果想要选择多个路径可以按住Shift键单击路径进行加选。在选项栏中通过设置还可以用来移动、组合、对齐和分布路径，如图6-193所示。

艺境／第6章 绘图

实战228例

Photoshop

133

图6-192

图6-193

（5）使用 ▶ （直接选择工具）可以选择路径上的锚点。选择工具箱中的直接选择工具，然后在锚点上单击，当锚点变为黑色时表示被选中，如图6-194所示。选中锚点之后可以进行移动锚点、调整方向线等操作，这也就实现了调整路径形态的目的，如图6-195所示。

图6-194

图6-195

实例096　使用椭圆工具为照片添加标题

文件路径	第6章\使用椭圆工具为照片添加标题	
难易指数	★★★★★	
技术掌握	● 椭圆工具 ● 横排文字工具	扫码深度学习

操作思路

　　椭圆工具作为矢量工具，可以在选项栏中选择合适的绘制模式，然后进行绘制。使用椭圆工具可以绘制椭圆形和正圆形，使用方法与椭圆选框工具相似。

案例效果

　　案例对比效果如图6-196和图6-197所示。

图6-196

图6-197

操作步骤

01 执行菜单"文件>打开"命令，打开素材"1.jpg"，如图6-198所示。选择工具箱中的 ○. （椭圆工具），在选项栏中设置绘制模式为"形状"、"填充"为白色、"描边"为无，然后在画面中按住Shift键的同时拖曳绘制正圆，如图6-199所示。

图6-198

图6-199

02 接下来在画面中输入文字。选择工具箱中的 T. （横排文字工具），单击选项栏中的"切换字符和段落面板"按钮 ▤ ，打开"字符"面板，设置合适的字体和字体大小，将颜色设置为天蓝色，如图6-200所示。接着在画面中单击插入光标，然后输入文字，效果如图6-201所示。

03 在选项栏的"字符"面板中切换字体、字号和颜色，继续输入文字点缀画面，最终效果如图6-202所示。

图6-200

图6-201

图6-202

实例097　使用圆角矩形工具制作照片边框

文件路径	第6章\使用圆角矩形工具制作照片边框
难易指数	★★★★★
技术掌握	● 圆角矩形工具 ● 前景色填充

扫码深度学习

操作思路

使用圆角矩形工具可以绘制标准的圆角矩形对象和圆角正方形对象。本案例首先使用圆角矩形工具绘制圆角矩形的路径，然后将其转换为选区，并在此基础上制作照片边框。

案例效果

案例效果如图6-203所示。

图6-203

操作步骤

01 执行菜单"文件>打开"命令，打开素材"1.jpg"，如图6-204所示。

图6-204

02 单击"图层"面板底部的"创建新图层"按钮 ，添加新图层。选择工具箱中的圆角矩形工具，在选项栏中设置绘制模式为"路径"、"半径"为60像素，在画面中按住鼠标左键拖曳进行绘制，如图6-205所示。按Ctrl+Enter快捷键将其转换为选区，如图6-206所示。

图6-205

图6-206

03 使用Ctrl+Shift+I快捷键将选区进行反选，如图6-207所示。设置前景色为白色，使用Alt+Delete快捷键将边框填充为白色，取消选区后，最终效果如图6-208所示。

图6-207

图6-208

✎ 要点速查：在"属性"面板中设置圆角矩形

圆角矩形绘制完成后，会打开"属性"面板，在该面板中可以对图像的大小、位置、填充、描边等选项进行设置，还可以设置"半径"参数，如图6-209所示。当处于"连接"状态时，"连接"按钮为深灰色 ∞。此时在数值框中输入数值，按Enter键确定操作，圆角半径的4个角都将改变，如图6-210所示。单击"链接"按钮取消链接状态，此时可以更改单个圆角的参数，如图6-211所示。

图6-209

图6-210

图6-211

实例098　使用多边形工具在照片上绘制图形

文件路径	第 6 章 \ 使用多边形工具在照片上绘制图形
难易指数	★★★★★
技术掌握	● 多边形工具 ● 横排文字工具

扫码深度学习

操作思路

使用多边形工具可以创建各种边数的多边形（最少为3条边）以及星形。本案例使用多边形工具绘制半透明的多边形进行版面的装饰。

案例效果

案例对比效果如图6-212和图6-213所示。

图6-212

图6-213

操作步骤

01 执行菜单"文件>打开"命令，打开人像素材"1.jpg"，如图6-214所示。

图6-214

02 单击"图层"面板底部的"创建新组"按钮 □，并将其命名为"形状"。接着绘制的所有多边形都将在组内完成，这样易于识别且便于管理。选择工具箱中的 □.（多边形工具），在选项栏中设置绘制模式为"形状"、"填

充"为淡粉色、"描边"为白色、"宽度"为20点、"边数"为6，将光标移至画面中，按住鼠标左键进行绘制，如图6-215所示。

图6-215

03 选中多边形图层，在"图层"面板中设置"不透明度"为27%，如图6-216所示。此时画面效果如图6-217所示。

图6-216

图6-217

04 继续使用多边形工具在画面的右上角绘制一个稍小的六边形，然后设置其"不透明度"为70%，如图6-218所示。选择该图层，按住Alt键拖曳进行移动并复制的操作，接着将复制的多边形的"不透明度"设置为40%，如图6-219所示。

图6-218

艺圃 中文版Photoshop数码照片处理全视频 实战228例

Photoshop

图6-219

05 使用同样的方法，复制其他多边形，效果如图6-220所示。选择工具箱中的多边形工具，设置绘制模式为"形状"、"填充"为白色、"描边"为无、"边数"为3，然后在画面左上角绘制一个三角形，如图6-221所示。

图6-220

图6-221

06 将该图层的"不透明度"设置为90%，如图6-222所示。使用同样的方法，绘制一个小三角形，然后设置其"不透明度"为70%，效果如图6-223所示。

图6-222

图6-223

07 选择工具箱中的矩形工具，在选项栏中设置绘制模式为"形状"、"填充"为无、"描边"为白色、"宽度"为20点，接着在画面中绘制两个矩形，如图6-224所示。按住Ctrl键加选两个矩形，在"图层"面板中设置"不透明度"为10%，效果如图6-225所示。

图6-224

图6-225

08 接下来在画面中输入文字。选择工具箱中的 T.（横排文字工具），在选项栏中设置合适的"字体"和"字号"，设置文本颜色为黑色，然后在画面中单击插入光标，接着输入文字，如图6-226所示。继续使用横排文字工具输入文字，最终效果如图6-227所示。

图6-226

图6-227

🔖 要点速查：多边形工具的选项

选择 O.（多边形工具），单击选项栏中的 ⚙ 按钮，在下拉面板中勾选"星形"复选框，即可绘制星形。在这里还可以对星形参数进行设置，如图6-228所示。

图6-228

> 半径：用于设置多边形或星形的半径长度。设置好半径后，在画面中按住鼠标左键并拖曳即可创建相应半径的多边形或星形。

> 平滑拐角：勾选该复选框以后，可以创建具有平滑拐角效果的多边形或星形。

> 星形：勾选该复选框后，可以创建星形，下面的"缩进边依据"选项主要用来设置星形边缘向中心缩进的百分比，数值越高，缩进量就越大。

> 平滑缩进：勾选该复选框后，可以使星形的每条边向中心平滑缩进。

第 **7** 章

滤镜

本章概述　Photoshop中的滤镜主要用来实现图像的各种特殊效果。添加滤镜的方法比较简单，但是如果要将滤镜效果发挥到极致，则不仅需要一定的制图功底，还需要学会融会贯通，以及发挥自身的想象力。书中的资源是有限的，读者还可以通过网络学习制作更多变化万千的滤镜效果。

本章重点
- ◆ 掌握添加滤镜的方法
- ◆ 掌握特殊滤镜的使用方法
- ◆ 了解滤镜组中滤镜的效果

/ 佳 / 作 / 欣 / 赏 /

🌀 要点速查：认识滤镜库

"滤镜库"之所以被称为是一种"特殊滤镜"，因为它并不是一个单独的滤镜效果，而是集成了数十种效果的滤镜集合体。执行菜单"滤镜>滤镜库"命令，打开"滤镜库"窗口。在"滤镜库"窗口中可以看到其中包括6个滤镜组，而每组滤镜下又包含多个不同效果的滤镜。使用"滤镜库"可以在图像上累积应用多个滤镜，或者是重复应用单个滤镜，同时可以根据个人需要重新排列滤镜并更改已应用的每个滤镜的设置，如图7-1所示。

- 显示当前所选滤镜的名称
- 查看滤镜效果
- 调整预览图显示比例
- 滤镜组
- 设置所选滤镜的参数
- 滤镜组中的滤镜
- 所选滤镜列表
- 新建效果图层
- 删除效果图层

图7-1

实例099　使用"滤镜库"为照片添加特效

文件路径	第 7 章 \ 使用"滤镜库"为照片添加特效
难易指数	⭐⭐⭐⭐⭐
技术掌握	滤镜库的使用方法

🔍扫码深度学习

💡 操作思路

"滤镜库"的使用方法很简单，因为它提供了该滤镜效果的缩览图，这对于初学者来说是很人性化的。本案例就来讲解如何为一幅图片添加滤镜库中的两个滤镜，制作出水彩画的效果。

🖱 案例效果

案例对比效果如图7-2和图7-3所示。

图7-2

图7-3

🎤 操作步骤

01 打开一幅素材图像，如图7-4所示。首先要为画面添加水彩纸的纹理。执行菜单"滤镜>滤镜库"命令，打开"滤镜库"窗口。单击"纹理"滤镜组展开该组，然后单击"纹理化"滤镜，如图7-5所示。此时在预览图中就可以看到"纹理化"滤镜的效果。

图7-4

图7-5

02 接下来继续添加滤镜效果。单击"新建效果图层"按钮，新建一个效果层。然后选择"艺术效果"滤镜组中的"绘画涂抹"滤镜，设置完成单击"确定"按钮，如图7-6所示。画面效果如图7-7所示。

图7-6

图7-7

艺堂／第7章　滤镜／

实战228例

Photoshop CC

139

实例100　"滤镜组"的使用方法

文件路径	第7章 \ "滤镜组"的使用方法
难易指数	⭐⭐⭐⭐⭐
技术掌握	使用滤镜的方法

🔍扫码深度学习

📖 操作思路

　　除了滤镜库中的滤镜外，在"滤镜"菜单中还有很多种滤镜，有一些滤镜有设置对话框，有一些则没有。虽然滤镜的效果不同，但使用方法却大同小异。"滤镜组"中的每一个滤镜都有不同的效果，本案例就来讲解为一幅图片添加不同滤镜的画面效果。

🖱 案例效果

　　案例对比效果如图7-8和图7-9所示。

图7-8

图7-9

🎤 操作步骤

01 打开一幅素材图片，如图7-10所示。执行菜单"滤镜>风格化>查找边缘"命令，这个滤镜没有设置对话框，直接会产生滤镜效果，如图7-11所示。

图7-10

图7-11

02 使用Ctrl+Z快捷键将上一步进行还原。接着执行菜单"滤镜>风格化>拼贴"命令，这是一个需要进行参数设置的滤镜。所以随即会弹出"拼贴"对话框，在该对话框中设置相应参数，如图7-12所示。设置完成后单击"确定"按钮，完成滤镜操作，效果如图7-13所示。

图7-12

图7-13

03 当应用完一个滤镜后，"滤镜"菜单下的第1行会出现该滤镜的名称，如图7-14所示。执行该命令或按Alt+Ctrl+F快捷键，可以按照上一次应用该滤镜的参数配置再次对图像应用该滤镜。

图7-14

04 使用Ctrl+Z快捷键将上一步进行还原。将"背景"图层复制，得到新图层。在新图层的缩览图上右击，在弹出的快捷菜单中执行"转换为智能对象"命令，即可将普通图层转换为智能对象，如图7-15所示。

图7-15

05 为智能对象添加任意一个滤镜
效果，如图7-16所示。在"图
层"面板中可以看到该图层下方出现
智能滤镜，如图7-17所示。

图7-16

图7-17

06 添加了智能滤镜后该图层底部出现了智能滤镜的列表，在这里可以通过右
击缩览图，在弹出的快捷菜单中进行滤镜的隐藏、停用和删除等操作，如
图7-18所示。也可以在智能滤镜的蒙版中涂抹绘制，以隐藏部分区域的滤镜效
果，如图7-19所示。

图7-18

图7-19

07 另外，在"图层"面板中还可以设置智能滤镜与图像的混合模式，双击滤
镜名称右侧的 图标，如图7-20所示。可以在弹出的"混合选项"对话
框中调节滤镜的"模式"和"不透明度"，如图7-21所示。

图7-20

图7-21

实例101	使用"液化"滤镜调整人物身形	
文件路径	第7章\使用"液化"滤镜调整人物身形	
难易指数	★★★★★	
技术掌握	"液化"滤镜	扫码深度学习

操作思路

"液化"滤镜是修饰图像和创建艺术效果的强大工具，常用于数码照片修
饰，如人像身型调整、面部结构调整等。其使用方法比较简单，但功能相当强
大，可以创建推、拉、旋转、扭曲、收缩等变形效果，可用来修改图像的任何
区域（"液化"滤镜只能应用于8位/通道或16位/通道的图像）。本案例就是利
用"液化"滤镜将人物身形和发型进行调整，从而得到一张身材纤瘦、发型柔
美的人物写真照片。

案例效果

案例对比效果如图7-22和图7-23所示。

图7-22

图7-23

🎤 操作步骤

01 执行菜单"文件>打开"命令，打开素材"1.jpg"，如图7-24所示。

图7-25

图7-26

颜色"为红色，将光标放置在右侧头发飞扬处，按住鼠标左键由外向内拖曳，如图7-25所示。效果如图7-26所示。

03 接着调整左侧发型，画笔属性不变，将光标放置在左侧头发蓬起处，按住鼠标左键，继续向内拖曳，如图7-27所示。效果如图7-28所示。

图7-27

图7-28

04 接下来调整身形。在液化面板中单击"冻结蒙版工具"按钮 ◪ ，在窗口右侧面板中设置"画笔大小"为90、"浓度"为50、"压力"为100，将光标放置在两只手臂处进行涂抹，防止在调整身形过程中将手臂变形，如图7-29所示。接着切换到向前变形工具。在属性面板中设置"画笔大小"为200，其他不变，对其背部、腰部及胸部进行液化，突显出窈窕的女性美，如图7-30所示。

图7-29

图7-30

05 接下来对手臂进行液化处理。在液化面板中单击"解冻蒙版工具"按钮 ◪ ，将刚才冻结位置擦去，如图7-31所示。接着单击"褶皱"按钮 ⬡ ，将光标移至手臂处，设置"画笔大小"为250、"浓度"为50、"压力"为1、"速度"为80，单击鼠标左键执行此操作。完成操作后单击"确定"按钮，如图7-32所示。

图7-31

图7-32

06 最终效果如图7-33所示。

图7-24

02 使用Ctrl+J快捷键进行图层复制。然后执行菜单"滤镜>液化"命令，在弹出的"液化"窗口中，单击"向前变形工具"按钮 ◪ 。在属性面板中设置"画笔大小"为200、"浓度"为50、"压力"为100、"蒙版

中文版Photoshop数码照片处理全视频 实战228例

Photoshop

图7-33

🐟 要点速查："液化"滤镜工具

"液化"窗口左侧包含一系列特有的工具，下面来逐一认识一下。

> 🖐 向前变形工具：在画面中按住鼠标左键并拖曳，可以向前推动像素。

> ✎ 重建工具：用于恢复变形的图像，类似于撤销。在变形区域单击或拖曳鼠标进行涂抹时，可以使变形区域的图像恢复到原来的效果。

> ✎ 平滑工具：在画面中按住鼠标左键并拖曳，可以将不平滑的边界区域变得平滑。

> ⟳ 顺时针旋转扭曲工具：按住鼠标左键拖曳鼠标可以顺时针旋转像素。如果按住Alt键的同时再按住鼠标左键进行操作，则可以逆时针旋转像素。

> ▒ 褶皱工具：按住鼠标左键并拖曳可以使像素向画笔区域的中心移动，使图像产生内缩效果。

> ◆ 膨胀工具：按住鼠标左键并拖曳可以使像素向画笔区域中心以外的方向移动，使图像产生向外膨胀的效果。

> ▓ 左推工具：按住鼠标左键向上拖曳时像素会向左移动。反之，像素则向右移动。

> ✐ 冻结蒙版工具：在进行液化调节细节时，有可能附近的部分也被液化了，因此就需要把某一些区域冻结，这样就不会影响到该部分区域了。

> ✐ 解冻蒙版工具：使用该工具在冻结区域涂抹，可以将其解冻。

> 👤 脸部工具：单击该工具，将光标移动至脸部的边缘会显示控制点，然后拖曳控制点即可对面部进行变形。

实例102　使用"照亮边缘"滤镜制作素描画

文件路径	第7章\使用"照亮边缘"滤镜制作素描画	
难易指数	⭐⭐⭐⭐⭐	
技术掌握	● "照亮边缘"滤镜　　● 反相 ● 通道抠图　　● 色阶	🔲 扫码深度学习

💡 操作思路

"照亮边缘"滤镜会自动搜索画面中主要的颜色变化区域，加强其过渡像素，产生轮廓发光的效果。在其对话框中可以设定边界宽度、边界亮度、边界平滑度。本案例就是使用"照亮边缘"滤镜将人像写真照片制作成具有素描绘画的艺术效果。

🖱 案例效果

案例对比效果如图7-34和图7-35所示。

图7-34

图7-35

🎤 操作步骤

01 执行菜单"文件>打开"命令，打开旧纸张素材"2.jpg"，如图7-36所示。

图7-36

02 执行菜单"文件>置入嵌入的智能对象"命令，置入人物素材"1.jpg"，如图7-37所示。接着按Enter键确定执行此操作。通过右击执行"栅格化图层"命令将其转换为普通图层，如图7-38所示。

图7-37　　　　　　　　　图7-38

03 选择人物图层，接着执行菜单"滤镜>滤镜库"命令，打开"滤镜库"窗口，单击"风格化"滤镜组，单击选择"照亮边缘"滤镜，在右侧面板中设置"边缘宽度"为1、"边缘亮度"为15、"平滑度"为8，设置完成后单击"确定"按钮，如图7-39所示。此时画面效果如图7-40所示。

图7-39　　　　　　　　　图7-40

04 接着在"图层"面板中设置图层混合模式为"正片叠底"，如图7-41所示。此时画面效果如图7-42所示。

图7-41　　　　　　　　　图7-42

05 执行菜单"图像>调整>反相"命令，效果如图7-43所示。接下来去除画面杂色。执行菜单"图像>调整>去色"命令或使用Ctrl+Shift+U快捷键进行去色，此时画面效果如图7-44所示。

图7-43　　　　　　　　　图7-44

06 最后进行亮度调整。执行菜单"图层>新建调整图层>色阶"命令，在弹出的"新建图层"对话框中单击"确定"按钮，接着在弹出的"属性"面板中向右拖曳黑色滑块提高画面的亮度。并单击"属性"面板底部的"此调整剪切到此图层"按钮，使该图层只作用于人像图层，如图7-45所示。最终效果如图7-46所示。

图7-45

图7-46

实例103	使用"照亮边缘"滤镜制作淡彩画
文件路径	第7章 \ 使用"照亮边缘"滤镜制作淡彩画
难易指数	★★★★★
技术掌握	"照亮边缘"滤镜

扫码深度学习

💡操作思路

本案例主要利用"照亮边缘"滤镜将人像照片制作成淡彩画的艺术效果。

艺境 中文版Photoshop数码照片处理全视频 实战228例 Photoshop

案例效果

案例对比效果如图7-47和图7-48所示。

图7-47

图7-48

操作步骤

01 执行菜单"文件>打开"命令，打开素材"1.jpg"，如图7-49所示。使用Ctrl+J快捷键复制"背景"图层。

图7-49

02 执行菜单"滤镜>滤镜库"命令，打开"滤镜库"窗口，单击"风格化"滤镜组，单击选择"照亮边缘"滤镜，在右侧面板中设置"边缘宽度"为1、"边缘亮度"为11、"平滑度"为5，设置完成后单击"确定"按钮，如图7-50所示。此时画面效果如图7-51所示。

图7-50

图7-51

03 继续调整画面效果。执行菜单"图层>新建调整图层>反相"命令，此时画面效果如图7-52所示。

图7-52

04 在"图层"面板中设置该图层的混合模式为"差值"，如图7-53所示。画面效果如图7-54所示。

图7-53

图7-54

05 接下来复制"背景"图层，将其放置在"反相"图层的上方，并设置其混合模式为"正片叠底"，为画面增强渲染力，如图7-55所示。此

时画面效果如图7-56所示。

图7-55

图7-56

06 单击"图层"面板底部的"添加图层蒙版"按钮，为该图层添加图层蒙版。接着选择工具箱中的（画笔工具），在选项栏中设置一个大小适中的柔角画笔笔尖，然后将前景色设置为黑色，适当调整画笔不透明度，然后使用黑色的柔角画笔在画面风景处进行涂抹，蒙版效果如图7-57所示。此时画面效果如图7-58所示。

图7-57

图7-58

艺境 / 第7章 滤镜

实战228例 Photoshop

145

07 接下来为画面添加亮角，增强淡彩画氛围。单击"图层"面板底部的"创建新图层"按钮 🔲，然后将前景色设置为白色，接着选择工具箱中画笔工具并设置相应的画笔数值，在图片四角处涂抹，最终效果如图7-59所示。

图7-59

实例104 使用"铬黄渐变"滤镜制作冰女神

文件路径	第7章\使用"铬黄渐变"滤镜制作冰女神
难易指数	★★★★★
技术掌握	● "铬黄渐变"滤镜 ● 渐变映射

扫码深度学习

操作思路

"铬黄渐变"滤镜可以模拟发光的液体金属。本案例就是使用了"铬黄渐变"滤镜将人像写真制作成具有冰雕效果的人物形象。

案例效果

案例对比效果如图7-60和图7-61所示。

图7-60

图7-61

操作步骤

01 执行菜单"文件>打开"命令，打开素材"1.jpg"，如图7-62所示。

图7-62

02 执行菜单"文件>置入嵌入的智能对象"命令，置入人像素材"2.jpg"，如图7-63所示。按Enter键确定置入操作，选择该图层，通过右击执行"栅格化图层"命令，将其转换为普通图层。接着使用矩形选框工具在人像左侧白色区域绘制选区，然后按Delete键删除选区中的白色像素，如图7-64所示。使用Ctrl+D快捷键取消选区。

图7-63

图7-64

03 使用Ctrl+J快捷键复制人像图层，并将原人像图层隐藏。接着选择工具箱中的 🖊（钢笔工具），在选项栏中设置绘制模式为"路径"，然后沿着人物边缘绘制路径，如图7-65所示。然后使用Ctrl+Enter快捷键将其转换为选区，如图7-66所示。

图7-65

图7-66

04 单击"图层"面板底部的"添加图层蒙版"按钮 🔲，为该图层添加图层蒙版，如图7-67所示。此时白色背景将被隐藏，画面效果如图7-68所示。

图7-67

图7-68

05 执行菜单"滤镜>滤镜库"命令，打开"滤镜库"窗口，单击"素描"滤镜组，单击选择"铬黄渐变"滤镜，在右侧面板中设置"细节"为10、"平滑度"为0，设置完成后，单击"确定"按钮，如图7-69所示。效果如图7-70所示。

图7-69　　　　　　　　　　　图7-70

06 接着执行菜单"图层>新建调整图层>渐变映射"命令，在弹出的"新建图层"对话框中单击"确定"按钮，接着在弹出的"属性"面板中设置"渐变"为深蓝色系渐变，使其达到与图片背景贴合的效果，然后单击面板底部的"创建剪贴蒙版"按钮，使此效果只针对人像产生作用，如图7-71所示。此时画面效果如图7-72所示。

图7-71　　　　　　　　　　　图7-72

07 执行菜单"文件>置入嵌入的智能对象"命令，置入裂纹素材"4.png"，然后将该图层栅格化，如图7-73所示。选择该图层，通过右击执行"创建剪贴蒙版"命令，如图7-74所示。

图7-73　　　　　　　　　　　图7-74

08 在"图层"面板中设置图层混合模式为"柔光"、"不透明度"为60%，效果如图7-75所示。

图7-75

09 接下来将上述操作整理在图层组中。按住Shift键并单击"图层"面板中人像复制、渐变映射和裂纹图层并将其选中，然后单击该面板底部的"创建

新组"按钮，建立新的图层组，如图7-76所示。

图7-76

10 制作出人像透明效果。隐藏"背景"图层，进入到"通道"面板中，按住Ctrl键的同时单击"绿"通道缩览图载入选区。接着返回到"图层"面板中，选择图层组，单击"图层"面板底部的"添加图层蒙版"按钮，为图层组添加蒙版。最后显示"背景"图层，画面效果如图7-77所示。

图7-77

11 执行菜单"文件>置入嵌入的智能对象"命令，置入翅膀素材"3.png"，然后将该图层栅格化。在"图层"面板中将该图层移至图层组的下方，使翅膀位于人像下方，如图7-78所示。使用同样的方式将翅膀制作成冰冻效果，最终效果如图7-79所示。

图7-78

图7-79

实例105　使用"查找边缘"滤镜将照片变为风景画

文件路径	第7章\使用"查找边缘"滤镜将照片变为风景画
难易指数	★★★★★
技术掌握	● "查找边缘"滤镜　　　● "阴影/高光"命令 ● "色阶"命令　　　　　● "自然饱和度"命令 ● "喷色描边"滤镜

图7-85

💡 操作思路

"查找边缘"滤镜可以自动查找图像像素对比度变换强烈的边界，将高反差区变亮。常用来制作类似铅笔画、速写的效果。本案例就是使用"查找边缘"滤镜将照片制作成风景画。

🖱 案例效果

案例对比效果如图7-80和图7-81所示。

图7-80

图7-81

🎤 操作步骤

01 执行菜单"文件>打开"命令，打开素材"1.jpg"，如图7-82所示。使用Ctrl+J快捷键复制"背景"图层。

图7-82

02 接着执行菜单"滤镜>风格化>查找边缘"命令，此时效果如图7-83所示。使用Ctrl+Shift+U快捷键为该图层去色，使其变为单色调，如图7-84所示。

图7-83

图7-84

03 接着在"图层"面板中设置图层混合模式为"正片叠底"，如图7-85所示。此时画面效果如图7-86所示。

图7-86

04 接下来提高画面亮度。执行菜单"图层>新建调整图层>色阶"命令，在弹出的"新建图层"对话框中单击"确定"按钮，接着在弹出的"属性"面板中调整色阶滑块，提高画面亮度，如图7-87所示。此时画面效果如图7-88所示。

图7-87

图7-88

05 再次复制"背景"图层，将其放置在"色阶"图层之上。执行菜单"滤镜>滤镜库"命令，打开"滤镜库"窗口，单击"画笔描边"滤镜组，单击选择"喷色描边"滤镜，在右侧面板中设置"描边长度"为9、

"喷色半径"为25、"描边方向"为"右对角线"，设置完成后单击"确定"按钮，如图7-89所示。画面效果如图7-90所示。

图7-89

图7-90

06 接着在"图层"面板中设置图层混合模式为"叠加"，如图7-91所示。此时画面效果如图7-92所示。

图7-91

图7-92

07 接着执行菜单"图像>调整>阴影/高光"命令，在弹出的"阴影/高光"对话框中设置阴影"数量"为100%，设置完成后单击"确定"按钮，如图7-93所示。此时画面效果如图7-94所示。

图7-93

图7-94

08 最后调整整体画面色调。执行菜单"图层>新建调整图层>自然饱和度"命令，在弹出的"新建图层"对话框中单击"确定"按钮。接着在弹出的"属性"面板中设置"自然饱和度"为+80，如图7-95所示。画面最终效果如图7-96所示。

图7-95

图7-96

实例106　使用"海报边缘"滤镜制作漫画感效果

文件路径	第7章 \ 使用"海报边缘"滤镜制作漫画感效果
难易指数	★★★★★
技术掌握	"海报边缘"滤镜

扫码深度学习

操作思路

"海报边缘"滤镜的作用是增加图像对比度并沿边缘的细微层次加上黑色，能够产生具有招贴画边缘效果的图像。本案例就是使用"海报边缘"滤镜将照片制作成具有漫画风格的艺术效果。

案例效果

案例对比效果如图7-97和图7-98所示。

图7-97

图7-98

操作步骤

01 执行菜单"文件>打开"命令，打开素材"1.jpg"，如图7-99所示。

图7-99

02 接着执行菜单"滤镜>滤镜库"命令，打开"滤镜库"窗口，单

击 "艺术效果" 滤镜组，单击选择 "海报边缘" 滤镜，在右侧面板中设置 "边缘厚度" 为1、"边缘强度" 为1、"海报化" 为0，设置完成后，单击 "确定" 按钮，如图7-100所示。画面效果如图7-101所示。

图7-100　　　　　　　　　　图7-101

03 最后执行菜单 "文件 > 置入嵌入的智能对象" 命令，置入素材 "2.png"，如图7-102所示。按Enter键确定置入此操作。接着选择该图层并右击，在弹出的快捷菜单中执行 "栅格化图层" 命令，将其转换为普通图层。最终效果如图7-103所示。

图7-102　　　　　　　　　　图7-103

实例107　使用 "木刻" 滤镜制作波普风人像

文件路径	第7章\使用 "木刻" 滤镜制作波普风人像	
难易指数	★★★★★	
技术掌握	● "木刻" 滤镜 ● 多边形套索工具	● 横排文字工具 ● 矩形选框工具

扫码深度学习

操作思路

　　"木刻" 滤镜可以使图像产生类似由粗糙剪切的彩纸组成的效果。高对比度图像看起来像黑色剪影，而彩色图像看起来像由几层彩纸构成。本案例就是使用 "木刻" 滤镜将人像照片制作出具有波普风格的艺术人像效果。

案例效果

　　案例对比效果如图7-104和图7-105所示。

图7-104　　　　　　图7-105

操作步骤

01 执行菜单 "文件>打开" 命令，打开素材 "1.jpg"，如图7-106所示。使用Ctrl+J快捷键复制 "背景" 图层。

图7-106

02 执行菜单 "滤镜>滤镜库" 命令，打开 "滤镜库" 窗口，单击 "艺术效果" 滤镜组，单击选择 "木刻" 滤镜，在右侧面板中设置 "色阶数" 为3、"边缘简化度" 为3、"边缘逼真度" 为3，设置完成后，单击 "确定" 按钮，如图7-107所示。此时画面效果如图7-108所示。

图7-107

图7-108

03 接下来绘制背景图案。首先单击 "图层" 面板底部的 "创建新组" 按钮，以下绘制背景图案操作均在图层组内完成。单击 "图层" 面板底部的 "创建新图层" 按钮，在组内添加新图层，如图7-109所示。

图7-109

04 接着选择工具箱中的 ✂ （多边形套索工具），将前景色设置为淡土红色，并将光标移到图像中，绘制一个三角形选区。使用Alt+Delete快捷键进行前景色填充，如图7-110所示。然后使用Ctrl+D快捷键取消选区。接着使用Ctrl+T快捷键将三角形进行自由变换，并调整中心点"+"的位置到右下角，如图7-111所示。

图7-110

图7-111

05 此时在图层组中复制多个图层，设置选项栏中的 ⊿5.00 度（旋转）为5度。按Enter键确定变换操作，按住Ctrl+Shift+Alt+T快捷键重复上一次变换，如图7-112所示。继续复制，此时画面效果如图7-113所示。

图7-112　　　　　　　　图7-113

06 选择图层组，然后使用Ctrl+T快捷键将所有放射状图案进行自由变换。按住Shift键并拖曳控制点进行等比例放大。按Enter键确定该操作，效果如图7-114所示。右击图层组，执行"合并组"命令，将其合并为独立图层，如图7-115所示。

图7-114　　　　　　　　图7-115

07 接下来隐藏放射状图案图层。选择工具箱中的 ✎ （快速选择工具），设置合适的笔尖大小及硬度，将光标移至人物身上随人物轮廓涂抹，得到人像选区，如图7-116所示。涂抹完成后使用Ctrl+J快捷键复制人像，并命名为"图层2"图层。在"图层"面板中，将"图层2"图层移至图案图层上方，此时将隐藏的放射状图案图层显示出来，效果如图7-117所示。

图7-116　　　　　　　　图7-117

08 接下来在图像右下方输入文字，增强画面效果。选择工具箱中的 T （横排文字工具），单击选项栏中的"切换字符和段落面板"按钮 ▤ ，打开"字符"面板后，设置合适的字体，颜色，如图7-118所示。接着在画面中单击光标，键入文字，然后将字母A更改颜色，文字效果如图7-119所示。

图7-118　　　　　　　　图7-119

09 最后绘制图片边框。新建一个图层，选择工具箱中的▣（矩形选框工具），在画面边缘按住鼠标左键绘制选区，右击，执行"描边"命令，在弹出的"描边"对话框中设置"宽度"为18像素、"颜色"为深褐色、"位置"为"内部"，设置完成后，单击"确定"按钮，如图7-120所示。接着使用Ctrl+D快捷键取消选区，最终效果如图7-121所示。

图7-120

图7-121

实例108 使用"油画"滤镜制作逼真的油画效果

文件路径	第7章\使用"油画"滤镜制作逼真的油画效果
难易指数	★★★★★
技术掌握	"油画"滤镜

扫码深度学习

💡 操作思路

"油画"滤镜可以为图像模拟出

油画效果，通过对画笔样式、光线的亮度和方向的调整使油画更真实。本案例就是使用"油画"滤镜将风景照片制作出逼真的油画效果。

🖱 案例效果

案例对比效果如图7-122和图7-123所示。

图7-122

图7-123

🎤 操作步骤

01 执行菜单"文件>打开"命令，打开素材"1.jpg"，如图7-124所示。

图7-124

02 接下来制作油画效果。执行菜单"滤镜>风格化>油画"命令，在弹出的"油画"对话框中设置画笔的"描边样式"和"描边清洁度"均为10.0、"缩放"为0.1、"硬毛刷细节"为1.8，设置完成后，单击"确定"按钮，如图7-125所示。此时画

面效果如图7-126所示。

图7-125

图7-126

03 接着执行菜单"文件>置入嵌入的智能对象"命令，置入油画框素材"2.png"，然后按Enter键确定置入该操作，如图7-127所示。此时大部分花朵被前景遮挡。选择花朵图层，使用Ctrl+T快捷键进行自由变换。接着使用Shift+Alt快捷键拖曳控制点将花朵图层进行等比例缩放，缩放至合适位置，按Enter键确定该操作，最终效果如图7-128所示。

图7-127

中文版Photoshop数码照片处理全视频 实战228例 Photoshop

图7-128

📑 要点速查："油画"滤镜参数
选项

➤ 样式化：通过调整参数调整笔触
样式。

➤ 清洁度：通过调整参数设置纹理的
柔化程度。

➤ 缩放：设置纹理缩放程度。

➤ 硬毛刷细节：设置画笔细节程度，
数值越大毛刷纹理越清晰。

➤ 角方向：设置光线的照射方向。

实例109	使用"高斯模糊"滤镜制作有趣的照片
文件路径	第7章\使用"高斯模糊"滤镜制作有趣的照片
难易指数	⭐⭐⭐⭐⭐
技术掌握	● "高斯模糊"滤镜 ● 图层蒙版

🔍 扫码深度学习

💡 操作思路

　　"高斯模糊"滤镜可以向图像中
添加低频细节，使图像产生一种朦胧
的模糊效果。本案例就是使用"高斯
模糊"滤镜制作有趣的照片。

🖱 案例效果

　　案例对比效果如图7-129和图7-130
所示。

图7-129

图7-130

🎙 操作步骤

01 执行菜单"文件>打开"命令，或按Ctrl+O快捷键，在弹出的"打开"
对话框中单击选择素材"1.jpg"，单击"打开"按钮，如图7-131所示。

图7-131

02 首先将背景进行模糊使画面有纵深感。使用Ctrl+J快捷键复制"背景"图
层。执行菜单"滤镜>模糊>高斯模糊"命令，在弹出的"高斯模糊"对
话框中设置"半径"为10像素，单击"确定"按钮，完成设置，如图7-132所
示。画面效果如图7-133所示。

图7-132

图7-133

03 执行菜单"文件>置入嵌入的智能对象"命令，置入素材"2.png"，将
素材移动到画面中间位置，按Enter键完成置入，如图7-134所示。

图7-134

04 接下来制作卡片中的清晰画面。在"图层"面板中选择"背景"图层，使
用Ctrl+J快捷键复制"背景"图层，并在"图层"面板中将复制的清晰照
片图层移动到最上层，如图7-135所示。在"图层"面板中设置图层混合模式
为"正片叠底"，画面效果如图7-136所示。

图7-135 　　　　　　　　图7-136

05 接着单击"图层"面板底部的"添加图层蒙版"按钮 ▣，如图7-137所示。将前景色设置为黑色，选择工具箱中的 🖊（画笔工具），在选项栏中单击"画笔预设"下拉按钮，在"画笔预设"下拉面板中设置"大小"为100像素、"硬度"为0的硬角画笔笔尖，如图7-138所示。

图7-137 　　　　　　　图7-138

06 接着在画面中照片图层蒙版中涂抹，主要涂抹卡片外部及边缘部分。可在图层蒙版缩览图中看到被涂抹的区域变为黑色的区域被隐藏，如图7-139所示。画面最终效果如图7-140所示。

图7-139 　　　　　　　图7-140

实例110	使用"镜头模糊"滤镜制作微距摄影效果
文件路径	第7章 \ 使用"镜头模糊"滤镜制作微距摄影效果
难易指数	⭐⭐⭐⭐⭐
技术掌握	"镜头模糊"滤镜

🔍扫码深度学习

操作思路

景深效果往往能够让主体内容更加突出，通过"镜头模糊"滤镜可以非常精准的制作景深效果。本案例就是使用"镜头模糊"滤镜将照片制作出具有微距摄影的艺术效果。

案例效果

案例对比效果如图7-141和图7-142所示。

图7-141

图7-142

操作步骤

01 执行菜单"文件>打开"命令，打开花朵素材"1.jpg"，如图7-143所示。使用Ctrl+J快捷键复制"背景"图层。

图7-143

02 接下来绘制花朵选区。选择工具箱中的 🖊（快速选择工具），然后在近景的花朵上方按住鼠标左键进行拖曳得到选区，如图7-144所示。在"通道"面板中单击"将选区储存为通道"按钮 ▣，此时Alpha1蒙版效果如图7-145所示。然后按Ctrl+D快捷键取消花朵选区。

图7-144

图7-145

03 单击RGB复合通道，显示完整画面。继续使用快速选择工具在中景花朵上方使用鼠标左键进行拖曳得到另外几朵花的选区，如图7-146所示。接着将前景色设置为深灰色，然后单击Alpha1通道，接着使用前景色（填充快捷键为Alt+Delete）对选区进行填充，效果如图7-147所示。

图7-146

图7-147

04 使用同样的方法，选择其他的花朵，在Alpha通道中将其填充为浅灰色，效果如图7-148所示。

图7-148

05 接下来制作模糊效果。返回到"图层"面板中，执行菜单"滤镜>模糊>镜头模糊"命令，在弹出的"镜头模糊"对话框中设置"深度映射"的"源"为Alpha1，勾选"反相"复选框，设置"形状"为"六边形"、"半径"为25、"阈值"为255，设置"分布"为"平均"，单击"确定"按钮，完成设置，如图7-149所示。最终画"面效果"如图7-150所示。

图7-149

图7-150

🔖 **要点速查："镜头模糊"滤镜参数选项**

➤ 深度映射：从"源"下拉列表中可以选择使用Alpha通道或图层蒙版来创建景深效果（前提是图像中存在Alpha通道或图层蒙版），其中通道或蒙版中的白色区域将被模糊，而黑色区域则保持原样；"模糊焦距"选项用来设置位于角点内的像素的深度；"反相"选项用来反转Alpha通道或图层蒙版。

➤ 光圈：该选项组用来设置模糊的显示方式。"形状"选项用来选择光圈的形状；"半径"选项用来设置模糊的数量；"叶片弯度"选项用来设置对光圈边缘进行平滑处理的程度；"旋转"选项用来旋转光圈。

➤ 镜面高光：该选项组用来设置镜面高光的范围。"亮度"选项用来设置高光的亮度；"阈值"选项用来设置亮度的停止点，比停止点值亮的所有像素都被视为镜面高光。

➤ 杂色：在该选项组中，"数量"选项用来在图像中添加或减少杂色；"分布"选项用来设置杂色的分布方式，包含"平均分布"和"高斯分布"两种；如果选中"单色"选项，则添加的杂色为单一颜色。

实例111　使用"移轴模糊"滤镜制作移轴摄影效果

文件路径	第7章\使用"移轴模糊"滤镜制作移轴摄影效果	
难易指数	⭐⭐⭐⭐⭐	
技术掌握	● "移轴模糊"滤镜 ● "曲线"命令	🔍扫码深度学习

💡 **操作思路**

　　要制作"移轴效果"有两种方法，一种是通过移轴镜头进行拍摄；一种是使用"移轴模糊"滤镜进行后期制作。移轴效果通过变化景深聚焦点位置，将真实世界拍成像"假的"一样，通常营造出"微观世界"或"人造都市"的感觉。本案例就是使用"移轴模糊"滤镜将照片制作出具有移轴摄影的艺术效果。

🖱 **案例效果**

　　案例对比效果如图7-151和图7-152所示。

图7-151

图7-152

操作步骤

01 执行菜单"文件>打开"命令，打开素材"1.jpg"，如图7-153所示。

图7-153

02 选中"背景"图层，执行菜单"滤镜>模糊画廊>移轴模糊"命令，在弹出的对话框中先调整模糊的强度，设置"模糊"为20像素，如图7-154所示。

图7-154

03 接着拖曳画面中心位置控制点，调整模糊的位置，如图7-155所示。设置完成后，单击"确定"按钮，效果如图7-156所示。

图7-155　　　　　图7-156

04 接着执行菜单"图层>新建调整图层>曲线"命令，在"新建图层"对话框中单击"确定"按钮，接着在弹出的"属性"面板中调整曲线形状，将曲线调整出微小的S形，如图7-157所示。最终画面效果如图7-158所示。

图7-157

图7-158

实例112	使用"极坐标"滤镜制作鱼眼效果	
文件路径	第7章\使用"极坐标"滤镜制作鱼眼效果	
难易指数	★★★★★	
技术掌握	"极坐标"滤镜	扫码深度学习

操作思路

"极坐标"滤镜可以快速把直线变为环形，把平面图转为有趣的球体。当然这个过程也可以相反。本案例就是使用"极坐标"滤镜制作鱼眼效果。

案例效果

案例对比效果如图7-159和图7-160所示。

图7-159

图7-160

操作步骤

01 执行菜单"文件>打开"命令，打开素材"1.jpg"，如图7-161所示。

图7-161

02 接着使用Ctrl+T快捷键进行自由变换，右击执行"垂直翻转"命令，完成后按Enter键确定此操作，画面效果如图7-162所示。

图7-162

03 执行菜单"滤镜>扭曲>极坐标"命令，在弹出的"极坐标"对话框中选中"平面坐标到极坐标"选单选按钮，设置完成后，单击"确定"按钮，如图7-163所示。画面效果如图7-164所示。

图7-163

图7-164

04 该图片效果偏长，破坏视觉美感。使用Ctrl+T快捷键进行自由变换，接着将光标定位到右侧，按住

鼠标左键向左拖曳，使画面呈现正方形，操作完成后，按Enter键确定，画面效果如图7-165所示。

图7-165

05 此时图片上部颜色不统一。使用Ctrl+J快捷键复制"图层1"，得到新图层。然后将该图层垂直翻转，如图7-166所示。接着选择工具箱中的 ◢.（橡皮擦工具）按钮，并适当调整笔尖大小及不透明度。然后将光标放置在左下角颜色偏紫的部分进行涂抹，涂抹位置如图7-167所示。

图7-166

图7-167

06 擦掉的部分显露出"图层1"的相应位置，最终效果如图7-168所示。

图7-168

实例113　使用"置换"滤镜制作水晶苹果

文件路径	第7章\使用"置换"滤镜制作水晶苹果
难易指数	★★★★★
技术掌握	● "置换"滤镜 ● "高斯模糊"滤镜

扫码深度学习

操作思路

"置换"滤镜经常被用来制作特殊的效果。进行置换之前需要先准备两张图片，其中必须有一个为PSD格式。本案例就是使用"置换"滤镜制作水晶苹果。

案例效果

案例效果如图7-169和图7-170所示。

图7-169

图7-170

操作步骤

01 执行菜单"文件>打开"命令，打开素材"1.jpg"，如图7-171所示。使用Ctrl+J快捷键复制"背景"图层，并将"背景"图层隐藏。

图7-171

02 执行菜单"滤镜>扭曲>置换"命令，在弹出的"置换"对话框中设置"水平比例"和"垂直比例"均为200，并选中"伸展以适合"和"重复边缘像素"单选按钮，设置完成后，单击"确定"按钮，如图7-172所示。

图7-172

03 接着在弹出的"选取一个置换图"对话框中选择之前存储的"2.psd"文件，单击"打开"按钮，如图7-173所示。此时画面效果如图7-174所示。

图7-173

图7-174

04 接着使用钢笔工具沿苹果轮廓绘制路径，如图7-175所示。绘制完成后，使用Ctrl+Enter快捷键将路径转换为选区，如图7-176所示。

图7-175　　　　　　　　图7-176

05 接着单击"图层"面板底部的"添加图层蒙版"按钮 ▣，为该图层添加图层蒙版，如图7-177所示。此时苹果背景部分将被隐藏，如图7-178所示。

图7-177　　　　　　　　图7-178

06 接下来制作图像背景模糊效果。显示出"背景"图层，执行菜单"滤镜>模糊>高斯模糊"命令，在弹出的"高斯模糊"对话框中设置"半径"为10像素，设置完成后，单击"确定"按钮，如图7-179所示。画面最终效果如图7-180所示。

图7-179　　　　　　　　图7-180

📚 要点速查："置换"滤镜参数选项

➢ 水平/垂直比例：可以用来设置水平方向和垂直方向所移动的距离。单击"确定"按钮可以载入PSD文件，然后用该文件扭曲图像。

➢ 置换图：用来设置置换图像的方式，包括"伸展以适合"和"拼贴"两种。

实例114　使用"镜头光晕"滤镜为画面增添光感

文件路径	第7章\使用"镜头光晕"滤镜为画面增添光感
难易指数	★★★★★
技术掌握	● "镜头光晕"滤镜 ● 混合模式

🔍扫码深度学习

操作思路

"镜头光晕"滤镜可以模拟相机镜头拍摄出的光晕效果。本案例就是使用"镜头光晕"滤镜为照片画面增添光感。

案例效果

案例对比效果如图7-181和图7-182所示。

图7-181   图7-182

操作步骤

01 执行菜单"文件>打开"命令，打开素材"1.jpg"，如图7-183所示。单击"图层"面板底部的"创建新图层"按钮 ▣ ，添加新图层，将前景色设置为黑色，使用前景色（填充快捷键为Alt+Delete）进行填充，此时画面效果为黑色，如图7-184所示。

图7-183   图7-184

02 接着执行菜单"滤镜>渲染>镜头光晕"命令，在弹出的"镜头光晕"对话框中设置"亮度"为120%、设置"镜头类型"为"50-300毫米变焦（Z）"，在缩览图中将"+"光源位置调整到右上角，设置完成后，单击"确定"按钮，如图7-185所示。此时画面效果如图7-186所示。

图7-185   图7-186

03 最后单击"图层"面板中的光晕图层，设置图层混合模式为"滤色"，如图7-187所示。最终效果如图7-188所示。

图7-187   图7-188

要点速查："镜头光晕"滤镜参数选项

➤ 亮度：控制镜头光晕的亮度。
➤ 镜头类型：用来选择镜头光晕的类型，共4种类型，包括"50-300毫米变焦""35毫米聚焦""105毫米聚焦"和"电影镜头"。

实例115	使用"分层云彩"滤镜制作云雾
文件路径	第7章\使用"分层云彩"滤镜制作云雾
难易指数	★★★★★
技术掌握	● "分层云彩"滤镜 ● "云彩"滤镜 ● 图层蒙版

扫码深度学习

操作思路

"分层云彩"滤镜可以将云彩数据与现有的像素以"差值"方式进行混合。首次应用该滤镜时，图像的某些部分会被反相成云彩图案。本案例就是使用"分层云彩"滤镜为图像制作云雾效果。

案例效果

案例对比效果如图7-189和图7-190所示。

图7-189

图7-190

操作步骤

01 执行菜单"文件>打开"命令,打开素材"1.jpg",如图7-191所示。

图7-191

02 单击"图层"面板底部的"新建图层"按钮,新建一个图层。然后在工具栏中将前景色设置为黑色,"背景色"设置为白色。接着执行菜单"滤镜>渲染>云彩"命令,效果如图7-192所示。

图7-192

03 设置该图层混合模式为"滤色",如图7-193所示。此时画面中呈现出云彩环绕的效果,如图7-194所示。

图7-193

图7-194

04 单击"图层"面板底部的"添加图层蒙版"按钮,为该图层添加图层蒙版。选择工具箱中的画笔工具,设置大小适中的柔角画笔。将前景色设置为黑色,在图层蒙版中使用黑色的柔角画笔在奶牛身体处涂抹,蒙版效果如图7-195所示。最终画面效果如图7-196所示。

图7-195

图7-196

实例116	使用"添加杂色"滤镜制作飘雪效果
文件路径	第7章\使用"添加杂色"滤镜制作飘雪效果
难易指数	★★★★★
技术掌握	● "添加杂色"滤镜 ● "动感模糊"滤镜 ● 矩形选框工具

扫码深度学习

操作思路

"添加杂色"滤镜可以在画面中添加细小的杂色颗粒,常用来制作复古、怀旧的画面效果。本案例就是使用"添加杂色"滤镜为照片制作具有飘雪的艺术效果。

案例效果

案例对比效果如图7-197和图7-198所示。

图7-197

图7-198

操作步骤

01 执行菜单"文件>打开"命令,打开雪景素材"1.jpg",如图7-199所示。

图7-199

02 单击"图层"面板底部的"创建新图层"按钮,添加新图层,并将前景色设置为黑色,使用前景色(填充快捷键为Alt+Delete)进行填充,此时画面效果为黑色。接着执行菜单"滤镜>杂色>添加杂色"命令,在弹出的"添加杂色"对话框中设置"数量"为35%,"分布"为"高斯分布",并选中"单色"单选按钮,设置完成后,单击"确定"按钮,如图7-200所示。此时画面效果如图7-201所示。

图7-200 图7-201

> 数量：用来设置添加到图像中的杂点的数量。

> 分布：选择"平均分布"选项，可以随机向图像中添加杂点，杂点效果比较柔和；选择"高斯分布"选项，可以沿一条曲线分布杂色的颜色值，以获得斑点状的杂点效果。

> 单色：勾选该复选框以后，杂点只影响原有像素的亮度，并且像素的颜色不会发生改变。

03 在"图层"面板中设置该图层的混合模式为"滤色"，如图7-202所示。此时的白色颗粒有些太小，效果如图7-203所示。

图7-202 图7-203

04 接下来增加雪花大小。选择工具箱中的 ▦（矩形选框工具），将光标移到画面中，绘制一个合适的矩形选区，如图7-204所示。使用Ctrl+J快捷键得到新图层，同样设置图层的混合模式为"滤色"，隐藏"图层1"。接着选择复制的图层，使用Ctrl+T快捷键进行自由变换，将其大小覆盖整个画面，如图7-205所示。然后按Enter键确定执行此操作。

实例117	使用"添加杂色"滤镜制作老电影效果
文件路径	第7章\使用"添加杂色"滤镜制作老电影效果
难易指数	★★★★★
技术掌握	● "添加杂色"滤镜 ● "黑白"命令 ● 文字工具

扫码深度学习

操作思路

本案例主要使用"添加杂色"滤镜为照片添加做旧的颗粒感，并通过调色将照片制作成老电影风格的艺术效果。

案例效果

案例对比效果如图7-208和图7-209所示。

图7-204 图7-205

05 执行菜单"滤镜>模糊>动感模糊"命令，在弹出的"动感模糊"面板中设置"角度"为30度、"距离"为10像素，设置完成后，单击"确定"按钮，如图7-206所示。得到雪花飘落的运动感，最终效果如图7-207所示。

图7-206 图7-207

图7-208

图7-209

01 执行菜单"文件>新建"命令，新建一个"宽度"为1200像素、"高度"为777像素、"分辨率"为300像素/英寸的文档，如图7-210所示。在工具箱中将前景色设置为黑色，使用前景色（填充快捷键为Alt+Delete）进行填充，效果如图7-211所示。

图7-210

图7-211

02 执行菜单"文件>置入嵌入的智能对象"命令，置入风景素材"1.jpg"，如图7-212所示。然后按Enter键确定置入此操作。接着选择该图层并右击，执行"栅格化图层"命令，将其转换为普通图层，如图7-213所示。

图7-212

图7-213

03 由于照片尺寸过大，所以选择工具箱中的 ▣（矩形选框工具），然后使用鼠标左键在画面中间部分进行拖曳，绘制选区，如图7-214所示。使用Ctrl+Shift+I快捷键将选区反选，按Delete键将选区删除，如图7-215所示。

图7-214

图7-215

04 接着使用Ctrl+J快捷键，复制风景图层。执行菜单"滤镜>杂色>添加杂色"命令，在弹出的"添加杂色"面板中设置"数量"为8%、"分布"为"高斯分布"，并勾选"单色"复选框，设置完成后，单击"确定"按钮，如图7-216所示。此时画面呈现粗糙老旧感，画面效果如图7-217所示。

图7-216

图7-217

05 继续调整画面效果。执行菜单"图层>新建调整图层>黑白"命令，在弹出的"新建图层"对话框中单击"确定"按钮。接着在"黑白"面板中勾选"色调"复选框，设置"颜色"为淡淡的卡其色、"红色"为40、"黄色"为60、"绿色"为40、"青色"为60、"蓝色"为20、"洋红色"为80，如图7-218所示。此时画面效果如图7-219所示。

图7-218

图7-219

07 单击"图层"面板底部的"创建新图层"按钮，添加新图层。接着选择工具箱中的（直线工具），在选项栏中设置绘制模式为"像素"，然后将前景色设置为白色，接着按住Shift键在画面中照片位置绘制距离不等的直线，呈现出年代感，如图7-222所示。选择工具箱中的 T.（横排文字工具），在选项栏中设置合适的字体、字号，颜色为白色，在画面的底部输入文字作为字幕。最终效果如图7-223所示。

06 可以看出此时画面对比度弱且灰度较高。执行菜单"图层>新建调整图层>曲线"命令，在"属性"面板的曲线上添加两个控制点并将其调整为S形状，如图7-220所示。此时画面效果如图7-221所示。

图7-220

图7-221

图7-222

图7-223

艺境 / 第7章 滤镜

实战228例

Photoshop

163

第**8**章

图层混合与样式

本章概述　本章介绍了几种常用于制作特殊效果的功能，使用图层混合模式不仅可以制作多个图层内容重叠混合的效果，还可以对图像进行调色。使用图层样式则可以为图层中的内容模拟阴影、发光、描边、浮雕等的特殊效果。

本章重点
- ◆ 设置图层不透明度与混合模式
- ◆ 图层样式的综合使用

/ 佳 / 作 / 欣 / 赏 /

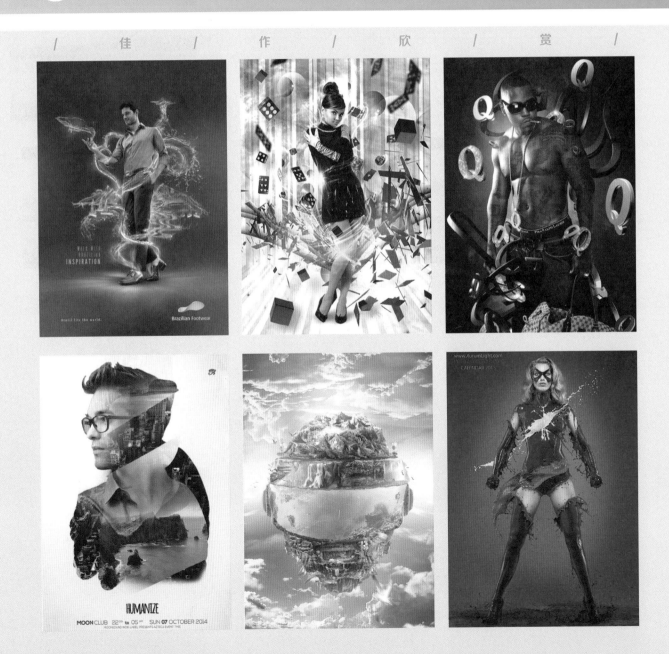

8.1 不透明度与混合模式

在"图层"面板中可以对图层的不透明度与混合模式进行设置。"不透明度"是用来设置图层半透明的效果。"混合模式"则是一个图层与其下方图层的色彩叠加方式。图层的不透明度与混合模式被广泛应用在Photoshop中，在很多工具的选项栏中、"图层样式"对话框中都能够看到。

实例118　服装印花

文件路径	第8章\服装印花
难易指数	★★★★★
技术掌握	混合模式

扫码深度学习

操作思路

所谓的"混合模式"就是指一个图层与其下方图层的色彩叠加方式。默认情况下图层的混合模式为"正常"，当更改混合模式后会产生类似半透明或者色彩改变的效果。虽然改变了图像的显示效果，但是不会对图层本身内容造成实质性的破坏。本案例使用"混合模式"将纯色服装印花。

案例效果

案例对比效果如图8-1和图8-2所示。

图8-1

图8-2

操作步骤

01 执行菜单"文件>打开"命令，打开素材"1.jpg"，如图8-3所示。

图8-3

02 执行菜单"文件＞置入嵌入的智能对象"命令，然后将小熊素材"2.png"置入到文档中，如图8-4所示。按Enter键确定变换操作。在"图层"面板中选择该图层，右击，选择"栅格化图层"，将该图层转换为普通图层，如图8-5所示。

图8-4

图8-5

03 在"图层"面板中单击选择小熊素材图层，然后设置图层的混合模式为"正片叠底"，如图8-6所示。完成效果如图8-7所示。

图8-6

图8-7

要点速查：详解混合模式

> 正常：默认的混合模式，当前图层不会与下方图层产生任何混合效果，图层的"不透明度"为100%，完全遮盖下面的图像，如图8-8所示。

图8-8

> 溶解：当图层为半透明时，选择该选项则可以创建像素点状效果。图8-9所示为"不透明度"为50%时的溶解效果。

图8-9

> 变暗：两个图层中较暗的颜色将作为混合的颜色保留，比混合色亮的像素将被替换，而比混合色暗的像素保持不变，如图8-10所示。

> 正片叠底：任何颜色与黑色混合产生黑色，任何颜色与白色混合保持不变，如图8-11所示。

图8-10　　　　　　　　　　　图8-11

> 颜色加深：通过增加上下层图像之间的对比度来使像素变暗，与白色混合后不产生变化，如图8-12所示。
> 线性加深：通过减小亮度使像素变暗，与白色混合不产生变化，如图8-13所示。

图8-12　　　　　　　　　　　图8-13

> 深色：通过比较两个图像所有通道数值的总和，然后显示数值较小的颜色，如图8-14所示。
> 变亮：使上方图层的暗调区域变为透明，通过下方的较亮区域使图像更亮，如图8-15所示。

图8-14　　　　　　　　　　　图8-15

> 滤色：与黑色混合时颜色保持不变，与白色混合时产生白色，如图8-16所示。
> 颜色减淡：通过减小上下层图像之间的对比度来提亮底层图像的像素，如图8-17所示。

图8-16　　　　　　　　　　　图8-17

> 线性减淡（添加）：根据每一个颜色通道的颜色信息，加亮所有通道的基色，并通过降低其他颜色的亮度来反映混合颜色，此模式对黑色无效，如图8-18所示。

图8-18

> 浅色：该选项与“深色”选项的效果相反。此选项可根据图像的饱和度，用上方图层中的颜色直接覆盖下方图层中的高光区域颜色，如图8-19所示。

图8-19

> 叠加：图像的最终效果取决于下方图层，上方图层的高光区域和暗调将不变，只是混合了中间调，如图8-20所示。

图8-20

> 柔光：使颜色变亮或变暗让图像具有非常柔和的效果。亮于中性灰底的区域将更亮，暗于中性灰底的区域将更暗，如图8-21所示。

图8-21

➢ 强光：此选项和"柔光"选项的效果类似，但其程序远远大于"柔光"效果，适用于图像增加强光照射效果。如果上层图像比50%灰色亮，则图像变亮；如果上层图像比50%灰色暗，则图像变暗，如图8-22所示。

➢ 亮光：通过增加或减小对比度来加深或减淡颜色，具体取决于上层图像的颜色。如果上层图像比50%灰色亮，则图像变亮；如果上层图像比50%灰色暗，则图像变暗，如图8-23所示。

| 图8-22 | 图8-23 |

➢ 线性光：通过减小或增加亮度来加深或减淡颜色，具体取决于上层图像的颜色。如果上层图像比50%灰色亮，则图像变亮；如果上层图像比50%灰色暗，则图像变暗，如图8-24所示。

➢ 点光：根据上层图像的颜色来替换颜色。如果上层图像比50%灰色亮，则替换比较暗的像素；如果上层图像比50%灰色暗，则替换较亮的像素，如图8-25所示。

| 图8-24 | 图8-25 |

➢ 实色混合：将上层图像的RGB通道值添加到底层图像的RGB值。如果上层图像比50%灰色亮，则使底层图像变亮；如果上层图像比50%灰色暗，则使底层图像变暗，如图8-26所示。

➢ 差值：上方图层的亮区将下方图层的颜色进行反相，暗区则将颜色正常显示出来，效果与原图像是完全相反的颜色，如图8-27所示。

| 图8-26 | 图8-27 |

➢ 排除：创建一种与"差值"模式相似，但对比度更低的混合效果，如图8-28所示。

➢ 减去：从目标通道中相应的像素上减去源通道中的像素值，如图8-29所示。

图8-28

图8-29

➢ 划分：比较每个通道中的颜色信息，然后从底层图像中划分上层图像，如图8-30所示。

图8-30

➢ 色相：使用底层图像的明亮度和饱和度以及上层图像的色相来创建结果色，如图8-31所示。

图8-31

➢ 饱和度：使用底层图像的明亮度和色相以及上层图像的饱和度来创建结果色。在饱和度为0的灰度区域应用该模式不会产生任何变化，如

图8-32所示。

图8-32

➢ 颜色：使用底层图像的明亮度以及上层图像的色相和饱和度来创建结果色，这样可以保留图像中的灰阶，对于为单色图像上色或给彩色图像着色非常有用，如图8-33所示。

图8-33

➢ 明度：使用底层图像的色相和饱和度以及上层图像的明亮度来创建结果色，如图8-34所示。

图8-34

实例119 二次曝光

文件路径	第8章\二次曝光
难易指数	★★★★★
技术掌握	● 混合模式 ● 水平翻转

🔍 扫码深度学习

💡 操作思路

本案例使用混合模式将两张照片合为一张，制作具有二次曝光的艺术效果。

🖱 案例效果

案例对比效果如图8-35和图8-36所示。

图8-35

图8-36

🎤 操作步骤

01 执行菜单"文件>打开"命令，打开素材"1.jpg"，如图8-37所示。

图8-37

02 执行菜单"文件>置入嵌入的智能对象"命令，将素材"2.jpg"置入到文档中，将光标定位到界定框的控制点上方，按住Shift键的同时拖曳控制点将图片等比放大，如图8-38所示。最后按Enter键确定变换操作，如图8-39所示。然后在"图层"面板中选择该图层，右击，执行"栅格化图层"命令，将该图层转换为普通图层。

图8-38

图8-39

03 接下来将人物素材进行水平翻转。执行菜单"编辑>变换>水平翻转"命令，将人物的方向进行变换，效果如图8-40所示。

图8-40

04 在"图层"面板中单击选择人物素材图层，设置该图层的混合模式为"滤色"，如图8-41所示。效果如图8-42所示。

图8-41

图8-42

图8-44

实例120	舞台灯光
文件路径	第8章\舞台灯光
难易指数	★★★★☆
技术掌握	● 混合模式 ● 图层蒙版

🔍扫码深度学习

💡 操作思路

　　本案例使用不同的混合模式将各种颜色混合到画面中，使照片产生"舞台灯光"的视觉效果。

🖱 案例效果

　　案例对比效果如图8-43和图8-44所示。

图8-43

🎙 操作步骤

⚪1 执行菜单"文件>打开"命令，打开素材"1.jpg"，如图8-45所示。

图8-45

⚪2 为人物素材添加红色的舞台灯光效果。新建一个图层，然后在工具箱中选择 ✔（画笔工具），在画笔选取器中设置"大小"为1000像素、"硬度"为0的一个柔角画笔笔尖。接着将前景色设置为红色，如图8-46所示。然后按住鼠标左键，在人物素材的右侧进行涂抹，画面效果如图8-47所示。

图8-46

图8-47

⚪3 接着在"图层"面板中设置该图层的混合模式为"正片叠底"，如图8-48所示。此时画面效果如图8-49所示。

图8-48

图8-49

⚪4 接着新建一个图层，使用同样的方法，将前景色设置为紫色，然后在人物左侧进行绘制，如图8-50所示。设置该图层的混合模式为"颜色减淡"，效果如图8-51所示。

图8-50

图8-51

Photoshop

05 按Shift键选中设置混合模式的两个图层，然后单击"图层"面板下方的"创建新组"按钮 □，将这两个图层进行编组，如图8-52所示。

图8-52

06 接着单击该图层组，执行菜单"窗口>通道"命令，打开"通道"面板，然后选择"蓝"通道，接着单击面板底部的"将通道作为选区载入"按钮 ○，得到"蓝"通道的选区，如图8-53所示。选区范围如图8-54所示。

图8-53

图8-54

07 接着使用Ctrl+Shift+I快捷键将选区反选，如图8-55所示。然后返回到"图层"面板，选择图层组，单击"图层"面板底部的"添加图层蒙版"按钮 □，为该图层组添加图层蒙版，如图8-56所示。

图8-55

图8-56

08 最终画面效果如图8-57所示。

图8-57

实例121	使用混合模式调色
文件路径	第8章\使用混合模式调色
难易指数	★★★★★
技术掌握	混合模式

扫码深度学习

操作思路

　　本案例主要使用了"柔光"混合模式将照片的黑白效果混合到画面中，增强画面对比度。并利用混合模式将纯色图层混合到画面中，使画面产生风格化色感。

案例效果

　　案例对比效果如图8-58和图8-59所示。

图8-58

图8-59

操作步骤

01 执行菜单"文件>打开"命令，打开素材"1.jpg"，如图8-60所示。

图8-60

02 然后使用Ctrl+J快捷键复制"背景"图层，接着执行菜单"图像>调整>去色"命令，使复制出的图层画面变成黑白色系的图片，如图8-61所示。

图8-61

03 选择复制的图层，并将该图层的混合模式设置为"柔光"，如图8-62所示。此时画面对比度被增强，如图8-63所示。

图8-62

图8-63

04 接下来为画面添加棕色效果。新建一个图层，设置前景色为棕色，然后使用Alt+Delete快捷键将新建图层的前景色添加为棕色，如图8-64所示。

图8-64

05 在"图层"面板中设置图层混合模式为"柔光"，如图8-65所示。此时画面效果如图8-66所示。

图8-65

图8-66

06 接下来为画面设置暗角。执行菜单"图层>新建调整图层>曲线"命令，在弹出的"新建图层"对话框中单击"确定"按钮。接着在弹出的"属性"面板中的曲线上单击添加控制点，并向下拖曳，如图8-67所示。此时画面效果如图8-68所示。

图8-67

图8-68

07 选择工具箱中的 ✎ （画笔工具），设置"大小"为500像素、"硬度"为20%，选择一个柔角画笔笔尖。将前景色设置为黑色。在"图层"面板中单击"曲线"图层中的图层蒙版缩览图，按住鼠标左键在画面中心位置进行涂抹（除了4个边角的位置），如图8-69所示。最终效果如图8-70所示。

图8-69

图8-70

实例122　使用混合模式制作水珠效果

文件路径	第8章\使用混合模式制作水珠效果
难易指数	⭐⭐⭐⭐⭐
技术掌握	● 混合模式 ● 图层蒙版

🔍扫码深度学习

操作思路

　　本案例使用了"混合模式"将水珠素材和光效素材混合到酒瓶上，并借助"图层蒙版"隐藏多余的部分。

案例效果

　　案例对比效果如图8-71和图8-72所示。

图8-71

图8-72

中文版Photoshop数码照片处理全视频 实战228例

🎙️ **操作步骤**

01 执行菜单"文件>打开"命令，打开素材"1.jpg"，如图8-73所示。

图8-73

02 执行菜单"文件 > 置入嵌入的智能对象"命令，将水珠素材"2.jpg"置入到文档中，按Enter键确定置入操作，如图8-74所示。在该图层上方右击，执行"栅格化图层"命令，将该图层转换为普通图层，如图8-75所示。

图8-74

图8-75

03 选择水珠图层，执行菜单"图像>调整>去色"命令，使画面变成黑白效果，效果如图8-76所示。

图8-76

04 在"图层"面板中设置图层混合模式为"叠加"，如图8-77所示。效果如图8-78所示。

图8-77

图8-78

05 选择水珠素材图层，然后单击"图层"面板底部的"添加图层蒙版"按钮 ▢，为该图层添加图层蒙版，如图8-79所示。选择工具箱中的 ✎（画笔工具），设置"大小"为40像素、"硬度"为20%，选择一个柔角画笔笔尖，然后设置前景色为黑色，如图8-80所示。

图8-79

图8-80

06 单击图层蒙版缩览图，然后在画面中对多余的部分进行涂抹，将超出瓶子位置的水珠素材进行隐藏，如图8-81所示。涂抹完成后效果如图8-82所示。

图8-81

Photoshop

图8-82

07 使用同样的方法制作其他瓶子的水珠效果，如图8-83所示。

图8-83

08 置入素材"3.jpg"，然后按Enter键确定置入操作，并将其栅格化，如图8-84所示。在"图层"面板中设置该图层的混合模式为"滤色"，最终效果如图8-85所示。

图8-84

图8-85

实例123　使用混合模式制作朦胧多彩效果

文件路径	第8章\使用混合模式制作朦胧多彩效果
难易指数	★★★★★
技术掌握	混合模式

🔍 扫码深度学习

💡 操作思路

本案例使用"混合模式"将带有不同颜色的图层混合到画面中，为照片制作具有朦胧多彩的艺术效果。

🗂 案例效果

案例对比效果如图8-86和图8-87所示。

图8-86

图8-87

🎤 操作步骤

01 执行菜单"文件>打开"命令，打开素材"1.jpg"，如图8-88所示。

图8-88

02 新建一个图层，选择工具箱中的 ✎.（画笔工具），设置画笔"大小"为1000像素、"硬度"为17%的柔角画笔笔尖，将"不透明度"设置为40%，然后将前景色为深粉色，如图8-89所示。接着在画面的左侧进行涂抹，如图8-90所示。

图8-89

图8-90

03 使用同样的方法，涂抹蓝色和绿色，效果如图8-91所示。

图8-91

04 在"图层"面板中设置图层的混合模式为"滤色"，如图8-92所示。最终效果如图8-93所示。

图8-92

图8-93

实例124　杯中风景

文件路径	第8章 \ 杯中风景
难易指数	
技术掌握	● 混合模式 ● 图层蒙版

扫码深度学习

操作思路

本案例使用"混合模式"将风景素材融合到杯子中，并利用"图层蒙版"将多余部分隐藏，制作杯中风景。

案例效果

案例对比效果如图8-94和图8-95所示。

图8-94

图8-95

操作步骤

01 执行菜单"文件>打开"命令，打开素材"1.jpg"，如图8-96所示。

图8-96

02 执行菜单"文件 > 置入嵌入的智能对象"命令，然后将素材"2.jpg"置入到文档中，将光标定位到界定框的控制点上方，按住Shift键的同时拖曳控制点将图片等比放大，如图8-97所示。最后按Enter键确定变换操作，如图8-98所示。将风景素材的图层栅格化。在"图层"面板中选择该图层，右击，选择"栅格化图层"，将该图层转换为普通图层。

图8-97

图8-98

03 对风景图层设置混合模式。在"图层"面板中单击选择风景图层，然后设置图层的混合模式为"叠加"，如图8-99所示。此时画面效果如图8-100所示。

图8-99

图8-100

04 接下来去掉风景图层的多余部分。选择风景图层，单击"图层"面板底部的"添加图层蒙版"按钮 ◻，为该图层添加图层蒙版，如图8-101所示。在工具箱中选择画笔工具，设置画笔"大小"为200像素、"硬度"为0的柔角画笔笔尖，如图8-102所示。

图8-101

图8-102

05 设置前景色为黑色，在杯子以外的风景部分进行涂抹，随着涂抹可以看到风景被图层蒙版隐藏了，如图8-103所示。继续进行在杯子以外

名师课堂 中文版Photoshop数码照片处理全视频 实战228例

Photoshop

174

的位置进行涂抹，将多余的风景进行隐藏，效果如图8-104所示。

图8-103

图8-104

06 最终画面效果如图8-105所示。

图8-105

💡 操作思路

　　本案例主要使用钢笔工具绘制彩色的几何图形，然后使用"混合模式"将几何图形混合到画面中，制作双色版式。

🖐 案例效果

　　案例对比效果如图8-106和图8-107所示。

图8-106

图8-107

🎤 操作步骤

01 执行菜单"文件>打开"命令，打开素材"1.jpg"，如图8-108所示。

图8-108

02 将图片调整为单色。执行菜单"图层>新建调整图层>黑白"命令，在弹出的"新建图层"对话框中，单击"确定"按钮，将图片设置为单色，在这里使用默认参数即可，如图8-109所示。画面效果如图8-110所示。

图8-109

图8-110

03 选择工具箱中的 ∅.（钢笔工具），在选项栏中设置绘制模式为"形状"、"填充"为紫色、"描边"为无，接着在画面的左侧绘制一个四边形，如图8-111所示。在"图层"面板中选择该图层，右击，执行"栅格化图层"命令，将该图层转换为普通图层，如图8-112所示。

图8-111

图8-112

04 接下来为四边形设置混合模式。选择四边形图层，在"图层"面板中设置混合模式为"正片叠底"，如图8-113所示。此时画面效果如图8-114所示。

图8-113

图8-114

05 选择紫色图形的图层，使用Ctrl+J快捷键复制四边形，然后执行"编辑>变换>水平翻转"命令，将复制的四边形进行水平翻转，接着将四边形摆放到画面右侧的合适位置，效果如图8-115所示。

图8-115

06 在工具箱中选择钢笔工具，在选项栏中设置绘制模式为"形状"、"填充"为橘黄色、"描边"为无，在画面的上方绘制一个三角形，如图8-116所示，然后将其栅格化。

图8-116

07 在"图层"面板中设置三角形的混合模式为"正片叠底"，如图8-117所示。效果如图8-118所示。

图8-117

图8-118

08 在图片的最上方添加文字。选择工具箱中的 T.（横排文字工具），在选项栏中设置合适的字体、字号，文字颜色为白色，在画面中橘黄色三角形的上部单击插入光标，接着输入文字，如图8-119所示。使用相同的方法，在画面其他位置输入其他文字，最终效果如图8-120所示。

图8-119

图8-120

实例126 粉嫩肤色

文件路径	第8章\粉嫩肤色
难易指数	★★★★★
技术掌握	混合模式

扫码深度学习

操作思路

本案例使用"混合模式"为人像改变肤色并为照片添加粉嫩的花朵元素。

案例效果

案例对比效果如图8-121和图8-122所示。

图8-121

图8-122

操作步骤

01 执行菜单"文件>打开"命令，打开素材"1.jpg"，如图8-123所示。

图8-123

02 将画面调整为粉色调。单击"图层"面板底部的"创建新图层"按钮 ，新建一个图层，设置前景色为淡粉色，然后使用Alt+Delete快捷键为新建图层填充颜色，如图8-124所示。

图8-124

03 接着在"图层"面板中单击选择新建的图层，设置图层的混合模

式为"柔光"，如图8-125所示。此时画面效果如图8-126所示。

图8-125

图8-126

04 接下来对人物进行调色。执行菜单"图层>新建调整图层>曲线"命令，在弹出的"新建图层"对话框中单击"确定"按钮。接着在弹出的"属性"面板中的在曲线上单击添加控制点，并进行拖曳，提高画面的亮度，如图8-127所示。效果如图8-128所示。

图8-127

图8-128

05 接着单击曲线图层的蒙版缩览图，在工具箱中选择 （画笔工具），设置画笔的"大小"为200像素、"硬度"为0的一个柔角画笔笔尖，然后将前景色设置为黑色，如图8-129所示。接着在人物的皮肤位置进行涂抹，随着涂抹可以看到人物皮肤的位置颜色逐渐还原，画面效果如图8-130所示。

图8-129

图8-130

06 执行菜单"文件>置入嵌入的智能对象"命令，然后将素材"2.png"置入到文档中，按Enter键确定置入操作，如图8-131所示。在"图层"面板中选择该图层，右击，选择"栅格化图层"命令，将该图层转换为普通图层，如图8-132所示。

图8-131

图8-132

07 在"图层"面板中单击选择花朵图层,然后设置图层的混合模式为"正片叠底",如图8-133所示。最终画面效果如图8-134所示。

图8-133

图8-134

实例127 奇幻森林

文件路径	第8章\奇幻森林
难易指数	★★★★★
技术掌握	混合模式

🔍扫码深度学习

💡操作思路

本案例使用"混合模式"将纯色图层混合到画面中,并配合调色命令的使用制作奇幻效果的照片。

🖱案例效果

案例对比效果如图8-135和图8-136所示。

图8-135

图8-136

🎙操作步骤

01 执行菜单"文件>打开"命令,打开素材"1.jpg",如图8-137所示。新建一个图层,设置前景色为棕色,然后使用前景色(填充快捷键为

Alt+Delete)进行填充,效果如图8-138所示。

图8-137

图8-138

02 然后在"图层"面板中设置图层的混合模式为"色相",如图8-139所示。效果如图8-140所示。

图8-139

图8-140

03 接下来增加画面明暗的对比度。执行菜单"图层>新建调整图层>曲线"命令,在弹出的"新建图层"对话框中单击"确定"按钮。接着在弹出的"属性"面板中设置通道为RGB,接着在曲线上单击添加控制

点，并进行拖曳增加画面明暗的对比度，将曲线形状调整为S形状，如图8-141所示。此时画面效果如图8-142所示。

图8-141

图8-142

04 接下来为画面增加蓝色效果。在"属性"面板中设置通道为"蓝"，接着在曲线上单击添加控制点，并向上拖曳，此时曲线形状如图8-143所示。此时画面效果如图8-144所示。

图8-143

图8-144

05 接下来为画面添加艺术字。执行菜单"文件 > 置入嵌入的智能对象"命令，将素材"2.png"置入到文档中，按Enter键确定置入操作。最终效果如图8-145所示。

图8-145

实例128 喷火的猎豹

文件路径	第8章\喷火的猎豹
难易指数	★★★★★
技术掌握	混合模式

操作思路

本案例使用混合模式将火焰素材混合到画面中，制作猎豹口中喷火的效果。

案例效果

案例效果如图8-146所示。

图8-146

操作步骤

01 执行菜单"文件>新建"命令，在弹出的"新建文档"对话框中设置"宽度"为3508像素、"高度"为2480像素、"方向"为横向、"分辨率"为300像素/英寸，"颜色模式"为RGB，设置完成后，单击"创建"按钮，如图8-147所示。

图8-147

02 在工具箱中选择渐变工具，单击选项栏中的渐变色条，在弹出的"渐变编辑器"对话框中编辑一个由深蓝色到黑色的渐变颜色，然后单击"确定"按钮，完成编辑操作。在选项栏中设置渐变模式为"径向渐变"，如图8-148所示。在"背景"图层上按住鼠标左键拖曳进行填充，释放鼠标，渐变效果如图8-149所示。

图8-148

图8-149

图8-152

图8-153

03 执行菜单"文件 > 置入嵌入的智能对象"命令，将猎豹素材"1.jpg"置入到文档中，按Enter键确定置入操作。接着将猎豹素材摆放在画面的左侧，如图8-150所示。然后在该图层上方右击，执行"栅格化图层"命令，将智能图层转换为普通图层，如图8-151所示。

05 单击"确定"按钮，得到选区，如图8-154所示。接着在"图层"面板中选择猎豹素材的图层，然后单击"图层"面板底部的"添加图层蒙版"按钮 □ ，为该图层添加图层蒙版，效果如图8-155所示。

图8-150

图 8-154

图 8-155

06 接下来增强画面颜色的对比度。执行菜单"图层>新建调整图层>曲线"命令，在弹出的"新建图层"对话框中单击"确定"按钮。接着在弹出的"属性"面板中的曲线上单击添加控制点进行拖曳，曲线形状如图8-156所示。此时画面效果如图8-157所示。

图8-151

图8-156

图8-157

04 选择工具箱中的 ☑（快速选择工具），在猎豹素材上按住鼠标左键并进行拖曳，从而得到猎豹的选区，如图8-152所示。接着单击选项栏中的"选择并遮住"按钮，使用"调整边缘画笔" ☑ 涂抹猎豹边缘，细化选区，如图8-153所示。

07 执行菜单"文件 > 置入嵌入的智能对象"命令，将火焰素材"2.jpg"置入到文档中，按Enter键确定置入操作，然后将该图层栅格化，效果如图8-158所示。

图8-158

08 接着在"图层"面板中设置该图层的混合模式为"滤色"。如图8-159所示。设置完成后,最终效果如图8-160所示。

图8-159

图8-160

"图层样式"是一种为图层内容模拟特殊效果的功能。图层样式的使用方法十分简单,可以为普通图层、文本图层和形状图层应用图层样式。为图层添加图层样式具有快速、精准和可编辑的优势,所以在设计中图层样式是非常常用的功能之一。例如,制作带有描边的文字、水晶按钮、凸起等效果时,都会用到图层样式。

实例129	使用图层样式制作质感文字
文件路径	第8章\使用图层样式制作质感文字
难易指数	★★★★★
技术掌握	图层样式

扫码深度学习

操作思路

虽然不同的图层样式效果不同,

但是添加与编辑图层样式的方法却是相同的。本案例使用"图层样式"制作质感文字。

案例效果

案例效果如图8-161所示。

图8-161

操作步骤

01 执行菜单"文件>打开"命令,打开素材"1.jpg",如图8-162所示。

图8-162

02 在工具箱中选择 T.(横排文字工具)设置合适的字体、字号,文字颜色为蓝色,然后在画面中单击鼠标左键插入光标,输入文字,如图8-163所示。

图8-163

03 接下来为文字添加图层样式。选择文字图层,执行菜单"图

层>图层样式>内发光"命令,在弹出的"图层样式"对话框中设置图层混合模式为"滤色"、"不透明度"为75%、发光颜色为黄色,设置"方法"为"柔和"、"源"为"边缘"、"阻塞"为0,"大小"为32像素、"等高线"为"线性"、"范围"为50%、"抖动"为0,如图8-164所示。然后勾选"预览"复选框查看预览效果,此时画面效果如图8-165所示。

图8-164

图8-165

04 接着在"图层样式"对话框左侧列表框中勾选"渐变叠加"复选框,设置"混合模式"为"正常"、"不透明度"为100%,然后单击渐变色条,在弹出的"渐变编辑器"对话框中设置一个彩色的渐变颜色,接着设置"样式"为"线性",设置"角度"为90度,"缩放"为100%,如图8-166所示。然后勾选"预览"复选框查看预览效果,如图8-167所示。

图8-166

图8-167

05 在"图层样式"对话框的左侧的列表框勾选"外发光"复选框，设置"混合模式"为"正常"、"不透明度"为75%，发光颜色为紫色、"方法"为"柔和"、"扩展"为0、"大小"为13像素、"等高线"为"线性"、"范围"为50%，如图8-168所示。然后勾选"预览"复选框查看预览效果，如图8-169所示。

图8-168

图8-169

06 在"图层样式"对话框的左侧列表框中勾选"投影"复选框，设置"混合模式"为"正常"、阴影颜色为紫色、"不透明度"为100%、"角度"为70度，然后勾选"使用全局光"复选框，接着设置"距离"为16像素、"扩展"为0、"大小"为0像素、"等高线"为"线性"，设置完成后，单击"确定"按钮，如图8-170所示。效果如图8-171所示。

图8-170

图8-171

07 接下来为字母E添加高光效果。在工具箱中选择 ◯.（椭圆工具），设置绘制模式为"形状"、"填充"为白色、"描边"为无，接着在字母E的上面绘制一个白色的椭圆形，如图8-172所示。然后在"图层"面板中设置"不透明度"为30%，如图8-173所示。

图8-172

图8-173

08 接着在"图层"面板中单击选择字母E的图层，按住Ctrl键单击字母图层缩览图，如图8-174所示。从而得到字母E的选区，如图8-175所示。

图8-174

图8-175

09 在"图层"面板中单击选择形状的图层，并单击"图层"面板底部的"添加图层蒙版"按钮 ◻，基于选区添加图层蒙版，如图8-176所示。效果如图8-177所示。

图8-176

图8-177

艺境 中文版Photoshop数码照片处理全视频 实战228例

Photoshop

10 接着在字母E的右侧单击鼠标左键插入光标，输入字母A，单击选项栏中的"提交当前所有操作"按钮✓，完成文字的输入，如图8-178所示。

图8-178

11 然后在"图层"面板中单击选择字母E的图层，右击执行"拷贝图层样式"命令，如图8-179所示。然后选择字母A的图层，在该图层上右击执行"粘贴图层样式"命令，如图8-180所示。

图8-179

图8-180

12 此时文字效果如图8-181所示。

图8-181

13 然后使用同样的方法，为字母A制作高光，效果如图8-182所示。接着使用同样的方法，制作另外两个字母，效果如图8-183所示。

图8-182　　　　　图8-183

14 执行菜单"文件 > 置入嵌入的智能对象"命令，然后将素材"2.jpg"置入到文档中，按Enter键确定置入操作，如图8-184所示。在"图层"面板中选择该图层，右击执行"栅格化图层"命令，将该图层转换为普通图层，如图8-185所示。

图8-184　　　　　图8-185

15 然后在"图层"面板中设置图层混合模式为"滤色"，如图8-186所示。最终效果如图8-187所示。

图8-186　　　　　图8-187

📖 要点速查：使用图层样式

01 如果想要对图层已有的"图层样式"进行编辑，可以在"图层"面板中双击该样式的名称，如图8-188所示。即可弹出"图层样式"对话框，然后对图层样式进行编辑，如图8-189所示。

图8-188　　　　　图8-189

02 如果要删除某个图层中的所有样式，在"图层"面板中选择图层，然后执行菜单"图层>图层样式>清除图层样式"命令。或者将 fx 图标拖曳到"删除"按钮 🗑 上，即可删除图层样式。如图8-190所示。

图8-190

03 "栅格化图层样式"可以将图层样式的效果应用到该图层的原始内容中，栅格化后的图层样式就不能再次编辑更改图层样式。在想要栅格化的图层名称上右击，在弹出的快捷菜单中选择"栅格化图层样式"命令，如图8-191所示。接着该图层就会变为普通图层，如图8-192所示。

图8-191

图8-192

04 当文档中包括多个带有相同图层样式的对象，则可以通过复制并粘贴图层样式的方法进行制作。在想要复制图层样式的图层名称上右击，在弹出的快捷菜单中选择"拷贝图层样式"命令，如图8-193所示。接着右击目标图层，执行"粘贴图层样式"命令，如图8-194所示。即可将图层样式复制到另一个图层上。

图8-193

图8-194

实例130　使用图层样式制作多彩童年

文件路径	第8章\使用图层样式制作多彩童年
难易指数	★★★★★
技术掌握	● 图层样式 ● 钢笔工具 ● 混合模式

🔍扫码深度学习

💡 操作思路

本案例主要使用"颜色叠加"图层样式为气球进行着色，制作不同颜色的气球，丰富画面效果。

🖱 案例效果

案例效果如图8-195所示。

图8-195

🎤 操作步骤

01 执行菜单"文件>打开"命令，打开素材"1.jpg"，如图8-196所示。

图8-196

02 选择工具箱中的钢笔工具，在选项栏中设置绘制模式为"路径"，然后沿着左侧粉色气球的形状绘制路径，如图8-197所示。然后按Ctrl+Enter快捷键将路径转换为选区，如图8-198所示。

图8-197

图8-198

03 按两次Ctrl+J快捷键复制出这个气球，如图8-199所示。接着选择其中一个复制的气球图层，使用Ctrl+T快捷键调出界定框，将光标定位到界定框的控制点上方，按住Shift键拖曳控制点将气球等比例缩小，如图8-200所示。最后按Enter键确定变形操作。

图8-199

图8-200

04 执行菜单"图层>图层样式>颜色叠加"命令，在弹出的"图层样式"对话框中设置"混合模式"为"叠加"、叠加颜色为黄色，单击"确定"按钮，如图8-201所示。效果如图8-202所示。

图8-201

图8-202

05 选择另一个复制的粉气球，并将其调整到合适的大小和位置，如图8-203所示。

图8-203

06 选择该图层，为该图层设置图层样式。执行菜单"图层>图层样式>颜色叠加"命令，在弹出的"图层样式"对话框中设置"混合模式"为"颜色"、叠加颜色为青色、"不透明度"为83%，如图8-204所示。设置完成后，单击"确定"按钮，效果如图8-205所示。

图8-204

图8-205

07 用同样的方法制作其他气球，最终效果如图8-206所示。

图8-206

实例131　载入样式快速制作黄金文字

文件路径	第8章\载入样式快速制作黄金文字
难易指数	★★★★★
技术掌握	● 预设管理器 ● 样式的使用

🔍 扫码深度学习

操作思路

本案例通过使用"预设管理器"载入外挂的样式素材，并使用新载入的样式快速为文字添加黄金的效果。

案例效果

案例效果如图8-207所示。

图8-207

操作步骤

01 执行菜单"文件>打开"命令，打开素材"1.jpg"，如图8-208所示。

图8-208

02 在背景画面上添加文字。选择工具箱中的 T（横排文字工具），设置合适的"字体"和"字号"，文字颜色为白色，然后在画面中单击鼠标左键插入光标，输入文字，如图8-209所示。

图8-209

03 执行菜单"编辑>预设>预设管理器"命令，在弹出的"预设管理器"对话框中设置"预设类型"为"样式"，然后单击"载入"按钮，如图8-210所示。接着在弹出的"载入"对话框中单击选择素材"2.asl"，然后单击"载入"按钮载入样式，如图8-211所示。

图8-210

图8-211

04 此时载入的样式会在所有样式图标的最后方，然后单击"完成"按钮完成载入操作，如图8-212所示。接着执行菜单"窗口>样式"命令，在弹出的"样式"面板中单击选择刚刚载入的样式图标，如图8-213所示。

图8-212

图8-213

05 此时文字效果如图8-214所示。使用同样的方法，输入其他文字，并为其添加载入的样式，效果如图8-215所示。

图8-214

图8-215

06 执行菜单"文件>置入嵌入的智能对象"命令，将素材"3.png"置入到文档中，按Enter键确定置入操作，效果如图8-216所示。同样为该图形添加新载入的样式，最终完成效果如图8-217所示。

图8-216

图8-217

第章

文字

本章概述　在设计作品中，文字是非常常见的元素。Photoshop能够创建多种文字类型，如点文字、段落文字、区域文字、路径文字等。想要创建这些文字就需要使用到文字工具组中的横排文字工具和直排文字工具。本章主要针对文字工具以及文字的编辑操作进行练习。

本章重点
◆ 掌握文字工具的使用方法
◆ 掌握文字的编辑方法

/ 佳 / 作 / 欣 / 赏 /

9.1 使用文字工具组中的工具

在Photoshop的工具箱中可以看到文字工具按钮，右击该工具按钮，即可看到文字工具组中的4个工具：横排文字工具、直排文字工具、直排文字蒙版工具和横排文字蒙版工具。横排文字工具和直排文字工具主要用来创建实体文字，如点文字、段落文字、路径文字、区域文字。而横排文字蒙版工具和直排文字蒙版工具则是用来创建文字形状的选区。如图9-1所示。

图9-1

实例132　使用横排文字工具创建点文字

文件路径	第9章\使用横排文字工具创建点文字
难易指数	★★★★★
技术掌握	● 横排文字工具 ● 钢笔工具

⊘扫码深度学习

操作思路

T.（横排文字工具）可以用来输入横向排列的文字。而点文字是一个水平或垂直的文本行，每行文字都是独立的。行的长度随着文字的输入而不断增加，不会进行自动换行，需要手动按Enter键进行换行。本案例主要使用横排文字工具创建点文字。

案例效果

案例效果如图9-2所示。

图9-2

操作步骤

01 执行菜单"文件>新建"命令，在弹出的"新建文档"对话框中设置"宽度"为1500像素、"高度"为1500像素、"方向"为竖向、"分辨率"为300像素/英寸，设置完成后，单击"创建"按钮，如图9-3所示。

图9-3

02 执行菜单"文件>置入嵌入的智能对象"命令，将素材"1.jpg"置入到文档中，如图9-4所示。按Enter键确定置入操作，然后在该图层上右击，在弹出的快捷菜单中执行"栅格化图层"命令，将该图层转换为普通图层，如图9-5所示。

图9-4

图9-5

03 选择工具箱中的 ∅.（钢笔工具），在选项栏中设置绘制模式为"形状"、"填充"为白色、"描边"为无，然后在画面的左侧绘制一个多边形，如图9-6所示。

图9-6

04 执行菜单"文件 > 置入嵌入的智能对象"命令，将素材"2.png"置入到文档中，如图9-7所示。按Enter键确定置入操作，然后在该图层上右击，在弹出的快捷菜单中执行"栅格化图层"命令，将该图层转换为普通图层。

图9-7

提示 **创建剪贴蒙版，隐藏多余对象**
此时如果彩色图形大于后方的白色多边形，可以选择彩色图形图层，执行菜单"图层>创建剪贴蒙版"命令，将大于白色多边形的部分隐藏。

05 选择工具箱中的 T. （横排文字工具），在选项栏中设置"对齐方式"为"居中对齐"，然后单击"切换字符和段落面板"按钮，打开"字符"面板，设置合适的字体，设置文字的大小为100点，所选字符的字间距为-56，文字"颜色"为红色，如图9-8所示。设置完成后在画面中白色多边形上方单击插入光标，然后输入文字。文字输入完成后，单击选项栏中的"提交当前所有操作"按钮✓，效果如图9-9所示。

图9-8

图9-9

06 选择工具箱中的横排文字工具，在选项栏中设置"对齐方式"为"居中对齐"，然后打开"字符"面板，设置合适的字体，设置文字的大小为42点，所选字符的字间距为80，文字"颜色"为黑色，如图9-10所示。设置完成后在红色文字的下方单击插入光标，然后输入文字，效果如图9-11所示。

图9-10

图9-11

07 在文字上按住鼠标左键拖曳选中文字，如图9-12所示。在"字符"面板中设置文字"颜色"为蓝色，此时文字效果如图9-13所示。

图9-12

08 使用同样的方法将中段文字颜色设置为黄色，如图9-14所示。

图9-14

09 继续输入文字。在工具箱中选择横排文字工具，在选项栏中设置"对齐方式"为"居中对齐"，然后在"字符"面板中设置合适的字体，设置文字的大小为28点，所选字符的字间距为-49，文字"颜色"为红色，如图9-15所示。设置完成后，在彩色文字下方单击插入光标，然后输入文字，如图9-16所示。

图9-15

VIOLET'S FRUIT **SHOP**

The longest journey begins with the first step.

图9-16

10 在文字上按住鼠标左键拖曳选中文字，如图9-17所示。在"字符"面板中设置文字"颜色"为黑色，此时文字效果如图9-18所示。

ACCESS TYPE

VIOLET'S FRUIT SHOP

The longest journey begins with the first step.

图9-17

VIOLET'S FRUIT SHOP

The longest journey begins with the first step.

图9-18

11 创建段落文字。在工具箱中选择横排文字工具，然后在"字符"面板中设置合适的字体，设置文字的大小为19点，所选字符的字间距为－180，文字"颜色"为黑色，如图9-19所示。执行菜单"窗口>段落"命令，打开"段落"面板，设置段落的"对齐方式"为"最后一行左对齐"按钮■，如图9-20所示。

图9-19

图9-20

12 在画面中按住鼠标左键拖动，创建文本框，如图9-21所示。在文本框中单击鼠标左键，输入文字，如图9-22所示。

VIOLET'So FRUIT SHOP

The longest journey begins with the first step.

图9-21

VIOLET'So FRUIT SHOP

The longest journey begins with the first step.

When can we may probably often offend the people however, we must think about whether they are deserved offended. I ax looking for the missing glass-shoes who's so beautiful.

图9-22

提示 点文字和段落文字的相互转换

选择点文字，执行菜单"类型>转换为段落文字"命令，可以将点文字转换为段落文字。选择段落文字，执行菜单"类型>转换为点文本"命令，可以将段落文字转换为点文字。

13 文字输入完成后，单击选项栏中的"提交当前所有操作"按钮✓，最终完成效果如图9-23所示。

图9-23

▲ 要点速查：横排文字工具的选项

在文字选项栏中，可以对文字进行最基础参数的设置。**T**（横排文字工具）与**IT**（直排文字工具）的选项栏参数基本相同。单击工具箱中的"横排文字工具"按钮，其选项栏如图9-24所示。

图9-24

> **IT** 切换文本取向：在选项栏中单击"切换文本取向"按钮，可以将横向排列的文字更改为直向排列的文字，也可以执行菜单"类型>取向>水平/垂直"命令。图9-25所示为横排文字效果；图9-26所示为直排文字效果。

THERE ARE NO TRAILS OF THE WINGS IN THE SK

图9-25

ARE NO TRAILS OF THE WINGS IN

图9-26

> **宋体** 设置字体系列：在选项栏中单击"设置字体系列"下拉按钮，并在下拉列表中选择合适的字体。图9-27和图9-28所示为不同的字体时的效果。

THERE ARE NO TRAILS OF THE WINGS IN THE SKY, WHILE THE BIRDS HAS FLIED AWAY.

图9-27

THERE ARE NO TRAILS OF THE WINGS IN THE SKY, WHILE THE BIRDS HAS FLIED AWAY.

图9-28

> **IT 12点** 设置字体大小：输入文字后，如果要更改字体的大小，可以直接在选项栏中输入数值，也可以在下拉列表中选择预设的字体大小。若要改变部分字符的大小则需要选中需要更改的字符后进行设置。图9-29所示为设置文字大小为15点的效果；图9-30所示为设置文字大小为40点的效果。

图9-29

图9-30

> 消除锯齿：输入文字后，可以在选项栏中为文字指定一种消除锯齿的方式。选择"无"方式时，Photoshop不会应用消除锯齿；选择"锐利"方式时，文字的边缘最为锐利；选择"犀利"方式时，文字的边缘比较锐利；选择"浑厚"方式时，文字会变粗一些；选择"平滑"方式时，文字的边缘会非常平滑。

> 设置文本对齐：文本对齐方式是根据输入字符时光标的位置来设置文本对齐方式。图9-31所示为左对齐文本效果；图9-32所示为居中对齐文本效果；如图9-33所示为"右对齐文本"效果。

图9-31

> 设置文本颜色：输入文本时，文本颜色默认为前景色。首先选中文字，然后单击选项栏中的"设置文本颜色"按钮，在弹出的"拾色器（文本颜色）"对话框中设置合适的颜色，如图9-34所示。设置完成

后，单击"确定"按钮，即可为文本更改颜色，如图9-35所示。

图9-32

图9-33

图9-34

图9-35

> 创建文字变形：选中文本，单击该按钮即可在弹出的对话框中为文本设置变形效果。输入文字后，在文字工具的选项栏中单击"创建文字变形"按钮，弹出"变形文字"对话框，如图9-36所示。图9-37所示为不同的变形文字效果。

图9-36

图9-37

> 切换字符和段落面板：单击该按钮即可打开"字符"和"段落"面板。
> 取消所有当前编辑：在创建或编辑文字时，单击该按钮可以取消文字操作状态。
> 提交所有当前编辑：文字输入或编辑完成后，单击该按钮提交操作并退出文字编辑状态。

实例133 使用直排文字工具制作竖版文字

文件路径	第9章\使用直排文字工具制作竖版文字	
难易指数	★★★★★	
技术掌握	● 直排文字工具 ● 矩形选框工具	扫码深度学习

操作思路

IT（直排文字工具）可以用来输入竖向排列的文字。本案例主要使用直排文字工具制作竖版文字。

案例效果如图9-38所示。

图9-38

图9-42

01 执行菜单"文件>新建"命令，在弹出的"新建文档"对话框中设置"宽度"为3508像素、"高度"为2480像素、"方向"为横向、"分辨率"为300像素/英寸，设置完成后，单击"创建"按钮，如图9-39所示。

图9-39

图9-43

04 按住鼠标左键将素材向下拖曳，如图9-44所示，然后按Enter键确认置入操作。将风景素材图层进行栅格化，在"图层"面板中选择风景素材图层，然后右击，在弹出的快捷菜单中执行"栅格化图层"命令，如图9-45所示。

图9-44

02 选择工具箱中的▣（矩形选框工具），在画面上按住鼠标左键拖曳，绘制一个矩形选区，如图9-40所示。将前景色设置为红色，使用前景色（填充快捷键为Alt+Delete）将选区填充为红色，如图9-41所示。接着使用Ctrl+D快捷键取消选区。

图9-40

图9-41

图9-45

03 执行菜单"文件 > 置入嵌入的智能对象"命令，将素材"1.jpg"置入到文档中，如图9-42所示。接着将光标定位到界定框的控制点上方，按住Shift键将其等比缩小，如图9-43所示。

05 选择工具箱中的矩形选框工具，在风景素材中央的位置按住鼠标左键并向下拖曳，在适当的位置框选出矩形的选区，如图9-46所示。接着单击"图层"面板底部的"添加图层蒙版"按钮▪，基于选区添加图层蒙版，如图9-47所示。

图9-46

图9-47

06 此时画面效果如图9-48所示。

图9-48

07 在工具箱中选择IT（直排文字工具），在选项栏中设置对齐方式为"顶对齐文本"，然后单击"切换字符和段落面板"按钮▤，在弹出的"字符"面板中设置合适的字体，设置文字的大小为40点，字符的字间距为24，文字颜色为白色，如图9-49所示。设置完成后，在画面的右上方单击鼠标左键插入光标，输入文字，单击选项栏中的"提交当前所有操作"按钮✓，完成文字的输入，效果如图9-50所示。

图9-49

图9-50

08 选择工具箱中的直排文字工具，在"字符"面板中设置合适的字体，然后设置文字的大小为50点，字间距为24，如图9-51所示。设置完成后，在文字的左侧输入英文，如图9-52所示。

图9-51

图9-52

09 使用同样的方法输入其他文字，如图9-53所示。

图9-53

10 选择工具箱中的直排文字工具，在弹出的"字符"面板中设置合适的字体，文字的大小为10点，字间距为24，文字颜色为白色，如图9-54所示。然后执行菜单"窗口>段落"命令，打开"段落"面板，设置段落的对齐方式为"顶对齐文本"，如图9-55所示。

图9-54

图9-55

11 在画面中按住鼠标左键拖曳绘制文本框，如图9-56所示。设置完成后，在文本框中单击鼠标左键插入光标，接着输入文字，单击选项栏中的"提交当前所有操作"按钮✓，完成文字的输入，效果如图9-57所示。

图9-56

图9-57

提示 文字溢出

文本框中有无法被完全显示的文字时，这部分隐藏的字符被称为"溢出"。此时文本框右下角的控制点会变为 ⊞ 形状，拖曳控制点调整文本框大小，即可显示溢出的文字。

12 接着使用同样的方法，创建其他段落文字，如图9-58所示。

图9-58

13 新建一个图层，选择工具箱中的矩形选框工具，在适当的位置按住鼠标左键并拖曳，绘制选区，如图9-59所示。然后将前景色设置为白色，接着使用前景色（填充快捷键为Alt+Delete）为选区添加白色，如图9-60所示。

图9-59

14 接着使用同样的方法，在画面上绘制其他分割线，如图9-61所示。

图9-60

图9-61

15 新建一个图层，然后将前景色设置为白色，接着选择工具箱中的矩形选框工具，在分割线的上方按住Shift键拖动鼠标左键绘制一个正方形选区，如图9-62所示。然后使用前景色（填充快捷键为Alt+Delete）将正方形的选区填充为白色，如图9-63所示。

图9-62　　图9-63

16 接着使用Ctrl+D快捷键将选区取消。然后使用同样的方法，在相应的位置绘制其他白色的正方形，最终效果如图9-64所示。

图9-64

实例134　使用文字蒙版工具制作镂空文字版面

文件路径	第9章\使用文字蒙版工具制作镂空文字版面
难易指数	★★★★★
技术掌握	● 横排文字蒙版工具 ● 矩形选框工具

🔍 扫码深度学习

💡 操作思路

使用横排文字蒙版工具可以创建文字选区。使用文字蒙版工具输入文字后，文字将以选区的形式出现，而且在文字选区中可以填充前景色、背景色以及渐变色等。本案例主要使用横排文字蒙版工具制作镂空文字版面。

📖 案例效果

案例效果如图9-65所示。

图9-65

🎤 操作步骤

01 执行菜单"文件>打开"命令，或按Ctrl+O快捷键，在弹出的"打开"对话框中单击选择素材"1.jpg"，单击"打开"按钮，如图9-66所示。

图9-66

02 接着选择工具箱中的 □ (矩形工具)，在选项栏中设置绘制模式为"形状"、"填充"为白色、"描边"为无，然后在画面中按住鼠标左键拖曳绘制矩形，如图9-67所示。接着选择工具箱中的 □ (横排文字蒙版工具)，在选项栏中设置适合的"字体"和"字号"，接着在画面中单击输入文字，然后单击选项栏中的"提交当前所有操作"按钮 ✓，得到文字选区，如图9-68所示。

图9-67

图9-68

03 接着单击"图层"面板底部的"添加图层蒙版"按钮 □，文字效果如图9-69所示。接着选择该图层的图层蒙版，使用Ctrl+I快捷键将蒙版颜色反向，此时画面效果如图9-70所示。

图9-69

图9-70

04 然后在"图层"面板中选择该图层，使用Ctrl+J快捷键进行复制。然后在画面中按住鼠标左键将图像向下拖曳，如图9-71所示。接着执行菜单"编辑>变换>旋转180度"命令，效果如图9-72所示。

图9-71   图9-72

05 选择工具箱中的矩形工具，在选项栏中设置绘制模式为"形状"、"填充"为无、"描边"为灰色、"描边宽度"为4像素，接着在画面中下方文字上面按住鼠标左键拖曳绘制矩形，如图9-73所示。接着选择工具箱中的横排文字工具，在选项栏中设置合适的"字体"和"字号"，设置"文本颜色"为黑色，然后在矩形上方输入文字，如图9-74所示。

图9-73   图9-74

06 接着使用同样的方法输入其他文字，如图9-75所示。

图9-75

9.2 文字的编辑与使用

文字属性的设置方面，在文字工具的选项栏中进行设置是最方便的方式。但是选项栏中只能对一些常用的属性进行设置，而类似间距、样式、缩进、避头尾法则等选项的设置则需要使用"字符"面板和"段落"面板。文字对象是一类特殊的对象，既具有文本属性又具有图像属性。Photoshop虽然不是专业的文字处理软件，但也具有文字内容的编辑功能，例如可以进行查找替换文本、英文拼写检查等。除此之外，还可以将文字对象转换为位图、形状图层，还可以以自动识别图像中包含的文字的字体。

实例135	使用文字工具制作简单的图文版面
文件路径	第9章\使用文字工具制作简单的图文版面
难易指数	
技术掌握	● 横排文字工具 ● "字符"面板 ● 矩形选框工具

🔍 扫码深度学习

💡 操作思路

本案例使用横排文字工具制作简单的图文版面，并配合"字符"面板对文字的属性进行编辑修改。

🖱 案例效果

案例效果如图9-76所示。

图9-76

🎤 操作步骤

01 执行菜单"文件>新建"命令，在弹出的"新建文档"对话框中设置"宽度"为2480像素、"高度"为3508像素、"方向"为竖向、"分辨率"为300像素/英寸，设置完成后，单击"创建"按钮，如图9-77所示。

图9-77

02 接着执行菜单"文件 > 置入嵌入的智能对象"命令，将素材"1.jpg"置入到文档中，如图9-78所示。然后将光标定位到界定框的控制点上方，按住Shift键将其等比放大，如图9-79所示。最后按Enter键确定变形操作，然后在该图层上方右击，在弹出的快捷菜单中执行"栅格化图层"命令，将智能图层转换为普通图层。

图9-78

图9-79

03 选择素材图层，在工具箱中选择矩形选框工具，然后在素材图层上单击鼠标左键并向下拖曳，绘制一个矩形选区，如图9-80所示。接着按Delete键将框选出来的部分删除，再使用Ctrl+D快捷键将选区取消选择，如图9-81所示。

图9-80

图9-81

04 然后使用同样的方法，将素材的右侧进行删除操作，画面效果如图9-82所示。

图9-82

05 接着选择工具箱中的 T.（横排文字工具），在选项栏中单击"切换字符和段落面板"按钮圖，弹出"字符"面板，设置合适的字体，设置文字的大小为45点，所选字符的字间距为24，文字颜色为白色，然后单击"仿粗体"按钮T和"仿斜体"按钮T，如图9-83所示。设置完成后，在画面的左下角单击鼠标左键插入光

中文版Photoshop数码照片处理全视频 实战228例

Photoshop

标，输入文字，单击选项栏中的"提交当前所有操作"按钮 ✓，完成文字的输入，效果如图9-84所示。

图9-83

图9-84

06 接着使用同样的方法在画面的左上方输入文字，设置文字参数如图9-85所示。画面效果如图9-86所示。

图9-85

图9-86

07 执行菜单"文件 > 置入嵌入的智能对象"命令，然后将素材"2.png"置入到文档中，如图9-87所示。接着将光标定位到界定框的控制点上方，按住Shift键将其等比缩小，如图9-88所示。

图9-87

图9-88

08 接着按Enter键确定置入操作。然后将奖杯素材移动到左上方文字的前面，如图9-89所示。

图9-89

09 新建一个图层，选择工具箱中的 ▦（矩形选框工具），在左上方文字的下面按住鼠标左键并拖曳，绘制一个矩形选区，如图9-90所示。接着设置前景色为灰色，前景色（填充快捷键为Alt+Delete）为选区填充灰色，如图9-91所示。

图9-90

图9-91

10 最终画面效果如图9-92所示。

图9-92

🔖 要点速查：使用"字符"面板编辑文字属性

执行菜单"窗口>字符"命令，或者在文字工具处于选定状态的情况下，单击选项栏中的"面板"按钮 ▤，可以打开"字符"面板，如图9-93所示。

图9-93

➤ 🔲 设置行距：行距就是上一行文字基线与下一行文字基线之间的距离。选择需要调整的文字图层，然后在"设置行距"数值框中输入行距数值或在其下拉列表中选择预设的行距值即可。图9-94所示为设置行距为50点的效果；图9-95所示为设置行距为100点的效果。

图9-94

图9-95

> 字距微调：用于设置两个字符之间的字距微调。在设置时先要将光标插入到需要进行字距微调的两个字符之间。然后在数值框中输入所需的字距微调数量。输入正值时，字距会扩大，如图9-96所示；输入负值时，字距会缩小，如图9-97所示。

图9-96

图9-97

> 字距调整：用于设置文字的字符间距。输入负值时，字距会缩小，如图9-98所示；输入正值时，字距会扩大，如图9-99所示。

图9-98

图9-99

> 比例间距：按指定的百分比来减少字符周围的空间。因此，字符本身并不会被伸展或挤压，而是字符之间的间距被伸展或挤压了。图9-100所示为比例间距为0时的文字效果；图9-101所示为比例间距为100%时的文字效果。

图9-100

图9-101

> 垂直缩放/水平缩放：用于设置文字的垂直或水平缩放比例，以调整文字的高度或宽度。图9-102所示为垂直缩放和水平缩放为100%

时的文字效果；图9-103所示为垂直缩放为150%、水平缩放为100%时的文字效果；图9-104所示为垂直缩放为100%、水平缩放为150%时的文字效果。

图9-102

图9-103

图9-104

> 基线偏移：用来设置文字与文字基线之间的距离。输入正值时文字会上移，如图9-105所示；输入负值时文字会下移，如图9-106所示。

> 文字样式：设置文字的效果，共有仿粗体、仿斜体、全部大写字母、小型大写字母、上标、下标、下划线和删除线9种。

> Open Type功能：(标准连字)、(上下文替代字)、(自由连字)、(花饰字)、(文体替代字)、(标题替代字)、(序数字)和(分数字)。

图9-105

图9-106

实例136 使用"字符"面板制作中国风文字

文件路径	第9章\使用"字符"面板制作中国风文字
难易指数	★★★★★
技术掌握	● 横排文字工具 ● "字符"面板

🔍扫码深度学习

🔆操作思路

　　本案例主要使用横排文字工具在画面中添加文字,并配合"字符"面板修改文字的具体属性,制作中国风文字版面。

🖱案例效果

　　案例效果如图9-107所示。

图9-107

🎙操作步骤

01 执行菜单"文件>打开"命令,打开背景素材"1.jpg",如图9-108所示。

图9-108

02 选择工具箱中的 T.横排文字工具,在选项栏中设置"对齐方式"为"左对齐文本",然后单击选项栏中的"切换字符和段落面板"按钮 ,在弹出的"字符"面板中设置合适的字体,然后设置文字的大小为130点,所选字符的行距为80,文字颜色为红色,然后单击"仿粗体"按钮 T,如图9-109所示。设置完成后,在画面的上方单击鼠标左键插入光标,输入文字,单击选项栏中的"提交当前所有操作"按钮 ✓,完成文字的输入,效果如图9-110所示。

图9-109

图9-110

---

03 使用同样的方法,在"雪"字的下方输入文字,效果如图9-111所示。

图9-111

04 接着选择工具箱中的横排文字工具,在选项栏中设置对齐方式为"左对齐文本",然后单击"切换字符和段落面板"按钮,打开"字符"面板,设置合适的字体,然后设置文字的大小为20点,所选字符的行距为25,文字颜色为黑色,如图9-112所示。设置完成后,在画面的上方单击鼠标左键插入光标,输入文字,单击选项栏中的"提交当前所有操作"按钮,完成文字的输入,效果如图9-113所示。

图9-112

图9-113

05 执行菜单"文件>置入嵌入的智能对象"命令,然后将素材"2.png"置入到文档中,如图9-114

所示。然后按Enter键确定置入操作，最终效果如图9-115所示。

图9-114

图9-115

扫码深度学习

操作思路

本案例主要使用横排文字工具在简单的版面中添加一些文字，制作清新感觉的图文版面。

案例效果

案例效果如图9-116所示。

图9-116

操作步骤

01 执行菜单"文件>新建"命令，在弹出的"新建文档"对话框中设置"宽度"为1200像素、"高度"为1568像素、"方向"为竖向、"分辨率"为300像素/英寸，设置完成后，单击"创建"按钮，如图9-117所示。

图9-117

02 执行菜单"文件>置入嵌入的智能对象"命令，将素材"1.jpg"置入到文档中，如图9-118所示。按Enter键确定置入操作，然后单击鼠标左键将素材向上拖曳，如图9-119所示。然后在该图层上方右击，在弹出的快捷菜单中执行"栅格化图层"命令，将该图层转换为普通图层。

图9-118　　　　　　　　图9-119

03 选择工具箱中的 T.（横排文字工具），在选项栏中设置对齐方式为"居中对齐文本"，单击"切换字符和段落面板"按钮，在弹出的"字符"面板中设置合适的字体，文字的大小为7点，字符的字间距为166，垂直缩放为120%，文字颜色为黑色，如图9-120所示。设置完成后，在图像的下方单击鼠标左键插入光标，输入文字，在文字输入过程中可以按Enter键进行换行，单击选项栏中的"提交当前所有操作"按钮，完成文字的输入，如图9-121所示。

图9-120　　　　　　　　图9-121

04 继续输入文字。选择工具箱中的横排文字工具，在选项栏中设置对齐方式为"居中对齐文本"，单击"切换字符和段落面板"按钮，在弹出的"字

艺境 中文版Photoshop数码照片处理全视频 实战228例

Photoshop

符"面板中设置合适的字体，文字的大小为5点，行间距为6点，字符的字间距为40，文字颜色为黑色，单击字符面板中的"全部字母大写"按钮 **TT**，如图9-122所示。设置完成后在汉字的下方单击鼠标左键插入光标，输入文字，单击选项栏中的"提交当前所有操作"按钮，完成文字的输入。最终完成效果如图9-123所示。

图9-122

图9-123

实例138 使用"段落"面板制作杂志页面

文件路径	第9章\使用"段落"面板制作杂志页面
难易指数	⭐⭐⭐⭐⭐
技术掌握	● 横排文字工具 ● "段落"面板

扫码深度学习

操作思路

　　段落文字常用于大量文字排版时，在输入文字的过程中无须进行换行，当文字输入到文本框边界时会自动换行，非常便于管理。本案例主要使用"段落"面板制作杂志页面。

案例效果

　　案例效果如图9-124所示。

图9-124

操作步骤

01 执行菜单"文件>新建"命令，在弹出的"新建文档"对话框中设置"宽度"为1500像素、"高度"为785像素、"方向"为竖向、"分辨率"为300像素/英寸，设置完成后，单击"创建"按钮，如图9-125所示。然后将前景色设置为灰色，接着使用前景色（填充快捷键为Alt+Delete）进行填充，此时画面效果如图9-126所示。

图9-125

图9-126

02 执行菜单"文件>置入嵌入的智能对象"命令，然后将素材"1.jpg"置入到文档中，如图9-127所示。然后按Enter键确定置入操作。然后按住鼠标左键将图片素材拖曳到最右侧，如图9-128所示。接着在该图层上方右击，在弹出的快捷菜单中执行"栅格化图层"命令，将该图层转换为普通图层。

图9-127

图9-128

03 接着选择工具箱中的 ⌀.（钢笔工具），在选项栏中设置绘制模式为"路径"，然后在图像的右侧绘制一个四边形路径，如图9-129所示。绘制完成后，使用Ctrl+Enter快捷键得到路径的选区，如图9-130所示。

图9-129

图9-130

04 选择照片素材图层，单击"图层"面板底部的"添加图层蒙版"按钮 ◻ ，基于选区添加图层蒙版，如图9-131所示。此时画面效果如图9-132所示。

图9-131

图9-132

05 选择工具箱中的 **T.** （横排文字工具），在选项栏中单击"切换字符和段落面板"按钮 ▤ ，在弹出的"字符"面板中设置合适的字体，设置文

字的大小为14点，文字"颜色"为紫色，如图9-133所示。设置完成后，在画面的左侧部分单击鼠标左键插入光标，接着输入文字，如图9-134所示。

图9-133

NO.1 Part/01

图9-134

06 在文字上单击鼠标左键插入光标，然后按住鼠标左键拖曳选中文字"NO.1"，如图9-135所示。然后在"字符"面板中设置文字"颜色"为灰色，如图9-136所示。

NO.1 Part/01

图9-135

图9-136

07 然后再使用同样的方法，将文字"Part"设置为黑色，此时文字效果如图9-137所示。

NO.1 Part/01

图9-137

08 接着在工具箱中选择横排文字工具，然后在"字符"面板中设置合适的字体，设置文字的大小为4点，设置行距为5点，所选字符的字间距为–20，文字"颜色"为黑色，如图9-138所示。然后执行菜单"窗口>段落"命令，在弹出的"段落"面板中设置段落的对齐方式为"最后一行左对齐"，如图9-139所示。

图9-138

图9-139

09 在画面中按住鼠标左键拖曳绘制文本框，如图9-140所示。在文本框中单击鼠标左键插入光标，输入文字，单击选项栏中的"提交当前所有操作"按钮 ✓ ，完成文字的输入，效果如图9-141所示。

图9-140

图9-141

10 使用同样的方法，创建其他两段段落文字，如图9-142所示。最终画面效果如图9-143所示。

图9-142

图9-143

📑 要点速查：使用"段落"面板编辑文字

对于段落文字可以通过"段落"面板进行编辑。在"段落"面板中可以对段落文字进行对齐方式、缩进、连字选项进行设置。执行菜单"窗口>段落"命令，打开"段落"面板，如图9-144所示。

图9-144

➢ ▣左对齐文本：文字左对齐，段落右端参差不齐，如图9-145所示。

EVERY DAY I MISS YOU. IT IS A HARD TIME FOR ME TO MISS YOU BUT IT IS EVEN HARDER NOT TO DO SO. IN SUCH A CONTRARY MOOD, I MISS YOU DEEPLY! A HAPPY VALENTINE'S DAY TO YOU! EVERY DAY I MISS YOU. IT IS A HARD TIME FOR ME TO MISS YOU BUT IT IS EVEN HARDER NOT TO DO SO. IN SUCH A CONTRARY MOOD, I MISS YOU DEEPLY! A HAPPY VALENTINE'S DAY TO YOU!EVERY DAY I MISS YOU. IT IS A HARD TIME FOR ME TO MISS YOU BUT IT IS EVEN HARDER NOT TO DO SO. IN SUCH A CONTRARY MOOD, I MISS YOU DEEPLY!

图9-145

➢ ▣居中对齐文本：文字居中对齐，段落两端参差不齐，如图9-146所示。

EVERY DAY I MISS YOU. IT IS A HARD TIME FOR ME TO MISS YOU BUT IT IS EVEN HARDER NOT TO DO SO. IN SUCH A CONTRARY MOOD, I MISS YOU DEEPLY! A HAPPY VALENTINE'S DAY TO YOU! EVERY DAY I MISS YOU. IT IS A HARD TIME FOR ME TO MISS YOU BUT IT IS EVEN HARDER NOT TO DO SO. IN SUCH A CONTRARY MOOD, I MISS YOU DEEPLY! A HAPPY VALENTINE'S DAY TO YOU!EVERY DAY I MISS YOU. IT IS A HARD TIME FOR ME TO MISS YOU BUT IT IS EVEN HARDER NOT TO DO SO. IN SUCH A CONTRARY MOOD, I MISS YOU DEEPLY!

图9-146

➢ ▣右对齐文本：文字右对齐，段落左端参差不齐，如图9-147所示。

EVERY DAY I MISS YOU. IT IS A HARD TIME FOR ME TO MISS YOU BUT IT IS EVEN HARDER NOT TO DO SO. IN SUCH A CONTRARY MOOD, I MISS YOU DEEPLY! A HAPPY VALENTINE'S DAY TO YOU! EVERY DAY I MISS YOU. IT IS A HARD TIME FOR ME TO MISS YOU BUT IT IS EVEN HARDER NOT TO DO SO. IN SUCH A CONTRARY MOOD, I MISS YOU DEEPLY! A HAPPY VALENTINE'S DAY TO YOU!EVERY DAY I MISS YOU. IT IS A HARD TIME FOR ME TO MISS YOU BUT IT IS EVEN HARDER NOT TO DO SO. IN SUCH A CONTRARY MOOD, I MISS YOU DEEPLY!

图9-147

➢ ▣最后一行左对齐：最后一行左对齐，其他行左右两端强制对齐，如图9-148所示。

图9-148

➢ ▣最后一行居中对齐：最后一行居中对齐，其他行左右两端强制对齐，如图9-149所示。

图9-149

➢ ▣最后一行右对齐：最后一行右对齐，其他行左右两端强制对齐，如图9-150所示。

图9-150

➢ ▣全部对齐：在字符间添加额外的间距，使文本左右两端强制对齐，如图9-151所示。

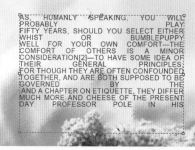

图9-151

提示

直排文字的对齐方式

使用直排文字工具创建的文字对象，其对齐方式有所不同，▦为顶对齐文本，▦为居中对齐文本，▦为底对齐文本。

➤ ▦**左缩进**：用于设置段落文本向右（横排文字）或向下（直排文字）的缩进量。图9-152所示是设置"左缩进"为20点时的段落效果。

图9-152

➤ **右缩进**▦：用于设置段落文本向左（横排文字）或向上（直排文字）的缩进量。图9-153所示是设置"右缩进"为20点时的段落效果。

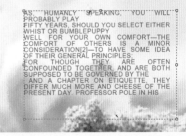

图9-153

➤ ▦**首行缩进**：用于设置段落文本中每个段落的第1行向右（横排文字）或第1列文字向下（直排文字）的缩进量。图9-154所示是设置"首行缩进"为20点时的段落效果。

图9-154

➤ ▦**段前添加空格**：设置光标所在段落与前一个段落之间的间隔距离。图9-155所示是设置"段前添加空格"为100点时的段落效果。

图9-155

➤ ▦**段后添加空格**：设置当前段落与另外一个段落之间的间隔距离。图9-156所示是设置"段后添加空格"为100点时的段落效果。

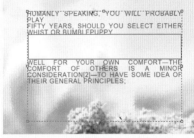

图9-156

➤ **避头尾法则设置**：不能出现在一行的开头或结尾的字符称为避头尾字符。Photoshop提供了基于标准JIS的宽松和严格的避头尾集，宽松的避头尾设置忽略长元音字符和小平假名字符。选择"JIS宽松"或"JIS严格"选项时，可以防止在一行的开头或结尾出现不能使用的字母。

➤ **间距组合设置**：间距组合用于设置日语字符、罗马字符、标点和特殊字符在行开头、行结尾和数字的间距文本编排方式。选择"间距组合1"选项，可以对标点使用半角间距；选择"间距组合2"选项，可以对行中除最后一个字符外的大多数字符使用全角间距；选择"间距组合3"选项，可以对行中的大多数字符和最后一个字符使用全角间距；选择"间距组合4"选项，可以对所有字符使用全角间距。

➤ **连字**：勾选"连字"复选框后，在输入英文单词时，如果段落文本框的宽度不够，英文单词将自动换行，并在单词之间用连字符连接起来。

实例139　在特定范围内制作区域文字

文件路径	第9章\在特定范围内制作区域文字
难易指数	★★★★★
技术掌握	● 横排文字工具 ● 创建区域文字

🔍扫码深度学习

🔋操作思路

默认情况下，段落文本的文本框只能是矩形，若要在一个特定形状中输入文字，可以先使用钢笔工具绘制闭合路径，然后在路径内输入文字，这种文字类型为区域文字。本案例需要在特定范围内制作区域文字。

📱案例效果

案例效果如图9-157所示。

图9-157

🎤操作步骤

01 执行菜单"文件＞打开"命令，打开背景素材"1.jpg"，如图9-158所示。

图9-158

图9-164

所示。效果如图9-162所示。

图9-161

02 选择工具箱中的 **T** （横排文字工具），在选项栏中单击选择"切换字符和段落面板" 圖 按钮，在弹出的"字符"面板中设置合适的字体，然后设置文字的大小为267点，设置行距为170点，文字"颜色"为白色，如图9-159所示。然后在画面的左侧单击鼠标左键插入光标，输入文字，如图9-160所示。然后单击选项栏中的"提交当前所有操作"按钮 ✓，完成文字的输入。

图9-162

05 接着输入文字，单击选项栏中的"提交当前所有操作"按钮 ✓，完成文字的输入，效果如图9-165所示。最终效果如图9-166所示。

图9-165

图9-159

04 在工具箱中选择 ✐（钢笔工具），设置绘制模式为"路径"，然后在画面的右侧绘制一个闭合路径，如图9-163所示。接着在工具箱中选择横排文字工具，然后在绘制的闭合路径内单击鼠标左键插入光标，此时闭合路径变为区域文字的文本框，如图9-164所示。

图9-163

图9-166

图9-160

03 使用同样的方法，在"COLOR"下面输入文字，设置参数如图9-161

实例140　使用文字变形工具制作变形文字

文件路径	第9章\使用文字变形工具制作变形文字
难易指数	★★★★★
技术掌握	● 横排文字工具 ● 文字变形 ● 滤镜

🔍扫码深度学习

💡操作思路

　　在Photoshop中，文字对象可以进行一系列内置的变形效果，通过这些变形操作可以在未栅格化文字图层的状态下制作多种变形文字。输入文字后，在文字工具的选项栏中单击"创建文字变形"按钮工，打开"变形文字"对话框，在该对话框中可以选择变形文字的方式。本案例主要使用文字变形工具制作变形文字。

🖱案例效果

　　案例效果如图9-167所示。

图9-167

🎤操作步骤

01 执行菜单"文件>打开"命令，打开素材"1.jpg"，如图9-168所示。

图9-168

02 接下来为背景素材添加模糊效果。执行菜单"滤镜>模糊>高斯模糊"命令，在弹出的"高斯模糊"对话框中设置"半径"为15.0像素，单击"确定"按钮，如图9-169所示。效果如图9-170所示。

图9-169

图9-170

03 新建一个图层，设置前景色为黑色，然后使用前景色（填充快捷键为Alt+Delete）将其填充为黑色，如图9-171所示。接着在"图层"面板中设置该图层的"不透明度"为20%，如图9-172所示。

图9-171

图9-172

04 此时画面效果如图9-173所示。

图9-173

05 接着选择工具箱中的横排文字工具，在选项栏中设置对齐方式为"左对齐文本"，单击选项栏中的"切换字符和段落面板"按钮，在弹出的"字符"面板中设置合适的字体，设置文字的大小为35点，文字"颜色"为白色，然后单击"全部大写字母"按钮 **TT**，如图9-174所示。设置完成后，在画面的上方单击鼠标左键输入文字，如图9-175所示。

图9-174

图9-175

06 接着选择工具箱中的横排文字工具，将光标移动到两个单词的中间，然后单击鼠标左键，如图9-176所示。接着单击"切换字符和段落面板"按钮，在"字符"面板中设置合适的字体，文字的大小为35点，文字"颜色"为白色，然后单击"全部大写字母"按钮 **TT**。如图9-177所示。

图9-176

图9-177

07 设置完成后，输入一个特殊字体的字符"&"，效果如图9-178所示。

图9-178

08 接着在文字的最前方按住鼠标左键并进行拖曳，选中所有字符，如图9-179所示。在选项栏中单击"创建文字变形"按钮，在弹出的"文字变形"对话框中设置"样式"为"扇形"、选中"水平"单选按钮，设置"弯曲"为29%，单击"确定"按钮，确认操作，如图9-180所示。

图9-179

图9-180

09 此时文字效果如图9-181所示。

图9-181

10 选择工具箱中的横排文字工具，单击"切换字符和段落面板"按钮，在弹出的"字符"面板中设置合适的字体，文字的大小为9点，设置行距为8点，垂直缩放为240%，水平缩放为155%，基线偏移为5点，文字"颜色"为白色，然后单击"标准连字"按钮，如图9-182所示。设置完成后，在画面的上方单击鼠标左键，输入文字，如图9-183所示。单击选项栏中的"提交当前所有操作"按钮，完成文字的输入。

图9-182

图9-183

11 选择工具箱中的（钢笔工具），在选项栏中设置绘制模式为"形状"、"填充"为白色、"描边"为无，然后在下方的文字处绘制一个多边形，如图9-184所示。接着单击"图层"面板底部的"添加图层蒙版"按钮，为该图层添加蒙版，如图9-185所示。

图9-184

图9-185

12 按住Ctrl键单击文字图层的缩览图载入文字的选区，接着将文字图层隐藏，如图9-186所示。然后将前景色设置为黑色，接着选择多边形图层的图层蒙版，使用前景色（填充快捷键为Alt+Delete）进行填充，此时效果如图9-187所示。

图9-186

图9-187

13 继续输入文字。选择工具箱中的横排文字工具，设置适当的"字体"和"字号"，文字"颜色"为白色，在画面中适当的位置输入其他文字，效果如图9-188所示。

图9-188

14 在数字5和英文ARRANGE的图层下方新建一个图层，然后选择工具箱中的□（矩形选框工具），在画面的左下角绘制一个矩形的选区，如图9-189所示。接着使用（前景色填充快捷键为Alt+Delete）进行填充为黑色，如图9-190所示。

图9-189

图9-190

15 然后使用Ctrl+D快捷键取消选区的选择，画面最终效果如图9-191所示。

图9-191

🐍 要点速查："变形文字"的选项

创建变形文字后，可以调整其他参数选项来调整变形效果。每种样式都包含相同的参数选项，如图9-192所示。

图9-192

> 水平/垂直：选中"水平"单选按钮时，文本扭曲的方向为水平方向，而选中"垂直"单选按钮时，文本扭曲的方向为垂直方向。
> 弯曲：用来设置文本的弯曲程度。
> 水平扭曲：设置水平方向上透视扭曲变形的程度。
> 垂直扭曲：设置垂直方向上透视扭曲变形的程度。

实例141	创意文字设计
文件路径	第9章\创意文字设计
难易指数	⭐⭐⭐⭐⭐
技术掌握	● 横排文字工具 ● 钢笔工具 ● 图层样式 ● 滤镜 ● 图层蒙版

🔍扫码深度学习

💡操作思路

本案例主要通过横排文字工具输入文字后，进行创意设计。

🖱案例效果

案例效果如图9-193所示。

图9-193

🎤操作步骤

01 执行菜单"文件>打开"命令，在弹出的"打开"对话框中单击选择素材"1.jpg"，单击"打开"按钮，如图9-194所示。画面效果如图9-195所示。

图9-194

图9-195

02 在"图层"面板中创建新组。双击创建的新组，命名为"A组"，如图9-196所示。接着选择工具箱中 T.（横排文字工具），在选项栏中设置"字体"和"字号"，设置"消除锯齿方法"为"锐利"、"填充"为深红色，然后在画面中单击输入文字，如图9-197所示。单击选项栏中的"提交当前所有操作"按钮✓，完成文字的输入。

图9-196

图9-197

03 继续选择工具箱中的椭圆工具，在选项栏中设置绘制模式为"形状"、"填充"为深绿色、"描边"为无，然后在字母A下方按住鼠标左键并拖曳绘制椭圆形状，如图9-198所示。接着执行菜单"图层>创建剪贴蒙版"命令，效果如图9-199所示。

图9-198

图9-199

04 执行菜单"文件>置入嵌入的智能对象"命令，在弹出的"置入嵌入的智能对象"对话框中选择"2.png"，单击"置入"按钮，完成置入，如图9-200所示。将素材放置到适当位置，按Enter键完成变换，如

图9-201所示。

05 选择工具箱中的钢笔工具，在选项栏中设置绘制模式为"形状"、"填充"为白色，在字母A上方拖曳绘制积雪形状，如图9-202所示。

图9-200

图9-201

图9-202

06 注意，以上制作的图层全部在"A组"中。在"图层"面板中选择"A组"，执行菜单"图层>图层样式>描边"命令在弹出的"图层样式"对话框中设置"大小"为13像素、"位置"为"外部"、"混合模式"为"正常"、"不透明度"为100%、"颜色"为白色，如图9-203所示。接着勾选右侧列表框中的"内发光"复选框，设置"混合模式"为"滤色"、"不透明度"为63%、发光颜色为白色，"方法"为"柔和"、"大小"为7像素、"范围"为50%，设置完成后，单击"确定"按钮，如图9-204所示。

图9-203

图9-204

07 此时画面效果如图9-205所示。接着使用同样的方式，制作字母R和字母T，如图9-206所示。

08 接下来制作文字的阴影。在"图层"面板中选择"A组"，按住Ctrl键加选"R组"和"T组"，使用Ctrl+J快捷键将选中的图层组进行全部复制，再使用Ctrl+E快捷键合并图层，如图9-207所示。将合并后的图层拖曳到原有文字图层的下方，如图9-208所示。

图9-205

图9-206

图9-207

图9-208

09 然后使用Ctrl+T快捷键调出界定框,将其纵向缩小并移动到适当

位置,如图9-209所示。

图9-209

10 按住Ctrl键单击该图层缩览图,接着设置前景色为黑色,使用前景色(填充快捷键为Alt+Delete),进行填充,如图9-210所示。接着执行菜单"滤镜>模糊>高斯模糊"命令,在弹出的"高斯模糊"对话框中设置"半径"为100像素,单击"确定"按钮,完成设置,如图9-211所示。

图9-210

图9-211

11 此时画面效果如图9-212所示。

图9-212

12 继续在"图层"面板中单击"添加图层蒙版"按钮,然后选中图层蒙版缩览图,在工具箱中选择 (画笔工具),设置前景色为黑色,在选项栏中单击"画笔预设"下拉按钮,在"画笔预设"下拉面板中设置"大小"为200像素、"硬度"为0,然后在画面中按住鼠标左键横向拖曳涂抹,如图9-213所示。擦除部分阴影,使阴影效果更真实,最终画面效果如图9-214所示。

图9-213

图9-214

第 10 章

日常照片处理

/ 佳 / 作 / 欣 / 赏 /

实例142	简单的图片拼版
文件路径	第10章\简单的图片拼版
难易指数	★★★★★
技术掌握	● 渐变工具 ● 矩形选框工具 ● 横排文字工具

扫码深度学习

操作思路

本案例通过使用渐变工具制作底色，使用矩形选框工具和填充功能制作白色背景，添加照片素材并使用横排文字工具在画面中添加文字，制作简单的图片拼版。

案例效果

案例对比效果如图10-1和图10-2所示。

图10-1

图10-2

操作步骤

01 执行菜单"文件>新建"命令，在弹出的"新建文档"对话框中单击"打印"选项卡，设置"大小"为A4、"方向"为纵向、"分辨率"为300像素/英寸、"背景内容"为"白色"，单击"创建"按钮，如图10-3所示。

图10-3

02 选择工具箱中的 （渐变工具），单击选项栏中的渐变色条，弹出"渐变编辑器"对话框，编辑一个深紫色系的渐变颜色。渐变编辑完成后，单击"确定"按钮。在选项栏中设置渐变类型为"径向渐变"，如图10-4所示。

图10-4

03 在画面中按住鼠标左键由下向上进行拖曳，如图10-5所示。释放鼠标后完成渐变填充的操作，效果如图10-6所示。

图10-5

图10-6

04 单击"图层"面板底部的"新建图层"按钮 ▣ ，新建一个图层。选择工具箱中的 ▣ （矩形选框工具），按住鼠标左键拖曳绘制选区，如图10-7所示。将前景色设置为白色，使用前景色（填充快捷键为Alt+Delete）进行填充，填充后使用Ctrl+D快捷键取消选区，如图10-8所示。

图10-7

图10-8

05 执行菜单"文件>置入嵌入的智能对象"命令，置入素材"1.jpg"，拖曳控制点将图片进行缩放，如图10-9所示。缩放完成后适当调整位置，然后按Enter键确定置入操作。如图10-10所示。

图10-9

图10-10

06 置于素材"2.jpg"，然后调整图片位置和大小，如图10-11所示。

图10-11

07 接下来输入图片上方文字。选择工具箱中的 ▣ （横排文字工具），单击选项栏中的"切换字符和段落面板"按钮 ▣ ，在弹出的"字符"面板中设置合适的字体，字体大

小为10点，行距为10点，所选字符的字距调整为10点，颜色为灰紫色，如图10-12所示。接着在画面中单击插入光标，输入文字，单击选项栏中的"提交当前所有操作"按钮 ✓ ，完成输入操作，效果如图10-13所示。

图10-12

图10-13

08 选择工具箱中的 ▣ （直排文字工具），在"字符"面板中进行字体、字号等参数的设置，如图10-14所示。在画面中单击插入光标，输入文字，如图10-15所示。

图10-14

图10-15

09 新建一个图层，选择工具箱中的矩形选框工具，在图片的左下角绘制一个矩形选区，如图10-16所示。将前景色设置为灰紫色，使用前景色（填充快捷键为Alt+Delete）进行填充，如图10-17所示。

图10-16

图10-17

10 继续使用矩形选框工具在矩形右侧绘制一个小矩形选区，然后填充灰紫色，效果如图10-18所示。

图10-18

11 选择工具箱中的横排文字工具，在选项栏中调整字体颜色、类型和大小，然后在画面的相应位置输入文字，效果如图10-19所示。最终效果如图10-20所示。

图10-19

图10-20

实例143　套用模板

文件路径	第10章\套用模板
难易指数	★★★★★
技术掌握	创建剪贴蒙版

🔍 扫码深度学习

操作思路

在影楼的实际工作中，大部分画册的排版都无须从零开始进行编排。通常会有很多早已准备好的照片版式，只需将照片置入到版面中并进行简单的处理即可得到漂亮的排版效果。本案例主要讲解套用模板制作精美的照片版式的基本流程。

案例效果

案例效果如图10-21所示。

图10-21

操作步骤

01 执行菜单"文件>打开"命令，打开背景模板"1.psd"，如图10-22所示。在该文档中有4个图层，如图10-23所示。

图10-22

图10-23

02 单击选择图层1，执行菜单"文件>置入嵌入的智能对象"命令，将人物素材"2.jpg"置入到画面中，放置在图层1上方，如图10-24所示。接着按住Shift键并使用鼠标左键拖曳界定框一角处的控制点，将素材等比例缩放，按Enter键结束操作，如图10-25所示。

图10-24

艺境 中文版Photoshop数码照片处理全视频 实战228例

Photoshop

图10-25

03 选择人像图层，接着执行菜单"图层>创建剪贴蒙版"命令，此时画面效果如图10-26所示。

图10-26

04 使用同样的方法，置入人物素材"3.jpg"，将其缩放，并将其图层移动至图层2之上，按Enter键结束操作，如图10-27所示。接着执行"创建剪贴蒙版"命令，此时画面效果如图10-28所示。

图10-27

图10-28

05 使用同样的方法将人物素材"4.jpg"置入到画面中并将其缩放至合适位置，执行"创建剪贴蒙版"命令，最终画面效果如图10-29所示。

图10-29

实例144　白底标准照

文件路径	第10章\白底标准照
难易指数	★★★★★
技术掌握	● 快速选择工具 ● 图层蒙版

扫码深度学习

💡 操作思路

本案例主要使用快速选择工具获得人像的选区，通过添加图层蒙版隐藏背景部分，制作白底标准照。

🖱 案例效果

案例对比效果如图10-30和图10-31所示。

图10-30　　　　　图10-31

🎤 操作步骤

01 执行菜单"文件>新建"命令，在弹出的"新建文档"对话框中设置"宽度"为2.5厘米、"高度"为3.5厘米、"分辨率"为300像素/英寸、"颜色模式"为"RGB颜色"，设置完成后，单击"创建"按钮，如图10-32所示。

图10-32

02 执行菜单"文件>置入嵌入的智能对象"命令，置入人像素材"1.jpg"，将其摆放在白色背景位置，按Enter键确定置入操作。选择该图层，执行菜单"图层>栅格化>智能对象"命令，效果如图10-33所示。选择工具箱中的 ✂️（快速选择工具），在画笔选取器中设置合适的笔尖大小，然后按住鼠标左键，在画面中的人像位置进行拖曳，得到人物的选区，此时画面效果如图10-34所示。

图10-33　　　　图10-34

03 接下来将照片背景转换为白色。单击"图层"面板底部的"添加图层蒙版"按钮 ▣，基于选区添加图层蒙版，如图10-35所示。最终完成效果如图10-36所示。

图10-35　　　　图10-36

实例145	制作红、蓝底证件照
文件路径	第 10 章 \ 制作红、蓝底证件照
难易指数	★★★★★
技术掌握	● 快速选择工具 ● 图层蒙版 ● 填充颜色

扫码深度学习

🔅 操作思路

本案例主要是通过快速选择工具

抠图并更换不同颜色的背景，从而制作红、蓝底证件照。

🖱️ 案例效果

案例对比效果如图10-37～图10-39所示。

图10-37　　　　图10-38　　　　图10-39

🎤 操作步骤

01 本案例需要制作的是标准的一英寸照片。首先执行菜单"文件>新建"命令，在弹出的"新建文档"对话框中设置"宽度"为2.5厘米、"高度"为3.5厘米、"分辨率"为300像素/英寸、"颜色模式"为"RGB颜色"，设置完成后，单击"创建"按钮，如图10-40所示。

图10-40

02 制作蓝色背景。新建一个图层，单击工具箱底部的"前景色"图标，在弹出的"拾色器"（前景色）对话框中设置C为67%、M为2%、Y为0、K为0，然后单击"确定"按钮，完成颜色设置操作，如图10-41所示。接着使用前景色（填充快捷键为Alt+Delete）进行填充，此时画面效果如图10-42所示。

图10-41　　　　　　　　图10-42

03 制作红色背景。新建一个图层，打开"拾色器（前景色）"对话框，设置C为67%、M为2%、Y为0、K为0，然后单击"确定"按钮，完成参数设置操作，如图10-43所示。接着使用前景色（填充快捷键为Alt+Delete）进行填充，此时画面效果如图10-44所示。

图10-43

图10-44

04 执行菜单"文件>置入嵌入的智能对象"命令，置入素材"1.jpg"，按Enter键确定置入操作，如图10-45所示。接着选择该图层，执行菜单"图层>栅格化>智能对象"命令，如图10-46所示。

图10-45

图10-46

05 选择工具箱中的 ☑（快速选择工具），在画笔选取器中设置合适的笔尖大小，然后按住鼠标左键，在画面中的人像位置进行拖曳得到人物选区，如图10-47所示。接着单击"图层"面板底部的"添加图层蒙版"按钮 ☐ ，基于选区为该图层添加蒙版，如图10-48所示。

图10-47

图10-48

06 此时画面效果如图10-49所示。如需蓝色背景照片，隐藏红色图层即可，如图10-50所示。

图10-49

图10-50

实例146　为图片添加防盗水印

文件路径	第 10 章 \ 为图片添加防盗水印
难易指数	★★★★★
技术掌握	● 横排文字工具 ● 自由变换 ● 不透明度

💡操作思路

　　"水印"是指为了防止网络图片被他人盗用，而在图片上添加版权方信息的文字或图案。本案例就是通过横排文字工具输入文字，然后更改文字的"不透明度"为图片添加"防盗水印"。

🖱案例效果

　　案例对比效果如图10-51和图10-52所示。

图10-51

图10-52

操作步骤

01 执行菜单"文件>打开"命令，打开素材"1.jpg"，如图10-53所示。

图10-53

02 选择工具箱中的 **T**（横排文字工具），输入文字，如图10-54所示。然后选择文字图层，使用Ctrl+J快捷键，多次复制该文字图层，并均匀排列，效果如图10-55所示。

图10-54

图10-55

03 接着单击"图层"面板底部的"新建组"按钮 ▢ ，按住Ctrl键依次选择所有文字图层并使用鼠标左键将其拖至该组内，如图10-56所示。接着单击选择该组，使用Ctrl+T快捷键调出界定框，然后拖曳控制点将其旋转，旋转完成后按Enter键确定变换操作，效果如图10-57所示。

图10-56

图10-57

04 然后在"图层"面板中设置文字组的"不透明度"为40%，如图10-58所示。最终完成效果如图10-59所示。

图10-58

图10-59

实例147 统一处理大量照片

文件路径	第10章\统一处理大量照片
难易指数	★★★★★
技术掌握	● "动作"的记录 ● "色相/饱和度"命令 ● 批处理

扫码深度学习

操作思路

　　"动作"命令是用来记录Photoshop的操作步骤，从而便于再次"回放"操作以提高工作效率和标准化操作流程。该功能支持记录针对单个文件或一批文件的操作过程。用户不但可以把一些经常进行的"机械化"操作"录制"成动作来提高工作效率，也可以把一些颇具创意的操作过程记录下来并分享给大家。本案例就是利用"动作"命令对大量的照片进行统一处理。

案例效果

　　案例效果如图10-60和图10-61所示。

图10-60

艺境 中文版Photoshop数码照片处理全视频 实战228例

Photoshop

图10-61

🎙️**操作步骤**

01 执行菜单 "文件>打开" 命令，打开一张图片 "1.jpg"，如图10-62所示。

图10-62

02 执行菜单 "窗口>动作" 命令，在弹出的 "动作" 面板中单击 "创建新组" 按钮，如图10-63所示。在弹出的 "新建组" 对话框中设置 "名称" 为 "组1"，单击 "确定" 按钮。接着在 "动作" 面板中单击 "创建新动作" 按钮 🔲，在弹出的 "新建动作" 对话框中设置 "名称" 为 "动作1"，单击 "记录" 按钮，开始记录操作，如图10-64所示。

图10-63　　　　　　　　　图10-64

03 接下来开始对照片进行操作。执行菜单 "图像>调整>色相/饱和度" 命令，弹出 "色相/饱和度" 对话框后，设置 "饱和度" 为-100，设置完成后，单击 "确定" 按钮，如图10-65所示。此时，在 "动作" 面板中会自动记录当前进行的 "色相/饱和度" 动作，如图10-66所示。

图10-65　　　　　　　　　图10-66

04 此时画面效果如图10-67所示。

图10-67

05 接着单击 "动作" 面板中的 "停止播放/记录" 按钮 ■，完成动作的录制。此时可以看到 "动作" 面板中记录了所有对图片的操作，如图10-68所示。

图10-68

06 接下来使用录制的动作处理剩余的素材。执行菜单 "文件>自动>批处理" 命令，弹出 "批处理" 对话框后，在 "播放" 选项组中设置 "组" 为 "组1"、"动作" 为 "动作1"、"源" 为 "文件夹"，单击 "选择" 按钮，在弹出的对话框中选择要批处理的素材文件夹，如图10-69所示。接着设置 "目标" 为 "文件夹"，然后单击 "选择" 按钮，设置批处理后的文件的保存路径，勾选 "覆盖动作中的存储为命令" 复选框，最后在 "批处理" 对话框中单击 "确定" 按钮，如图10-70所示。

图10-69

实战228例

Photoshop

图10-70

07 Photoshop就会使用所选动作处理所选文件夹中的所有图像,并将其保存到设置好的文件夹中,效果如图10-71所示。

1.jpg 2.jpg 3.jpg
4.jpg 5.jpg 6.jpg

图10-71

要点速查:"动作"面板

在"动作"面板中可以完成对"动作"的记录、播放、编辑、删除、管理等一系列操作。执行菜单"窗口>动作"命令(快捷键为Alt+F9),可以打开"动作"面板,如图10-72所示。

图10-72

- ➤ "停止播放/记录"按钮■:用来停止播放动作和停止记录动作。
- ➤ "开始记录"按钮●:单击该按钮,可以开始录制动作。
- ➤ "播放选定的动作"按钮▶:选择一个动作后,单击该按钮可以播放该动作。
- ➤ "创建新组"按钮▣:单击该按钮,可以创建一个新的动作组,以保存新建的动作。
- ➤ "创建新动作"按钮▣:单击该按钮,可以创建一个新的动作。
- ➤ "删除"按钮▥:选择动作组、动作和命令后单击该按钮,可以将其删除。

实例148 去除简单水印

文件路径	第10章\去除简单水印
难易指数	★★★★★
技术掌握	修补工具

🔍扫码深度学习

操作思路

如果需要使用的图片素材上有多余的水印信息,则可以使用Photoshop进行去除。■(修补工具)可以利用样本或图案来修复所选图像区域中不理想的部分。本案例主要使用修补工具去除图像中的水印。

案例效果

案例对比效果如图10-73和图10-74所示。

图10-73

图10-74

操作步骤

01 执行菜单"文件>打开"命令,打开图片素材"1.jpg",如图10-75所示。使用Ctrl+J快捷键复制"背景"图层,接着选择工具箱中的■(修补工具),然后使用鼠标左键在水印区域绘制选区,如图10-76所示。

图10-75

图10-76

02 将光标放置在选区中，然后按住鼠标左键向左拖曳，如图10-77所示。随着拖曳可以看到拖曳到的区域会覆盖到需要修复的区域上，释放鼠标后即可进行自动修复，然后使用Ctrl+D快捷键将选区取消，最终效果如图10-78所示。

图10-77

图10-78

10.2 日常照片的趣味处理

实例149 虚化部分内容

文件路径	第10章\虚化部分内容
难易指数	⭐⭐⭐⭐⭐
技术掌握	● "高斯模糊"滤镜 ● 图层蒙版 ● 画笔工具

🔍扫码深度学习

操作思路

本案例主要使用"高斯模糊"滤镜将图像的某些部分虚化，从而制作缥缈梦幻的画面效果。

案例效果

案例对比效果如图10-79和图10-80所示。

图10-79　　　　　图10-80

操作步骤

01 执行菜单"文件>打开"命令，打开素材"1.jpg"，如图10-81所示。

图10-81

02 使用Ctrl+J快捷键进行复制"背景"图层，接着执行菜单"滤镜>模糊>高斯模糊"命令，在弹出的"高斯模糊"对话框中设置"半径"为2.0像素，设置完成后，单击"确定"按钮，如图10-82所示。此时画面效果如图10-83所示。

图10-82

图10-83

03 单击"图层"面板底部的"添加图层蒙版"按钮 ▢，为该图层添加图层蒙版，如图10-84所示。接着将前景色设置为黑色，选择工具箱中的 🖌 (画笔工具)，然后在画笔选取器中设置画笔"大小"为20像素，选择一个柔边圆画笔笔尖，如图10-85所示。

Photoshop

图10-84

图10-85

04 使用黑色的柔边圆画笔在人物身体处进行涂抹，效果如图10-86所示。

图10-86

05 接下来强化景深效果。使用Ctrl+Shift+Alt+E快捷键将画面进行盖印。选择盖印得到的图层，执行菜单"滤镜>模糊>高斯模糊"命令，在弹出的"高斯模糊"对话框中设置"半径"为10.0像素，设置完成后，单击"确定"按钮，如图10-87所示。此时画面效果如图10-88所示。

图10-87

图10-88

06 再次单击"图层"面板底部的"添加图层蒙版"按钮 ▢，为盖印的图层添加图层蒙版。将前景色设置为黑色，选择合适的画笔大小在人物身上以及周围进行涂抹，蒙版中黑白关系如图10-89所示。此时画面四周呈现更加模糊的效果，最终效果如图10-90所示。

图10-89

图10-90

实例150	朦胧柔焦效果
文件路径	第10章\朦胧柔焦效果
难易指数	⭐⭐⭐⭐⭐
技术掌握	● "高斯模糊"滤镜 ● 混合模式 ● 画笔工具 ● "曲线"命令

扫码深度学习

操作思路

本案例主要通过"高斯模糊"滤

镜对照片的副本图层进行模糊，然后将模糊的图层与原始照片进行混合，得到柔焦的效果。

案例效果

案例对比效果如图10-91和图10-92所示。

图10-91

图10-92

操作步骤

01 执行菜单"文件>打开"命令，打开素材"1.jpg"，如图10-93所示。单击"背景"图层，使用Ctrl+J快捷键将"背景"图层进行复制。然后选择复制的图层，右击，执行"转换为智能对象"命令，结果如图10-94所示。

图10-93

图10-94

艺境 中文版Photoshop数码照片处理全视频 实战228例

Photoshop

02 接着执行菜单"滤镜>模糊>高斯模糊"命令,在弹出的"高斯模糊"对话框中设置"半径"为18.0像素,单击"确定"按钮,完成参数设置操作,如图10-95所示。此时画面效果如图10-96所示。

图10-98

图10-102

图10-95

图10-99

06 接着设置"通道"为"红",然后调整曲线形状,如图10-103所示。此时画面效果如图10-104所示。

图10-103

图10-96

03 接下来将画面中人的面部高斯模糊效果进行隐藏。单击该图层的智能滤镜蒙版,将前景色设置为黑色,然后选择工具箱中的 ✎（画笔工具）,在画笔选取器中设置画笔"大小"为200像素,选择一个柔边圆画笔,如图10-97所示。设置完成后,在画面中面部位置按住鼠标左键拖曳进行涂抹,隐藏面部的高斯模糊效果,如图10-98所示。

04 将该图层的混合模式设置为"柔光",如图10-99所示。此时画面效果如图10-100所示。

图10-100

05 接下来改变画面颜色。执行菜单"图层>新建调整图层>曲线"命令,在弹出的"新建图层"对话框中单击"确定"按钮。接着在弹出的"属性"面板中将"通道"设置为RGB,然后调整曲线形状,增强画面亮度,如图10-101所示。此时画面效果如图10-102所示。

图10-104

07 设置"通道"为"蓝",然后调整曲线形状,如图10-105所示。此时画面效果如图10-106所示。

图10-97

图10-101

图10-105

223

图10-106

08 接下来制作柔边效果。新建一个图层，将前景色设置为白色，然后选择工具箱中的画笔工具，在画笔选取器中设置画笔"大小"为500像素，选择一个柔边圆画笔，设置"不透明度"为80%，如图10-107所示。接着在画面四周进行涂抹，形成柔边效果。此时画面效果如图10-108所示。

图10-107

图10-108

09 接下来置入艺术字体，为画面增加艺术效果。执行菜单"文件>置入嵌入的智能对象"命令，置入素材"2.png"，将其摆放在画面右下方位置，然后按Enter键确定置入操作。最终完成效果如图10-109所示。

图10-109

文件路径	第10章\梦幻感唯美溶图
难易指数	★★★★★
技术掌握	● 图层蒙版 ● "曲线"命令

扫码深度学习

操作思路

本案例主要通过"图层蒙版"将图片的部分区域进行柔和的隐藏，从而使之与其他图层更好地融合。并配合"曲线"命令的使用，使两部分背景颜色更加贴近。

案例效果

案例效果如图10-110所示。

图10-110

操作步骤

01 执行菜单"文件>新建"命令，在弹出的"新建文档"对话框中设置"宽度"为54.35厘米、"高度"为23.5厘米、"分辨率"为96像素/英寸、"颜色模式"为"RGB颜色"，然后单击"新建"按钮，完成操作，如图10-111所示。

图10-111

02 接下来选择工具箱中的■（渐变工具），单击选项栏中的渐变色条，在弹出的"渐变编辑器"对话框中编辑一个由粉色到粉白色的渐变颜色，然后单击"确定"按钮，完成编辑操作。在选项栏中设置渐变类型为"线性渐变"■，如图10-112所示。接着使用"渐变工具"在画面中按住鼠标左键拖曳进行填充，释放鼠标完成填充操作，此时画面效果如图10-113所示。

艺境 中文版Photoshop数码照片处理全视频 实战228例

Photoshop

图10-112

图10-113

03 接下来置入飘带素材。执行菜单"文件>置入嵌入的智能对象"命令，置入素材"1.jpg"，将其摆放在画面左侧位置，按Enter键确定置入操作。选择该图层，执行菜单"图像>栅格化>智能对象"命令，此时画面效果如图10-114所示。选择该图层，单击"图层"面板底部的"添加图层蒙版"按钮 ◻ ，为该图层添加蒙版，然后选择工具箱中的画笔工具，选择一个柔边圆画笔，设置合适的笔尖大小，在飘带右侧位置进行涂抹，此时画面效果如图10-115所示。

图10-114

图10-115

04 接下来置入化妆品素材。置入素材"2.jpg"，并将其栅格化，然后将其移动至画面的右侧，如图10-116所示。

图10-116

05 选择该图层，单击"图层"面板底部的"添加图层蒙版"按钮，为该图层添加蒙版，如图10-117所示。

图10-117

06 然后选择工具箱中的渐变工具，在选项栏中编辑一种黑白色系的渐变，接着选择图层蒙版，在其中填充黑白渐变，如图10-118所示。此时化妆品左侧部分被隐藏，画面效果如图10-119所示。

图10-118

图10-119

07 接下来调整置入的化妆品素材的明度，使画面整体更加自然。选择化妆品图层，执行菜单"图层>新建调整图层>曲线"命令，在弹出的"新建图层"对话框中单击"确定"按钮。接着在弹出的"属性"面板中曲线上方单击添加控制点并拖曳调整曲线形状，如图10-120所示。此时画面效果如图10-121所示。

图10-120

图10-121

08 因为此步骤只针对"2.jpg"的图层，所以要将其他图层的调色效果进行隐藏。接着选择曲线图层，右击，执行"创建剪贴蒙版"命令，让曲线效果只对该图层有调色效果，此时画面效果如图10-122所示。

图10-122

09 最后置入素材"3.png"，将其摆放在画面中心位置，按Enter键确定置入操作。最终完成效果如图10-123所示。

图10-123

实例152 换脸

文件路径	第10章 \ 换脸
难易指数	⭐⭐⭐⭐⭐
技术掌握	● 图层蒙版 ● "曲线"命令

🔍扫码深度学习

💡操作思路

本案例通过向人像画作中置入动物图像，并借助图层蒙版功能将动物面部以外的部分隐藏，并使用调色命令将其色调与背景相融合，达到换脸的目的。

🖱案例效果

案例对比效果如图10-124和图10-125所示。

图10-124

图10-125

🎤操作步骤

01 执行菜单"文件>打开"命令，打开素材"1.jpg"，如图10-126所示。

图10-126

02 执行菜单"文件>置入嵌入的智能对象"命令，置入狮子素材"2.jpg"，如图10-127所示。将其旋转摆放在图片中人脸的位置。然后按Enter键确定置入操作。选择该图层，右击，执行"栅格化图层"命令，将其转换为普通图层，如图10-128所示。

图10-127

图10-128

03 选择狮子图层,单击"图层"面板底部的 ▣(添加图层蒙版)按钮,为该图层添加图层蒙版。选择工具箱中的 ✔.(画笔工具),在选项栏中设置大小适中的柔边圆画笔笔尖,如图10-129所示。然后将前景色设置为黑色,使用黑色的柔边圆画笔在狮子面部周围涂抹,如图10-130所示。

图10-129

图10-130

04 此时画面效果如图10-131所示。

图10-131

05 由于狮子面部与画作色调不吻合,所以使用曲线调节狮子面部颜色。执行菜单"图层>新建调整图层>曲线"命令,在弹出的"新建图层"对话框中单击"确定"按钮。接着在弹出的"属性"面板中,在通道为RGB状态下,在曲线上单击添加控制点,然后向右下角拖曳压暗画面的亮度,如图10-132所示。接着设置通道为"绿",在曲线上单击添加控制点并向左上拖曳,增加画面中绿色的数量,曲线形状如图10-133所示。

图10-132

图10-133

06 接着设置通道为"蓝",在曲线上单击添加控制点并向右上方拖曳,减少画面中蓝色的成分。颜色调整完成后,单击"属性"面板底部的"创建剪贴蒙版"按钮 ▫❏,建立剪切蒙版,使曲线的调整效果只应用于狮子图层,如图10-134所示。此时画面效果如图10-135所示。

07 由于狮子面部没有立体感,此时可以压暗狮子面部周围的亮度。执行菜单"图层>新建调整图层>曲线"命令,再次新建一个曲线调整图

层。在"属性"面板中,调整RGB通道曲线形状,如图10-136所示。调整"红"通道曲线形状,如图10-137所示。

图10-134

图10-135

图10-136

图10-137

08 接着调整"绿"通道曲线形状，如图10-138所示。此时画面效果如图10-139所示。

图10-138

图10-139

09 单击曲线调整图层的图层蒙版，将其填充为黑色，隐藏调色效果。然后使用白色的柔边圆画笔在狮子面部周围进行涂抹，显示调色效果。蒙版如图10-140所示。此时画面效果如图10-141所示。

图10-140

图10-141

10 接下来提高眼睛、面部及身体的亮度。执行菜单"图层>新建调整图层>曲线"命令，新建曲线调整图层。在"属性"面板中的曲线上方单击添加一个控制点，然后向上拖曳，增加画面亮度，如图10-142所示。画面效果如图10-143所示。

图10-142

图10-143

11 接着单击曲线调整图层的图层蒙版，将其填充为黑色，隐藏调色效果。使用半透明的白色的柔边圆画笔在眼睛、面部及身体周围进行涂抹，蒙版中的涂抹位置如图10-144所示。最终效果如图10-145所示。

图10-144

图10-145

实例153	有趣的拼图		
文件路径	第10章\有趣的拼图		
难易指数	★★★★★		
技术掌握	● "曲线"命令 ● 钢笔工具	● 图层蒙版 ● 矩形工具	🔍扫码深度学习

💡操作思路

　　本案例是通过将两个正常的照片相互融合，制作有趣的拼图。

🖱案例效果

　　案例对比效果如图10-146和图10-147所示。

图10-146

图10-147

操作步骤

01 执行菜单"文件>打开"命令，打开素材"1.jpg"，如图10-148所示。

图10-148

02 执行菜单"图层>新建调整图层>曲线"命令，在弹出的"新建图层"对话框中单击"确定"按钮。接着在弹出的"属性"面板中的曲线上单击添加一个控制点向上拖曳，提高画面亮度，如图10-149所示。此时画面效果如图10-150所示。

图10-149　　　图10-150

03 执行菜单"文件>置入嵌入的智能对象"命令，置入花朵素材"2.jpg"，将其进行旋转，使花朵的位置与人物下身的位置相对应，如图10-151所示。然后按Enter键确定置入操作。在该图层的上方右击执行"栅格化图层"命令，将其转换为普通图层，此时画面效果如图10-152所示。

图10-151

图10-152

04 选择工具箱中的 （钢笔工具），在选项栏中设置绘制模式为"路径"，在花朵边缘单击鼠标左键，如图10-153所示。继续沿着花朵边缘进行路径的绘制，绘制到起始锚点位置时单击即可闭合路径，如图10-154所示。

图10-153

图10-154

05 路径绘制完成后，使用Ctrl+Enter快捷键将路径转换为选区，如图10-155所示。单击"图层"面板底部的"添加图层蒙版"按钮 ![蒙版]，基于选区添加图层蒙版，如图10-156所示。

06 此时画面效果如图10-157所示。

图10-155　　　图10-156

图10-157

07 选择工具箱中 （矩形工具），在选项栏中设置绘制模式为"形状""填充"为粉色，然后在花朵图层的下方绘制一个粉色矩形，如图10-158所示。最终效果如图10-159所示。

图10-158

图10-159

实例154 可爱网络头像

文件路径	第10章\可爱网络头像	
难易指数	★★★★★	
技术掌握	● 椭圆选框工具 ● 图层蒙版	● 画笔工具 ● 钢笔工具

扫码深度学习

操作思路

本案例使用图层蒙版将方形照片只显示圆形的区域，然后使用多种工具制作一些可爱的元素，搭配在人物照片周围，制作可爱的网络头像。

案例效果

案例对比效果如图10-160和图10-161所示。

图10-160

图10-161

操作步骤

01 执行菜单"文件>新建"命令，在弹出的"新建文档"对话框中设置"宽度"为1500像素、"高度"为1500像素、"分辨率"为300像素/英寸，单击"创建"按钮，如图10-162所示。

图10-162

02 将前景色设置为浅蓝色，使用前景色（填充快捷键为Alt+Delete）进行填充，此时画面效果如图10-163所示。接着执行菜单"文件>置入嵌入的智能对象"命令，置入人像素材"1.jpg"，按Enter键确定置入操作。然后执行菜单"图层>栅格化>智能对象"命令，将该图层栅格化。此时画面效果如图10-164所示。

03 选择工具箱中的椭圆选框工具，按住Shift键并按住鼠标左键拖曳绘制一个正圆形选区，如图10-165所示。接着单击"图层"面板底部的"添加图层蒙版"按钮，基于选区为该图层添加蒙版。此时画面效果如图10-166所示。

图10-163

图10-164

图10-165

图10-166

04 接下来绘制腮红。新建一个图层，选择工具箱中的椭圆选框工具，在选项栏中设置"羽化"为5像素，然后在左脸位置按住鼠标左键拖曳绘制一个椭圆选区，如图10-167所示。然后将前景色设置为粉色，使用Alt+Delete快捷键进行填充，使用Ctrl+D快捷键取消选区的选择，腮红效果如图10-168所示。

艺境 中文版Photoshop数码照片处理全视频 实战228例

图10-167

图10-168

05 选择工具箱中的画笔工具，将前景色设置为白色，然后在画笔选取器中设置"大小"为5像素，选择一个柔边圆画笔，如图10-169所示。在腮红的左上方绘制高光，效果如图10-170所示。

图10-169

图10-170

06 选择腮红图层，使用Ctrl+J快捷键将其进行复制，然后将复制的腮红移动到右脸处，如图10-171所示。接着执行菜单"编辑>变换>水平翻转"命令，将右脸处的腮红水平翻转，此时画面效果如图10-172所示。

图10-171

图10-172

07 接着选择工具箱中的 (钢笔工具)，在选项栏中设置绘制模式为"形状"、"填充"为黄色、"描边"为无，然后在画面中的右侧画出三角形，如图10-173所示。再将"填充"设置为橙色，在黄色三角形侧面绘制一个不规则三角形，使其看起来像是黄色三角形的暗面，如图10-174所示。

图10-173

图10-174

08 按住Ctrl键单击加选两个三角形图层，然后使用Ctrl+J快捷键将其进行复制，然后向下移动，如图

10-175所示。使用Ctrl+T快捷键调出界定框，然后适当进行旋转，如图10-176所示。旋转完成后，按Enter键确定变换操作。

图10-175

图10-176

09 执行菜单"文件>置入嵌入的智能对象"命令，置入素材"2.png"，将其摆放在画面左下方位置，然后按Enter键确定置入操作，如图10-177所示。最后将耳朵素材"3.png"置入到文档中，移动摆放至合适位置，然后按Enter键确定置入操作。最终效果如图10-178所示。

图10-177

图10-178

第**11**章

风光照片处理

实例155　高彩风光

文件路径	第11章\高彩风光
难易指数	★★★★★
技术掌握	● "曲线"命令　　● "色彩平衡"命令 ● 画笔工具　　　● "可选颜色"命令

操作思路

本案例通过多种调色命令的综合使用，将平淡的风景照片制作出色调艳丽的高彩效果。

案例效果

案例对比效果如图11-1和图11-2所示。

图11-1　　　　　　　　　　　图11-2

操作步骤

01 执行菜单"文件>打开"命令，打开风景素材"1.jpg"，如图11-3所示。

图11-3

02 执行菜单"图层>新建调整图层>曲线"命令，在弹出的"新建图层"对话框中单击"确定"按钮，得到调整图层。接着在"属性"面板中的曲线上单击添加3个控制点并向下拖曳，降低画面亮度，如图11-4所示。此时画面效果如图11-5所示。

图11-4　　　　　　　　　　图11-5

03 单击调整图层的图层蒙版缩览图，将前景色设置为黑色，然后使用前景色（填充快捷键为Alt+Delete）进行填充，此时调色效果将被隐藏。选择工具箱中的 ✔.（画笔工具），然后在选项栏中单击打开画笔预设选取器，在"画笔预设"选取器中单击选择一个柔边圆画笔，设置画笔"大小"为1000像素，如图11-6所示。将前景色设置为白色，在画面四周进行涂抹，显示其效果，如图11-7所示。

图11-6

图11-7

04 接下来调整地面和船的颜色，使其变为暖色调。执行菜单"图层>新建调整图层>色彩平衡"命令，在弹出的"新建图层"对话框中单击"确定"按钮，得到调整图层。接着在"属性"面板中设置"色调"为"中间调"、"青色-红色"为35、"洋红-绿色"为-30、"黄色-蓝色"为-60，勾选"保留明度"复选框，如图11-8所示。此时画面效果如图11-9所示。

图11-8

图11-9

艺境 中文版Photoshop数码照片处理全视频 实战228例 Photoshop

05 接着单击色彩平衡调整图层的图层蒙版缩览图,然后将其填充为黑色,隐藏调色效果,接着使用白色的柔边圆画笔在船身及地面进行涂抹显示其调色效果,如图11-10所示。

图11-10

06 接下来使用曲线调整画面下部的亮度和对比度,增强画面厚重感。执行菜单"图层>新建调整图层>曲线"命令,新建一个曲线调整图层,将曲线调整为S型,如图11-11所示。此时画面效果如图11-12所示。

图11-11

图11-12

07 接着单击曲线调整图层的图层蒙版缩览图,将其填充为黑色,隐藏调色效果。然后使用白色的柔边圆画笔在海面以及船和地面位置涂抹。在涂抹近

景地面位置时,在画笔工具的选项栏中适当降低画笔的不透明度,图层蒙版涂抹位置如图11-13所示。此时画面效果如图11-14所示。

图11-13

图11-14

08 接下来调整天空和山的颜色。执行菜单"图层>新建调整图层>色彩平衡"命令,在弹出的"新建图层"对话框中单击"确定"按钮,得到调整图层。接着在"属性"面板中设置"色调"为"中间调"、"青色-红色"为-70、"洋红-绿色"为-15、"黄色-蓝色"为60,勾选"保留明度"复选框,如图11-15所示。此时画面效果如图11-16所示。

图11-15

图11-16

09 接着单击调整图层的图层蒙版缩览图，然后将前景色设置为黑色，使用前景色进行填充，此时调色效果将被隐藏。接着选择画笔工具设置合适的笔尖大小，选择一个柔边圆画笔，然后将前景色设置为白色，在画面中天空和山的部位涂抹。涂抹位置如图11-17所示。此时画面效果如图11-18所示。

图11-17

图11-18

10 接着将画面调整为暖色调。执行菜单"图层>新建调整图层>可选颜色"命令，创建新的调整图层，然后在"属性"面板中设置"颜色"为白色、"洋红"为-7%、"黄色"为80%，如图11-19所示。继续设置"颜色"为"中性色"、"黄色"为80%，如图11-20所示。

图11-19

图11-20

11 此时画面效果如图11-21所示。

图11-21

12 接着选择该图层，设置图层的"不透明度"为70%，如图11-22所示。此时画面效果如图11-23所示。

图11-22

图11-23

13 最后调整画面整体，制作暗角效果。执行菜单"图层>新建调整图层>色彩平衡"命令，创建新的调整图层，接着在"属性"面板中设置"色调"为"中间调"、"青色-红色"为-50、"洋红-绿色"为-40、"黄色-蓝色"为60，勾选"保留明度"复选框，如图11-24所示。此时画面效果如图11-25所示。

图11-24

图11-25

14 单击调整图层的图层蒙版缩览图，将前景色设置为黑色，使用前景色进行填充，此时调色效果将被隐藏。接着选择画笔工具，设置合适的笔尖大小，选择一个柔边圆画笔，然后将前景色设置为白色，在画面四周进行涂抹，突出主体物，如图11-26所示。最终画面效果如图11-27所示。

Photoshop

图11-26   图11-27

实例156   极具视觉冲击力的HDR效果

文件路径	第11章\极具视觉冲击力的 HDR 效果	
难易指数	★★★★★	
技术掌握	● "智能锐化"滤镜 ● "色相/饱和度"命令 ● "阴影/高光"命令 ● "色彩平衡"命令 ● "曲线"命令	 扫码深度学习

操作思路

　　HDR色调命令常用于风景照片的处理。当拍摄风景照片时，明明看着非常漂亮，但是拍摄下来以后无论是从色彩还是意境上都差了许多，这时我们可以尝试将图像制作成HDR风格。本案例利用多种调色命令将正常曝光的街景照片制作出极具视觉冲击力的HDR风格的画面效果。

案例效果

　　案例对比效果如图11-28和图11-29所示。

图11-28   图11-29

操作步骤

01 执行菜单"文件>打开"命令，打开素材"1.jpg"，如图11-30所示。接着使用Ctrl+J快捷键复制"背景"图层。

图11-30

02 执行菜单"滤镜>锐化>智能锐化"命令，在弹出的"智能锐化"对话框中设置"数量"为100%、"半径"为10像素、"移去"为"高斯模糊"，单击"确定"按钮，如图11-31所示。此时画面效果如图11-32所示。

图11-31

图11-32

03 接着执行菜单"图像>调整>阴影/高光"命令，在弹出的"阴影/高光"对话框中设置"阴影"的数量为30%、"高光"的数量为20%，设置完成后，单击"确定"按钮，如图11-33所示。此时画面效果如图11-34所示。

图11-33

图11-34

04 此时要增加画面颜色的对比度。执行菜单"图层>新建调整图层>曲线"命令，在弹出的"新建图层"对话框中单击"确定"按钮，得到调整图层。接着在"属性"面板中调节曲线形状,如图11-35所示。此时画面效果如图11-36所示。

图11-35

图11-36

05 执行菜单"图层>新建调整图层>色相/饱和度"命令,新建调整图层。接着在"属性"面板中设置"色相"为-15、"饱和度"为+55,如图11-37所示。此时画面效果如图11-38所示。

图11-37

图11-38

06 单击"色相/饱和度"图层蒙版缩览图,然后将前景色设置为黑色,使用前景色(填充快捷键为Alt+Delete)进行填充,此时调色效果将被隐藏。选择工具箱中的 ✔ (画笔工具),然后在选项栏中单击打开"画笔预设"选取器,在画笔预设选取器中单击选择一个柔边圆画笔,设置画笔"大小"为50像素,如图11-39所示。

图11-39

07 设置合适的不透明度,在远景位置的房子处进行涂抹,显示其调色效果。此时蒙版如图11-40所示。画面效果如图11-41所示。

图11-40

图11-41

08 接下来调节地面色调。执行菜单"图层>新建调整图层>色彩平衡"命令,创建新的调整图层。在

"属性"面板中设置"色调"为"中间调"、"青色-红色"为-30、"洋红-绿色"为-15、"黄色-蓝色"为90,勾选"保留明度"复选框,如图11-42所示。此时画面效果如图11-43所示。

图11-42

图11-43

09 然后单击调整图层的图层蒙版,将前景色设置为黑色,使用前景色(填充快捷键为Alt+Delete)进行填充,此时调色效果将被隐藏。接着选择画笔工具,设置合适的笔尖大小,选择一个柔边圆画笔,然后将前景色设置为白色,在水泥路的位置进行涂抹,显示此处的调整效果。图层蒙版如图11-44所示。最终画面效果如图11-45所示。

图11-44

图11-45

实例157	浓郁艳丽的海景	
文件路径	第11章\浓郁艳丽的海景	
难易指数	★★★★★	
技术掌握	● "曲线"命令 ● 画笔工具 ● "色彩平衡"命令 ● "可选颜色"命令	

扫码深度学习

操作思路

　　"可选颜色"命令是非常实用的调色命令，使用该命令可以单独对图像中的红、黄、绿、青、蓝、洋红、白色、中性色以及黑色中各种颜色所占的百分比进行调整。本案例就是利用多种调色命令将平淡的风景照片制作出浓郁艳丽的色调。

案例效果

　　案例对比效果如图11-46和图11-47所示。

图11-46

图11-47

操作步骤

01 执行菜单"文件>打开"命令，打开风景素材"1.jpg"，如图11-48所示。

图11-48

02 接下来增加画面亮度的对比。执行菜单"图层>新建调整图层>曲线"命令，在弹出的"新建图层"对话框中单击"确定"按钮，新建调整图层。接着在"属性"面板中调节曲线形状，将曲线调整为S型，如图11-49所示。此时画面效果如图11-50所示。

图11-49

图11-50

03 单击调整图层的图层蒙版缩览图，将前景色设置为黑色，选择工具箱中的画笔工具，在选项栏中单击打开"画笔预设"选取器，

在画笔预设选取器中单击选择一个柔边圆画笔，设置画笔大小为300像素，接着在选项栏中设置画笔"不透明度"为85%，如图11-51所示。然后在画面中海面和沙滩位置按住鼠标左键拖曳进行涂抹，此时图层蒙版中的黑白关系如图11-52所示。

图11-51

图11-52

04 此时画面效果如图11-53所示。

图11-53

05 接下来继续调整天空及海面位置，增加蓝色的饱和度。执行菜单"图层>新建调整图层>曲线"命令，在弹出的"新建图层"对话框中单击"确定"按钮，创建新的调整图层。接着在弹出的"属性"面板中的曲线上单击添加一个控制点并向下拖曳，降低画面的亮度。曲线形状如图11-54所示。此时画面效果如图11-55所示。

图11-54

图11-55

06 接着单击"曲线"调整图层的图层蒙版缩览图，然后将前景色设置为黑色，使用前景色（填充快捷键为Alt+Delete）进行填充，隐藏调色效果。接着使用白色的柔边圆画笔在天空以及海面波纹处涂抹，在涂抹海绵波纹位置时需要适当调整笔尖大小。图层蒙版中涂抹位置如图11-56所示。此时画面效果如图11-57所示。

图11-56

图11-57

07 接下来将海水调整为青绿色。执行菜单"图层>新建调整图层>色彩平衡"命令，在弹出的"新建图

层"对话框中单击"确定"按钮，得到调整图层。接着在弹出的"属性"面板中设置"色调"为"中间调"、"青色–红色"设置为–100、"洋红–绿色"设置为+85、"黄色–蓝色"设置为–40，勾选"保留明度"复选框，如图11-58所示。此时画面效果如图11-59所示。

图11-58

图11-59

08 单击"色彩平衡"调整图层的图层蒙版缩览图，将其填充为黑色隐藏调色效果。使用白色的柔边圆画笔在除海面外的其他位置涂抹，图层蒙版中涂抹位置如图11-60所示。此时画面效果如图11-61所示。

图11-60

图11-61

09 接下来调整沙滩颜色。执行菜单"图层>新建调整图层>可选颜色"命令，在弹出的"新建图层"对话框中单击"确定"按钮，得到调整图层。接着在弹出的"属性"面板中设置"颜色"为"黄色"，其中"黄色"值为+45%，如图11-62所示。此时画面效果如图11-63所示。

图11-62

图11-63

10 单击"可选颜色"调整图层的图层蒙版缩览图，将其填充为黑色隐藏调色效果。使用白色的柔边圆画笔涂抹沙滩，显示出调色效果，如图11-64所示。

图11-64

11 调整画面整体亮度。执行菜单"图层>新建调整图层>曲线"命令，在弹出的"新建图层"对话框中单击"确定"按钮，得到调整图层。接着在弹出的"属性"面板中的曲线上单击添加两个控制点并向上拉曳，提高画面亮度，如图11-65所示。此时画面效果如图11-66所示。

图11-65

图11-66

12 单击"曲线"调整图层的图层蒙版缩览图，将前景色设置为黑色，使用前景色（填充快捷键为Alt+Delete）进行填充，此时调色效果将被隐藏。接着选择画笔工具，设置合适大小的柔边圆画笔笔尖，然后将前景色设置为白色，在天空以及海面位置大面积涂抹，并适当降低画笔不透明度，在沙滩位置进行涂抹，涂抹区域如图11-67所示。涂抹完成

后，图层蒙版中的黑白关系如图11-68所示。

图11-67

图11-68

13 最终效果如图11-69所示。

图11-69

实例158 夜晚紫色调

文件路径	第 11 章 \ 夜晚紫色调	
难易指数	⭐⭐⭐⭐⭐	
技术掌握	● "智能锐化"滤镜 ● "色彩平衡"命令	● "曲线"命令 ● "可选颜色"命令

🔍扫码深度学习

💡**操作思路**

本案例利用多种调色命令为夜景中的城市照片添加一些紫色，营造一种繁华都市的迷幻之感。

🖱**案例效果**

案例对比效果如图11-70和图11-71所示。

图11-70

图11-71

Photoshop

艺境 中文版Photoshop数码照片处理全视频 实战228例

操作步骤

01 执行菜单"文件>打开"命令，打开风景素材"1.jpg"，如图11-72所示。选择"背景"图层，使用Ctrl+J快捷键将其进行复制。

图11-72

02 执行菜单"滤镜>锐化>智能锐化"命令，在弹出的"智能锐化"对话框中设置"数量"为284%、"半径"为3像素、"减少杂色"为16%，单击"确定"按钮，如图11-73所示。此时画面效果如图11-74所示。

图11-73

图11-74

03 执行菜单"图层>新建调整图层>色彩平衡"命令，在弹出的"新建图层"对话框中单击"确定"按钮，得到调整图层。接着在弹出的"属性"面板中设置"色调"为"中间调"、"青色-红色"为+24、"洋红-绿色"为-3、"黄色-蓝色"为+15，如图11-75所示。此时画面效果如图11-76所示。

图11-75

图11-76

04 接下来调整画面对比度，使画面颜色更通透。执行菜单"图层>新建调整图层>曲线"命令，在弹出的"新建图层"对话框中单击"确定"按钮，得到调整图层。接着在弹出的"属性"面板中的曲线上方单击添加控制点并拖曳调整曲线形状，如图11-77所示。此时画面效果如图11-78所示。

图11-77

图11-78

05 执行菜单"图层>新建调整图层>曲线"命令，在弹出的"新建图层"对话框中单击"确定"按钮，得到调整图层。接着在弹出的"属性"面板中的曲线上方单击添加控制点并拖曳调整曲线形状，将画面亮度调低，如图11-79所示。此时画面效果如图11-80所示。

图11-79

图11-80

06 单击"曲线"调整图层的图层蒙版缩览图，接着将前景色设置为黑色，选择工具箱中的 ✎（画笔工具），在选项栏中单击画笔选取器，设置一个较大的柔边圆画笔笔尖，然后在曲线调整图层蒙版的中心位置进行涂抹，隐藏画面中心位置的调色效果，只显示画面四周的调色效果，如图11-81所示。

图11-81

07 接下来改变天空色调。执行菜单"图层>新建调整图层>可选颜色"命令，在弹出的"新建图层"对话框中单击"确定"按钮，得到调整图层。接着在弹出的"属性"面板中设置"颜色"为"青色"，其中"青色"值为+10%，如图11-82所示。此时画面效果如图11-83所示。

图11-82

图11-83

08 再将"颜色"设置为"蓝色"，其中"青色"值为–50%，如图11-84所示。最终完成效果如图11-85所示。

图11-84

图11-85

实例159	清新色调
文件路径	第11章\清新色调
难易指数	⭐⭐⭐⭐⭐
技术掌握	● "色彩平衡"命令　　● "曲线"命令 ● "色相/饱和度"命令　● "画笔工具"命令

扫码深度学习

💡操作思路

本案例利用多种调色命令分别对天空、树木、风车、草地进行单独的颜色

调色，使颜色暗淡的照片呈现出清新的色调。

🖱案例效果

案例对比效果如图11-86和图11-87所示。

图11-86

图11-87

🎙操作步骤

01 执行菜单"文件>打开"命令，打开素材"1.jpg"，如图11-88所示。

图11-88

02 首先增强天空色彩。执行菜单"图层>新建调整图层>色彩平衡"命令，在弹出的"新建图层"对话框中单击"确定"按钮，得到调整图层。接着在弹出的"属性"面板中设置"色调"为"中间调"、"青色–红色"为–85、"洋红–绿色"为–30、"黄色–蓝色"为35，如图11-89所示。此时画面效果如图11-90所示。

图11-89

图11-90

图11-95

03 接着单击"色彩平衡"调整图层的图层蒙版缩览图，然后将前景色设置为黑色，选择工具箱中的 ✐ （画笔工具），在选项栏中单击打开"画笔预设"选取器，在画笔预设选取器中设置合适的画笔大小，然后在画面中风车、地面和树木上方位置按住鼠标左键拖曳进行涂抹，隐藏此处的调色效果。蒙版中涂抹位置如图11-91所示。此时画面效果如图11-92所示。

图11-91

图11-92

图11-96

06 接着单击"曲线"调整图层的图层蒙版缩览图，然后将前景色设置为黑色，使用前景色（填充快捷键为Alt+Delete）进行填充，此时调色效果将被隐藏。然后将前景色设置为白色，选择工具箱中的 ✐ （画笔工具），在选项栏中单击打开"画笔预设"选取器，在画笔预设选取器中单击选择一个柔边圆画笔，设置画笔大小为80像素，接着在选项栏中设置画笔"不透明度"为50%，如图11-97所示。设置完成后，在画面中草地、树木的位置按住鼠标左键拖曳进行涂抹，显示出调色效果，如图11-98所示。

04 接下来增强整体画面的颜色饱和度。执行菜单"图层>新建调整图层>色相/饱和度"命令，在弹出的"新建图层"对话框中单击"确定"按钮，得到调整图层。接着在弹出的"属性"面板中设置"饱和度"为+45，如图11-93所示。此时画面效果如图11-94所示。

图11-93

图11-94

05 接着执行菜单"图层>新建调整图层>曲线"命令，在弹出的"新建图层"对话框中单击"确定"按钮，得到调整图层。接着在弹出的"属性"面板中的曲线上方单击添加控制点并拖曳调整曲线形状，提亮草地树木的亮度，如图11-95所示。此时画面效果如图11-96所示。

图11-97

Photoshop

图11-98

 艺境 中文版Photoshop数码照片处理全视频 实战228例

07 接下来对天空颜色进行提亮。设置画笔大小为350像素，在选项栏中设置画笔的"不透明度"为50%，如图11-99所示。继续在"曲线"调整图层的图层蒙版中的天空处进行涂抹，如图11-100所示。此时天空位置逐渐变亮，效果如图11-101所示。

图11-99

图11-100

图11-101

08 接下来对画面中的风车进行调色。执行菜单"图层>新建调整图层>色彩平衡"命令，在弹出的"新建图层"对话框中单击"确定"

按钮，得到调整图层。接着在弹出的"属性"面板中设置"色调"为"中间调"、"青色-红色"为+25、"洋红-绿色"为-25、"黄色-蓝色"为-20，如图11-102所示。此时画面效果如图11-103所示。

图11-102

图11-103

09 单击"色彩平衡"调整图层的图层蒙版缩览图，然后将前景色设置为黑色，使用前景色（填充快捷键为Alt+Delete）进行填充，此时调色效果将被隐藏。再把前景色设置为白色，选择工具箱中的画笔工具，在选项栏中单击画笔选取器，设置合适大小的柔边圆画笔笔尖，接着在画面中的风车处进行涂抹，图层蒙版的涂抹效果如图11-104所示。此时画面效果如图11-105所示。

图11-104

图11-105

10 执行菜单"图层>新建调整图层>曲线"命令，在弹出的"新建图层"对话框中单击"确定"按钮，得到调整图层。在弹出的"属性"面板中的曲线上方单击添加控制点并向上拖曳曲线形状，提亮整体画面亮度，如图11-106所示。最终完成效果如图11-107所示。

图11-106

图11-107

实例160 唯美海岸颜色

文件路径	第11章\唯美海岸颜色
难易指数	★★★★★
技术掌握	● "曲线"命令 ● "色彩平衡"命令

🔍扫码深度学习

🔆 操作思路

　　本案例利用多种调色命令处理昏暗的海岸照片，增强画面的可视度，并为画面增添颜色感。

🖱 案例效果

　　案例对比效果如图11-108和图11-109所示。

图11-108

图11-109

🎙 操作步骤

01 执行菜单"文件>打开"命令，打开风景素材"1.jpg"，如图11-110所示。

图11-110

02 首先提高远景天空的亮度。执行菜单"图层>新建调整图层>曲线"命令，在弹出的"新建图层"对话框中单击"确定"按钮，得到调整图层。接着在弹出的"属性"面板中的曲线上单击添加一个控制点并向左上拖曳，提高画面亮度。曲线形状如图11-111所示。此时画面效果如图11-112所示。

图11-111

图11-112

03 单击"曲线"调整图层的图层蒙版缩览图，然后将前景色设置为黑色，使用前景色（填充快捷键为Alt+Delete）进行填充，此时调色效果将被隐藏。接着选择工具箱中的画笔工具，在选项栏中单击打开"画笔预设"选取器，在画笔预设选取器中单击选择一个柔边圆画笔，设置合适的画笔大小，适当降低画笔的不透明度，然后将前景色设置为白色，接着在画面中按住鼠标左键进行涂抹，显示画面建筑上方天空和下方水面的亮度。如图11-113所示的选区位置为涂抹位置。此时蒙版中的黑白关系如图11-114所示。

图11-113

图11-114

04 将前景色设置为黑色，然后使用柔边圆画笔，将笔尖调小一些，在建筑上方按住鼠标左键涂抹。涂抹位置如图11-115所示。使建筑部分不受此调整图层影响，此时画面效果如图11-116所示。

图11-115

图11-116

05 接下来调整太阳及倒影颜色。执行菜单"图层>新建调整图层>曲线"命令，在弹出的"新建图层"对话框中单击"确定"按钮，得到调整图层。接着在弹出的"属性"面板中调节曲线形状，增加画面颜色的对比度，如图11-117所示。此时画面颜色如图11-118所示。

图11-117

图11-118

06 接着单击"曲线"调整图层的图层蒙版缩览图，并将其填充为黑色，隐藏调色效果。接着使用白色的柔边圆画笔在蒙版中涂抹霞光和倒影中的霞光位置。图层蒙版中涂抹位置如图11-119所示。此时画面效果如图11-120所示。

图11-119

图11-120

07 接下来调整画面整体色调。执行菜单"图层>新建调整图层>色彩平衡"命令，在弹出的"新建图层"对话框中单击"确定"按钮，得到调整图层。接着在弹出的"属性"面板中设置"色调"为"中间调"、"青色-红色"为+40、"洋红-绿色"为-50、"黄色-蓝色"为-45，勾选"保留明度"复选框，如图11-121所示。此时画面效果如图11-122所示。

图11-121

图11-122

08 接着单击"色彩平衡"调整图层的图层蒙版缩览图，并将其填充为黑色，隐藏调色效果。接着使用白色的柔边圆画笔，适当降低画笔的"不透明度"，然后在霞光和水面位置涂抹，显示其调色效果，如图11-123所示。得到的画面效果如图11-124所示。

图11-123　　　　　　　图11-124

09 执行菜单"图层>新建调整图层>色彩平衡"命令，在弹出的"新建图层"对话框中单击"确定"按钮，得到调整图层。接着在弹出的"属性"面板中设置"色调"为"中间调"、"青色-红色"为-80、"洋红-绿色"为-30、"黄色-蓝色"为+60，勾选"保留明度"复选框，如图11-125所示。此时画面效果如图11-126所示。

图11-125　　　　　　　图11-126

10 接着单击"色彩平衡"调整图层的图层蒙版缩览图，使用黑色的柔边圆画笔在建筑上方天空和下方水面部分进行涂抹，如图11-127所示中红线内部为涂抹区域。涂抹完成后效果如图11-128所示。

图11-127　　　　　　　图11-128

11 最后利用曲线压暗四周，制造暗角效果。执行菜单"图层>新建调整图层>曲线"命令，在弹出的"新建图层"对话框中单击"确定"按钮，得到调整图层。接着在弹出的"属性"面板中的曲线上单击添加一个控制点并向下拖曳，降低画面亮度。曲线形状如图11-129所示。此时画面效果如图11-130所示。

图11-129

图11-130

12 接着单击"曲线"调整图层的图层蒙版缩览图，并将其填充为黑色，隐藏调色效果。接着设置合适大小的白色柔边圆画笔，然后在画面四角涂抹，蒙版效果如图11-131所示。最终效果如图11-132所示。

图11-131

图11-132

实例161 山川湖泊

文件路径	第11章 \ 山川湖泊
难易指数	⭐⭐⭐⭐⭐
技术掌握	● "阴影/高光"命令 ● 画笔工具 ● "曲线"命令

💡 操作思路

"阴影/高光"命令也是一个用来调整画面明度的命令，使用该命令可以通过对画面中暗部区域和高光区域的明暗进行分别调整，常用于还原图像阴影区域过暗或高光区域过亮造成的细节损失问题。本案例就是充分利用该调色命令增强了照片的细节，并借助其他调色命令增强画面的颜色感。

🖱 案例效果

案例对比效果如图11-133和图11-134所示。

图11-133

图11-134

🎙 操作步骤

01 执行菜单"文件>打开"命令，打开素材"1.jpg"，如图11-135所示。然后使用Ctrl+J快捷键将"背景"图层进行复制。选择复制的图层，右击，执行"转换为智能对象"命令，如图11-136所示。

图11-135

图11-136

02 接下来提高近处山地的明度。选择"背景拷贝"图层，执行菜单"图像>调整>阴影/高光"命令，在弹出的"阴影/高光"对话框中设置"阴影"为25%，单击"确定"按钮，如图11-137所示。此时画面效果如图11-138所示。

图11-137

图11-138

03 接着单击智能滤镜的图层蒙版缩览图，将前景色设置为黑色，然后单击工具箱中的 🖌 （画笔工具），在选项栏中单击打开"画笔预设"选取器，在画笔预设选取器中单击选择一个柔边圆画笔，设置画笔大小为450像素，如图11-139所示。设置完成后，在画面中远处的天空和山脉位置按住鼠标左键拖曳进行涂抹，隐藏远处部分的调色效果。此时画面效果如图11-140所示。

图11-139

图11-140

04 接下来调整近处山地的局部亮度，使山地亮度更均匀。执行菜单"图层>新建调整图层>曲线"命令，在弹出的"新建图层"对话框中单击"确定"按钮，得到调整图层。接着在弹出的"属性"面板中的曲线上方单击添加控制点并向上拖曳曲线形状，提高画面亮度，如图11-141所示。此时画面效果如图11-142所示。

图11-141

图11-142

05 接着单击"曲线"调整图层的图层蒙版缩览图，将前景色设置为黑色，使用前景色（填充快捷键为Alt+Delete）进行填充，隐藏调色效果，如图11-143所示。然后将前景色设置为白色，选择工具箱中的画笔工具，在选项栏中单击打开"画笔预设"选取器，在画笔预设选取器中单击选择一个柔边圆画笔，设置画笔大小为300像素。接着在选项栏中设置画笔"不透明度"为50%，如图11-144所示。

图11-143

图11-144

06 设置完成后，在画面中近处山地的凸起位置按住鼠标左键拖曳进行涂抹，显示调色效果。此时画面效果如图11-145所示。

图11-145

07 接下来对近处山地进行整体提亮。执行菜单"图层>新建调整图层>曲线"命令，在弹出的"新建图层"对话框中单击"确定"按钮，得到调整图层。接着在弹出的"属性"面板中的曲线上方单击添加控制点并向上拖曳调整曲线形状，如图11-146所示。此时画面效果如图11-147所示。

图11-146

图11-147

08 接着单击"曲线"调整图层的图层蒙版缩览图，将前景色设置为黑色，使用前景色（填充快捷键为Alt+Delete）进行填充，隐藏调色效果。然后再将前景色设置为白色，选择工具箱中的画笔工具，然后设置一个合适大小的柔边圆画笔笔尖，然后在画面中近处山地整体进行涂抹，显示此处的调色效果。蒙版中涂抹位置如图11-148所示。此时画面效果如图11-149所示。

图11-148

图11-149

09 接下来减弱远方山脉的雾感。执行菜单"图层>新建调整图层>曲线"命令，在弹出的"新建图层"对话框中单击"确定"按钮，得到调整图层。接着在弹出的"属性"面板中将通道设置为"蓝"，然后在曲线上方单击添加控制点并向下拖曳调整曲线形状，降低画面亮度，如图11-150所示。此时画面效果如图11-151所示。

图11-150

图11-151

10 接着单击"曲线"调整图层的图层蒙版缩览图，将前景色设置为黑色，使用前景色（填充快捷键为Alt+Delete）进行填充，隐藏调色效果。然后再将前景色设置为白色，选择工具箱中的画笔工具，然后设置一个合适大小的柔边圆画笔笔尖，接着在画面中的远处蓝雾处进行涂抹，如图11-152所示。涂抹完成后，此时画面效果如图11-153所示。

图11-152

图11-153

11 接下来对河水进行提亮。执行菜单"图层>新建调整图层>曲线"命令，在弹出的"新建图层"对话框中单击"确定"按钮，得到调整图层。接着在弹出的"属性"面板中，先在通道为RGB的状态下，在曲线上方单击添加控制点并向上拖曳调整曲线形状，提高画面亮度，如图11-154所示。此时画面效果如图11-155所示。

图11-154

图11-155

12 再将通道设置为"红"，然后调整曲线形状，如图11-156所示。此时画面效果如图11-157所示。

图11-156

图11-157

13 接着单击"曲线"调整图层的图层蒙版缩览图，将前景色设置为黑色，使用前景色（填充快捷键为Alt+Delete）进行填充，隐藏调色效果。然后再将前景色设置为白色，选择工具箱中的画笔工具，然后设置一个合适大小的柔边圆画笔笔尖，接着在画面中河水位置进行涂抹，显示调色效果。此时画面效果如图11-158所示。

图11-158

14 接下来提高远处山脉的对比度。执行菜单"图层>新建调整图层>曲线"命令，在弹出的"新建图层"对话框中单击"确定"按钮，得到调整图层。接着在弹出的"属性"面板中的曲线上方单击添加控制点并拖曳调整曲线形状，如图11-159所示。此时画面效果如图11-160所示。

图11-159

图11-160

18 再将"通道"设置为"蓝",然后调整曲线形状,如图11-167所示。此时画面效果如图11-168所示。

图11-167

15 接着单击"曲线"调整图层的图层蒙版缩览图,并将其填充为黑色。再使用白色画笔在画面中远处山脉位置进行涂抹,显示调色效果。画面涂抹位置如图11-161所示。此时画面效果如图11-162所示。

图11-161

图11-162

图11-168

16 接下来对天空进行提亮调色。执行菜单"图层>新建调整图层>曲线"命令,在弹出的"新建图层"对话框中单击"确定"按钮,得到调整图层。接着在弹出的"属性"面板中将"通道"设置为RGB,然后调整曲线形状,如图11-163所示。此时画面效果如图11-164所示。

图11-163

图11-164

19 接着单击"曲线"调整图层的图层蒙版缩览图,并将其填充为黑色。再使用白色画笔在画面中天空处进行涂抹,显示调色效果。图层蒙版的黑白效果如图11-169所示。此时画面效果如图11-170所示。

图11-169

17 再将"通道"设置为"红",然后调整曲线形状,如图11-165所示。此时画面效果如图11-166所示。

图11-165

图11-166

图11-170

20 接下来对天空进行亮度调整。执行菜单"图层>新建调整图层>曲线"命令，在弹出的"新建图层"对话框中单击"确定"按钮，得到调整图层。接着在弹出的"属性"面板中曲线上方单击添加控制点并拖曳调整曲线形状，如图11-171所示。此时画面效果如图11-172所示。

图11-171

图11-172

21 接着单击"曲线"调整图层的图层蒙版缩览图，并将其填充为黑色。再使用白色画笔在画面中天空处进行涂抹，蒙版效果如图11-173所示。此时画面效果如图11-174所示。

图11-173

图11-174

22 接下来提亮整体画面。执行菜单"图层>新建调整图层>曲线"命令，在弹出的"新建图层"对话框中单击"确定"按钮，得到调整图层。接着在弹出的"属性"面板中的曲线上方单击添加控制点并拖曳调整曲线形状，如图11-175所示。最终完成效果如图11-176所示。

图11-175

图11-176

11.2 色彩低沉的风景照片处理

实例162 单色城市风光

文件路径	第11章\单色城市风光
难易指数	★★★★★
技术掌握	● "黑白"命令 ● "智能锐化"滤镜 ● "曲线"命令 ● "曝光度"命令

扫码深度学习

操作思路

本案例中，首先对画面细节进行一定的强化，接下来利用"黑白""曲线"等命令对画面颜色进行调整，最后利用"曝光度"命令制作暗角效果。

案例效果

案例对比效果如图11-177和图11-178所示。

图11-177

图11-178

操作步骤

01 执行菜单"文件>打开"命令，打开风景素材"1.png"，如图11-179所示。然后使用Ctrl+J快捷键将"背景"图层进行复制。

Photoshop

图11-179

02 执行菜单"滤镜>锐化>智能锐化"命令，在弹出的"智能锐化"对话框中设置"数量"为50%、"半径"为15像素、"移去"为"高斯模糊"，设置完成后，单击"确定"按钮，如图11-180所示。此时画面效果如图11-181所示。

图11-180

图11-181

03 执行菜单"图层>新建调整图层>黑白"命令，在弹出的"新建图层"对话框中单击"确定"按钮，得到调整图层。接着在弹出的"属性"面板中设置"色调"为紫灰色，设置"红色"为135、"黄色"为240、"绿色"为110、"青色"为-150、"蓝色"为50、"洋红"为80，如图11-182所示。此时画面效果变为单色，如图11-183所示。

图11-182

图11-183

04 接下来调整街道，使图中黑白灰层次分明。执行菜单"图层>新建调整图层>曲线"命令，在弹出的"新建图层"对话框中单击"确定"按钮，得到调整图层。接着在弹出的"属性"面板中的曲线上单击添加一个控制点并向下拖曳，降低画面亮度。曲线形状如图11-184所示。此时画面效果如图11-185所示。

图11-184

图11-185

05 单击"曲线"调整图层的图层蒙版缩览图，将前景色设置为黑色，然后使用前景色（填充快捷键为Alt+Delete）进行填充，此时调色效果将被隐藏。选择工具箱中的画笔工具，在选项栏中单击打开"画笔预设"选取器，在画笔预设选取器中单击选择一个柔边圆画笔，设置画笔大小为200像素，如图11-186所示。接着将前景色设置为白色，在画面中道路位置按住鼠标左键拖曳进行涂抹，显示出道路变暗效果。此时画面效果如图11-187所示。

图11-186

图11-187

06 最后制作暗角效果。执行菜单"图层>新建调整图层>曝光度"命令，在弹出的"新建图层"对话框中单击"确定"按钮，得到调整图层。接着在弹出的"属性"面板中设置"曝光度"为-6、"灰度系数校正"为1.00，如图11-188所示。此时画面效果如图11-189所示。

图11-188

图11-189

07 接着单击"曝光度"调整图层的图层蒙版缩览图，并将其填充为黑色，隐藏调色效果。接着使用白色的柔边圆画笔在画面四周进行涂抹，显示其调色效果，如图11-190所示。最终效果如图11-191所示。

图11-190

图11-191

实例163　怀旧街道

文件路径	第11章 \ 怀旧街道
难易指数	★★★★★
技术掌握	● "曲线"命令 ● 画笔工具 ● "色彩平衡"命令 ● 混合模式

扫码深度学习

操作思路

本案例主要使用"曲线"命令对画面局部的明暗程度进行调整，利用"色彩平衡"命令更改画面颜色倾向。最后利用混合模式将旧纸张素材混合到画面中，制作怀旧效果。

案例效果

案例对比效果如图11-192和图11-193所示。

图11-192

图11-193

操作步骤

01 执行菜单"文件>打开"命令，打开风景素材"1.jpg"，如图11-194所示。

图11-194

02 执行菜单"图层>新建调整图层>曲线"命令，在弹出的"新建图层"对话框中单击"确定"按钮，得到调整图层。然后在弹出的"属性"面板中的曲线上单击

添加一个控制点并向上拖曳，提高画面亮度，如图11-195所示。此时画面效果如图11-196所示。

图11-195

图11-196

03 单击"曲线"调整图层的图层蒙版缩览图，将前景色设置为黑色，然后使用前景色（填充快捷键为Alt+Delete）进行填充，此时调色效果将被隐藏。选择工具箱中的画笔工具，在选项栏中单击打开"画笔预设"选取器，在画笔预设选取器中单击选择一个柔边圆画笔，设置画笔大小为150像素，如图11-197所示。接着将前景色设置为白色，在画面中树的位置按住鼠标左键拖曳进行涂抹，显示其调色效果，如图11-198所示。

图11-197

图11-198

04 接下来提高画面亮度的对比效果。执行菜单"图层>新建调整图层>曲线"命令，新建一个曲线调整图层，在"属性"面板中将曲线调整为S型，如图11-199所示。此时画面效果如图11-200所示。

图11-199

图11-200

05 单击"曲线"调整图层的图层蒙版缩览图，并将其填充为黑色，隐藏调色效果。接着使用白色的柔边圆画笔调出合适的画笔大小，在白柱子、红房子和两边地面位置进行涂抹。在涂抹柱子时，适当调节画笔大小，降低其不透明度。图层蒙版涂抹位置如图11-201所示。此时画面效果如图11-202所示。

图11-201

图11-202

06 再次执行菜单"图层>新建调整图层>曲线"命令，新建一个曲线调整图层，在"属性"面板中的曲线上单击添加一个控制点向下拖曳，压暗中间石板路的亮度，如图11-203所示。此时画面效果如图11-204所示。

图11-203

图11-204

07 接着单击"曲线"调整图层的图层蒙版缩览图，并将其填充为黑色，隐藏调色效果。然后使用白

色的柔边圆画笔，设置合适的画笔大小，在中间石板路上涂抹，使画面明暗效果拉大。此时蒙版效果如图11-205所示。画面效果如图11-206所示。

图11-205

图11-206

08 接下来调整图片整体色调，使之变暖、变红，产生怀旧感。执行菜单"图层>新建调整图层>色彩平衡"命令，在弹出的"新建图层"对话框中单击"确定"按钮，得到调整图层。接着在弹出的"属性"面板中设置"色调"为"中间调"、"青色–红色"为+60、"洋红–绿色"为–20、"黄色–蓝色"为–60，勾选"保留明度"复选框，如图11-207所示。此时画面效果如图11-208所示。

图11-207

中文版Photoshop数码照片处理全视频 实战228例 Photoshop

图11-208

09 最后执行菜单"文件>置入嵌入的智能对象"命令,置入旧纸张素材"2.jpg",按Enter键确定置入操作,如图11-209所示。在"图层"面板中选择"旧纸张"图层,设置该图层的混合模式为"正片叠底",如图11-210所示。

图11-209

图11-210

10 此时画面效果如图11-211所示。

图11-211

11 由于此时图片过暗,所以需要设置该图层的"不透明度"为30%,如图11-212所示。此时得出画面最终效果,如图11-213所示。

图11-212

图11-213

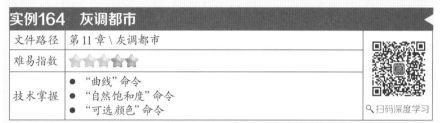

实例164 灰调都市

文件路径	第11章 \ 灰调都市
难易指数	★★★★★
技术掌握	● "曲线"命令 ● "自然饱和度"命令 ● "可选颜色"命令

扫码深度学习

操作思路

本案例中,首先利用"智能锐化"滤镜增强画面细节感,然后利用多种调色命令制作灰调效果的城市风光。

案例效果

案例对比效果如图11-214和图11-215所示。

图11-214

图11-215

操作步骤

01 执行菜单"文件>打开"命令,打开风景素材"1.jpg",如图11-216所示。选择"背景"图层,使用Ctrl+J快捷键将其进行复制。

图11-216

02 接下来锐化图片，增强视觉效果。执行菜单"滤镜>锐化>智能锐化"命令，在弹出的"智能锐化"对话框中将"预设"设置为"自定"，设置"数量"为120%、"半径"为20像素，"移去"为"高斯模糊"，设置完成后，单击"确定"按钮，如图11-217所示。此时画面效果如图11-218所示。

图11-223

图11-217   图11-218

03 选择复制的风景图层，单击"图层"面板底部的"添加图层蒙版"按钮 ◻，为该图层添加图层蒙版，如图11-219所示。选择工具箱中的 ✐（画笔工具），在选项栏中单击打开"画笔预设"选取器，在画笔预设选取器中单击选择一个柔边圆画笔，设置画笔大小为400像素。接着在选项栏中设置画笔"不透明度"为40%，如图11-220所示。

图11-224

06 接着单击"曲线"调整图层的图层蒙版缩览图，使用前景色（填充快捷键为Alt+Delete）进行填充，此时调色效果将被隐藏。然后使用白色的柔边圆画笔调出合适的画笔大小，在画面四角涂抹显示此处的调色效果。此时图层蒙版如图11-225所示。画面效果如图11-226所示。

图11-219   图11-220

04 将前景色设置为黑色，在画面中天空和建筑的上半部分位置按住鼠标左键拖曳进行涂抹，隐藏此处效果。蒙版中涂抹位置如图11-221所示。此时画面效果如图11-222所示。

图11-225

图11-221   图11-222

05 接下来使用曲线做出暗角效果。执行菜单"图层>新建调整图层>曲线"命令，在弹出的"新建图层"对话框中单击"确定"按钮，得到调整图层。然后在"属性"面板中的曲线上单击添加两个控制点并向下拖曳，调整曲线形状，如图11-223所示。此时画面效果如图11-224所示。

图11-226

07 接下来降低画面饱和度。执行菜单"图层>新建调整图层>自然饱和度"命令，在弹出的"新建图层"对话框中单击"确定"按钮，得到调整图层。接着在弹出的"属性"面板中设置"饱和度"为-80，如图11-227所示。此时画面效果如图11-228所示。

图11-227

图11-228

08 接下来将画面色调调整为黄褐色调。执行菜单"图层>新建调整图层>可选颜色"命令，在弹出的"新建图层"对话框中单击"确定"按钮，得到调整图层。接着在弹出的"属性"面板中的设置"颜色"为"白色"，其中"黄色"为+60%，如图11-229所示。接着设置"颜色"为"中性色"，其中"青色"为-25%、"洋红"为-5%、"黄色"为20%、"黑色"为-25%，如图11-230所示。

图11-229

图11-230

09 接着设置"颜色"为"黑色"，其中"黄色"为-25%、"青色"为-5%，如图11-231所示。此时画面最终效果如图11-232所示。

图11-231

图11-232

实例165	城市夜景
文件路径	第11章\城市夜景
难易指数	★★★★★
技术掌握	● "曲线"命令 ● 画笔工具 ● "色相/饱和度"命令

扫码深度学习

操作思路

本案例中，首先需要解决画面"灰蒙蒙"的问题，通过增强对比度、提亮局部的方式增强画面的视觉冲击力，并配合多种调色命令的使用，增强画面的颜色感。

案例效果

案例对比效果如图11-233和图11-234所示。

图11-233

图11-234

操作步骤

01 执行菜单"文件>打开"命令，打开风景素材"1.jpg"，如图11-235所示。

图11-235

02 执行菜单"图层>新建调整图层>曲线"命令，在弹出的"新建图层"对话框中单击"确定"按钮，得到调整图层。接着在弹出的"属性"面板中的曲线上单击添加一个控制点并向上拖曳，提高画面亮度，如图11-236所示。此时可以看到水面变亮，效果如图11-237所示。

器，在画笔预设选取器中单击选择一个柔边圆画笔，设置画笔"大小"为400像素，如图11-242所示。接着将前景色设置为白色，在画面中水面上方位置按住鼠标左键拖曳进行涂抹，显示水面的调色效果，如图11-243所示。

图11-236

图11-237

图11-242

03 接着单击"曲线"调整图层的图层蒙版缩览图，将前景色设置为黑色，然后使用前景色（填充快捷键为Alt+Delete）进行填充，此时调色效果将被隐藏。选择工具箱中的 ☑（画笔工具），在选项栏中单击打开"画笔预设"选取器，在画笔预设选取器中单击选择一个柔边圆画笔，设置画笔"大小"为350像素，如图11-238所示。接着将前景色设置为白色，在画面中水面上方位置按住鼠标左键拖曳进行涂抹，显示水面的调色效果，如图11-239所示。

图11-243

图11-238

图11-239

06 接下来调整画面顶部和底部的亮度，使图像更有深邃感。执行菜单"图层>新建调整图层>曲线"命令，新建一个曲线调整图层，在中间调位置单击添加一个控制点，然后向右下角拖曳压暗画面的亮度，如图11-244所示。此时画面效果如图11-245所示。

04 接下来调整水面颜色和波纹亮度，使水面更有质感。执行菜单"图层>新建调整图层>曲线"命令，新建一个曲线调整图层，在曲线高光位置单击添加一个控制点并将其向左上角拖曳，提高画面的亮度。然后在阴影位置再次单击添加一个控制点并向右下拖曳，压暗画面的亮度。将曲线调整为S型，如图11-240所示。可以看到画面效果如图11-241所示。

图11-244

图11-240

图11-241

图11-245

05 接着单击"曲线"调整图层的图层蒙版缩览图，将前景色设置为黑色，然后使用前景色（填充快捷键为Alt+Delete）进行填充，此时调色效果将被隐藏。接着选择工具箱中的画笔工具，在选项栏中单击打开"画笔预设"选取

07 接着单击"曲线"调整图层的图层蒙版缩览图，将其填充为黑

艺境 中文版Photoshop数码照片处理全视频 实战228例

Photoshop

色，隐藏调色效果。然后使用白色的柔边圆画笔在画面的顶部和底部进行涂抹显示其调色效果，如图11-246所示。此时画面效果如图11-247所示。

图11-246

图11-247

08 接下来调整天空远景位置使之变蓝、变亮。再次执行菜单"图层>新建调整图层>曲线"命令，新建一个曲线调整图层，将曲线调整为S型，如图11-248所示。此时画面效果如图11-249所示。

图11-248

图11-249

09 接着单击"曲线"调整图层的图层蒙版缩览图，将其填充为黑色，隐藏调色效果。然后使用白色的柔边圆画笔，适当调整画笔的不透明度，在建筑以及建筑上方的淡青色天空位置涂抹。图层蒙版涂抹位置如图11-250所示。此时画面效果如图11-251所示。

图11-250

图11-251

10 接下来增加建筑物灯光的颜色饱和度。执行菜单"图层>新建调整图层>色相/饱和度"命令，在弹出的"新建图层"对话框中单击"确定"按钮，得到调整图层。接着在弹出的"属性"面板中设置"色相"为+35，"饱和度"为+50，如图11-252所示。此时画面效果如图11-253所示。

图11-252

图11-253

11 单击"色相/饱和度"调整图层的图层蒙版缩览图，将前景色设置为黑色，使用前景色（填充快捷键为Alt+Delete）进行填充，此时调色效果将被隐藏。选择画笔工具，设置合适大小的柔边圆画笔笔尖，然后将前景色设置为白色，在画面中灯光以及水面倒影的光斑位置涂抹，所要涂抹的位置如图11-254所示。涂抹完成后画面效果如图11-255所示。

图11-254

图11-255

12 最后调整画面整体效果，让画面更有视觉冲击力。执行菜单"图层>新建调整图层>曲线"命令，在弹出的"新建图层"对话框中单击"确定"按钮，得到调整图层。接着在弹出的"属性"面板中的曲线上单击添加两个控制点进行调整。曲线形状如图11-256所示。调整后的画面效果如图11-257所示。

图11-256

图11-257

13 接着单击"曲线"调整图层的图层蒙版缩览图，使用白色的画笔在画面的周围以及建筑、水面的暗部位置进行涂抹，如图11-258所示。最终画面效果如图11-259所示。

图11-258

图11-259

11.3 风格化色彩处理

实例166	奇幻感色调
文件路径	第11章\奇幻感色调
难易指数	★★★★★
技术掌握	● 混合模式 ● 图层蒙版 ● "曲线"命令 ● "色相/饱和度"命令 ● 渐变工具

扫码深度学习

操作思路

本案例通过为天空和海面部分混入星光素材，增强画面奇幻感。接着通过多种调色命令的使用，使画面倾向于奇幻的青蓝色。

案例效果

案例对比效果如图11-260和图11-261所示。

图11-260

图11-261

操作步骤

01 执行菜单"文件>打开"命令，打开素材"1.jpg"，如图11-262所示。

图11-262

02 接下来合成星空效果。执行菜单"文件>置入嵌入的智能对象"命令，置入星空素材"2.jpg"，然后按Enter键确定置入操作。接着在该图层上方右击，执行"栅格化图层"命令，将智能图层转换为普通图层，并将其移动到画面的天空位置，如图11-263所示。接着在"图层"面板中将该图层的混合模式设置为"强光"，如图11-264所示。

图11-263

图11-264

03 此时画面效果如图11-265所示。接着单击"图层"面板底部的"添加图层蒙版"按钮 □，为该图层添加蒙版，如图11-266所示。

图11-265

图11-266

04 将前景色设置为黑色，选择工具箱中的 ☑（画笔工具），使用柔边圆画笔，设置画笔大小为60像素。接着在选项栏中设置画笔"不透明度"为80%，如图11-267所示。设置完成后，在画面中鲸鱼部分、星空与海面衔接的位置按住鼠标左键拖曳进行涂抹，此时海平面与天空衔接的地方会变得更自然，画面效果如图11-268所示。

图11-267

艺境 中文版Photoshop数码照片处理全视频 实战228例

Photoshop

图11-268

05 接下来合成海面中星空倒影效果。再次置入星空素材"2.jpg",如图11-269所示。按Enter键确定置入操作,然后将其栅格化。接着执行菜单"编辑>变换>垂直翻转"命令,然后将图片向下移动,只覆盖住海面位置,如图11-270所示。

图11-269

图11-270

06 接着在"图层"面板中选择该图层,将图层的混合模式设置为"强光","不透明度"设置为80%,如图11-271所示。此时画面效果如图11-272所示。

图11-271

图11-272

07 接着单击"图层"面板底部的"添加图层蒙版"按钮▢,为该图层添加蒙版,然后将前景色设置为黑色,选择工具箱中的画笔工具,设置一个合适大小的柔边圆画笔笔尖,接着在海平面与天空衔接处和鲸鱼部分进行涂抹,使天空与海面的衔接更自然,如图11-273所示。此时画面效果如图11-274所示。

图11-273

图11-274

08 接下来增加海面亮度和对比度,使海面颜色更鲜艳。执行菜单"图层>新建调整图层>曲线"命令,在弹出的"新建图层"对话框中单击"确定"按钮,得到调整图层。接着在弹出的"属性"面板中调整曲线形状,如图11-275所示。此时画面效果如图11-276所示。

图11-275

图11-276

09 接着选择曲线调整图层,右击执行"创建剪切蒙版"命令,使曲线效果只对该图层起作用,此时画面效果如图11-277所示。

图11-277

10 接下来对画面整体色调进行改变。执行菜单"图层>新建调整图层>色相/饱和度"命令,在弹出的"新建图层"对话框中单击"确定"按钮,得到调整图层。接着在弹出的"属性"面板中设置通道为"全图"、"色相"为-15,如图11-278所示。此时画面效果如图11-279所示。

图11-278

图11-279

11 接着在"属性"面板中设置通道为"黄色",设置"色相"为+17、"饱和度"为+7,如图11-280所示。此时画面效果如图11-281所示。

图11-280

图11-281

12 接着在"属性"面板中设置"通道"为"绿色",设置"色相"为+7、"饱和度"为-2,如图11-282所示。此时画面效果如图11-283所示。

图11-282

图11-283

13 接着在"属性"面板中设置"通道"为"青色",设置"色相"为+7,"饱和度"为-7,如图11-284所示。此时画面效果如图11-285所示。

图11-284

图11-285

14 接着在"属性"面板中设置"通道"为"蓝色",设置"色相"为-9、"饱和度"为+10,如图11-286所示。此时画面效果如图11-287所示。

图11-286

图11-287

15 接下来为画面制作暗角效果。新建一个图层,然后选择工具箱中的 █ (渐变工具),单击选项栏中的渐变色条在弹出的"渐变编辑器"对话框中编辑一个由黑色到透明的渐变颜色,然后单击"确定"按钮完成编辑操作。接着在选项栏中选择渐变类型为"径向渐变" █,设置"不透明度"为90%,如图11-288所示。接着使用渐变工具在画面中心位置按住鼠标左键拖曳进行填充,如图11-289所示。

图11-288

图11-289

16 释放鼠标，渐变效果如图11-290所示。

图11-290

17 此时暗角效果太过强烈，所以适当调整。选择工具箱中的 ✐（橡皮擦工具），单击选项栏中的"画笔选取器"，设置画笔"大小"为500像素，选择一个柔角橡皮擦，设置"不透明度"为15%、"流量"为85%，如图11-291所示。接着在画面中心进行涂抹，使中心位置不受暗角影响，最终完成效果如图11-292所示。

图11-291

图11-292

实例167　红外线摄影

文件路径	第11章 \ 红外线摄影
难易指数	★★★★★
技术掌握	● "通道混合器"命令 ● "黑白"命令

操作思路

红外线摄影的基本原理与一般摄影是相同的，都是利用光线照在物体上反射经过镜片到相机内成像；区别在于普通摄影以可见光作为光源，而红外线摄影以红外光作为光源。红外线摄影通常会产生非常奇妙的画面效果。本案例主要使用"通道混合器"和"黑白"命令更改不同区域的颜色，制作红外线摄影。

案例效果

案例对比效果如图11-293和图11-294所示。

图11-293

图11-294

操作步骤

01 执行菜单"文件>打开"命令，打开风景素材"1.jpg"，如图11-295所示。

图11-295

02 执行菜单"图层>新建调整图层>通道混合器"命令，在弹出的"新建图层"对话框中单击"确定"按钮，得到调整图层。接着在弹出的"属性"面板中设置"输出通道"为"红"，设置"红色"为+40%、"绿色"为+200%、"蓝色"为-200%，如图11-296所示。此时画面效果如图11-297所示。

图11-296

图11-297

03 接着单击调整图层的图层蒙版缩览图，将前景色设置为黑色，然后使用前景色（填充快捷键为Alt+Delete）进行填充，此时调色效果将被隐藏。选择工具箱中的 ✎（画笔工具），在选项栏中单击打开"画笔预设"选取器，在画笔预设选取器中单击选择一个柔边圆画笔，设置画笔"大小"为200像素，如图11-298所示。然后将前景色设置为白色，设置完成后，在画面中近景草地的位置按住鼠标左键拖曳进行涂抹，效果如图11-299所示。

06 接下来单击"黑白"调整图层的图层蒙版缩览图，然后将其填充为黑色，隐藏调色效果。接着使用白色的柔边圆画笔选择合适的画笔大小，降低笔尖的不透明度，然后在天空及远山处进行涂抹显示其效果。图层蒙版中的黑白效果如图11-304所示。最终完成效果如图11-305所示。

图11-298

图11-299

04 执行菜单"图层>新建调整图层>黑白"命令，在弹出的"新建图层"对话框中单击"确定"按钮，得到调整图层。接着在弹出的"属性"面板中设置"预设"为"自定"，设置"红色"为15、"黄色"为120、"绿色"为110、"青色"为-200、"蓝色"为-200、"紫色"为80，如图11-300所示。此时画面效果如图11-301所示。

图11-300

图11-301

05 接下来降低天空和远处山峰颜色的饱和度。再次执行菜单"图层>新建调整图层>黑白"命令，在弹出的"新建图层"对话框中单击"确定"按钮，得到调整图层。接着在弹出的"属性"面板中设置"预设"为"默认值"，设置"红色"为40、"黄色"为60、"绿色"为40、"青色"为60、"蓝色"为20、"紫色"为80，如图11-302所示。此时画面效果如图11-303所示。

图11-302

图11-303

图11-304

图11-305

实例168	水墨画
文件路径	第11章 \ 水墨画
难易指数	★★★★★
技术掌握	● "阴影 / 高光"命令 ● "曲线"命令 ● "黑白"命令 ● 渐变工具

扫码深度学习

💡操作思路

本案例主要通过"黑白"命令将画面变为灰度效果；然后利用多种调色没了调整画面的明暗对比；最后通过在画面中添加留白区域以及书法文字来增强画面的水墨画效果。

👆案例效果

案例对比效果如图11-306和图11-307

所示。

图11-306

图11-307

🎙️ 操作步骤

01 执行菜单"文件>打开"命令，打开风景素材"1.jpg"，如图11-308所示。

图11-308

02 接下来提亮整体画面。执行菜单"图像>调整>阴影/高光"命令，在弹出的"阴影/高光"对话框中设置"阴影"选项组中的"数量"为30%，然后单击"确定"按钮，如图11-309所示。此时画面效果如图11-310所示。

图11-309

图11-310

03 接下来将彩色图像转换为黑白。执行菜单"图层>新建调整图层>黑白"命令，在弹出的"新建图层"对话框中单击"确定"按钮，得到调整图层。此时画面效果如图11-311所示。

图11-311

04 接下来调整画面对比度。执行菜单"图层>新建调整图层>曲线"命令，在弹出的"新建图层"对话框中单击"确定"按钮。接着在弹出的"属性"面板中的曲线上方单击添加控制点并拖曳调整曲线形状，如图11-312所示。此时画面效果如图11-313所示。

图11-312

图11-313

05 然后使用Ctrl+Shift+Alt+E快捷键将所有图层中的图像盖印到新的图层中，且原始图层内容保持不变，如图11-314所示。

图11-314

06 接着将该图层的混合模式设置为"柔光"，如图11-315所示。此时画面效果如图11-316所示。

图11-315

图11-316

07 执行菜单"图层>新建调整图层>曲线"命令，在弹出的"新建图层"对话框中单击"确定"按钮，得到调整图层。接着在弹出的"属性"面板中的曲线上方单击添加控制点并拖曳调整曲线形状，提高画面亮度，如图11-317所示。此时画面效果如图11-318所示。

图11-317

图11-323

08 接着单击"曲线"调整图层的图层蒙版缩览图，将前景色设置为黑色，使用前景色（填充快捷键为Alt+Delete）进行填充，隐藏调色效果。然后再将前景色设置为白色，选择工具箱中的 ✎（画笔工具），在选项栏中单击打开"画笔预设"选取器，在画笔预设选取器中单击选择一个柔边圆画笔，设置画笔"大小"为400像素。接着在选项栏中设置画笔"不透明度"为50%，如图11-319所示。设置完成后，在画面中心过暗的树木位置按住鼠标左键拖曳进行涂抹，显示提亮效果。此时画面效果如图11-320所示。

11 再新建一个图层，再次使用渐变工具在画面左侧拖动鼠标进行填充渐变效果，然后在画面右侧使用同样的方法进行填充渐变效果，如图11-324所示。释放鼠标，此时画面效果如图11-325所示。

图11-319

图11-320

图11-324

09 接下来为画面增加留白区域。新建一个图层，然后选择工具箱中的渐变工具，单击选项栏中的渐变色条，在弹出的"渐变编辑器"对话框中编辑一个由白色到透明的渐变颜色，单击"确定"按钮，完成编辑操作。接着在选项栏中选择渐变类型为"线性渐变"，如图11-321所示。接着使用渐变工具在画面中按住鼠标左键拖曳进行填充，如图11-322所示。

图11-325

12 接着执行菜单"文件>置入嵌入的智能对象"命令，置入素材"2.png"，将其摆放在画面上方左侧空白位置，然后按Enter键确定置入操作。最终完成效果如图11-326所示。

图11-321

图11-322

10 释放鼠标，渐变效果如图11-323所示。

图11-326

艺圃 中文版Photoshop数码照片处理全视频 实战228例

实例169	韵味山水
文件路径	第11章\韵味山水
难易指数	★★★★★
技术掌握	● "曲线"命令 ● "黑白"命令 ● 渐变工具

扫码深度学习

操作思路

本案例主要利用"黑白"和"曲线"命令将画面的色彩进行简化。然后利用渐变工具在画面上下两侧添加留白区域，制作出极具韵味的山水风光。

案例效果

案例对比效果如图11-327和图11-328所示。

图11-327

图11-328

操作步骤

01 执行菜单"文件>打开"命令，打开素材"1.jpg"，如图11-329所示。

图11-329

02 接下来改变画面色调。执行菜单"图层>新建调整图层>黑白"命

令，在弹出的"新建图层"对话框中单击"确定"按钮，得到调整图层。接着在弹出的"属性"面板中勾选"色调"复选框并选择灰蓝色，设置"红色"为158、"黄色"为44、"绿色"为106、"青色"为142、"蓝色"为29、"洋红"为80，如图11-330所示。此时画面效果如图11-331所示。

图11-330

图11-331

03 接下来调节画面对比度。执行菜单"图层>新建调整图层>曲线"命令，在弹出的"新建图层"对话框中单击"确定"按钮，得到调整图层。接着在弹出的"属性"面板中的曲线上方单击添加控制点并拖曳调整曲线形状，如图11-332所示。此时画面效果如图11-333所示。

图11-332

图11-333

04 接下来为画面添加留白效果，使画面更有韵味。新建一个图层，选择工具箱中的渐变工具，单击选项栏中的渐变色条，在弹出的"渐变编辑器"对话框中编辑一个由白色到透明的渐变颜色，单击"确定"按钮，完成编辑操作。接着在选项栏中选择渐变类型为"线性渐变"，勾选"反向"复选框，如图11-334所示。

图11-334

05 接着使用渐变工具在画面下方按住鼠标左键由上到下拖曳进行填充，如图11-335所示。然后在画面上方再次按住鼠标左键由下到上拖曳进行填充，如图11-336所示。

图11-335

图11-336

06 最终完成效果如图11-337所示。

图11-337

实例170	电影感色彩
文件路径	第11章\电影感色彩
难易指数	★★★★★
技术掌握	● 裁剪工具 ● "曲线"命令 ● "渐变映射"命令 ● 横排文字工具

扫码深度学习

操作思路

　　"渐变映射"命令可以根据图像的明暗关系将渐变颜色映射到图像中不同亮度的区域中。本案例主要利用"渐变映射"命令将画面颜色转换为极具特色的电影色调，并通过添加一些文字以及花纹元素来增强画面的风格感。

案例效果

　　案例对比效果如图11-338和图11-339所示。

图11-338

图11-339

操作步骤

01 执行菜单"文件>打开"命令，打开素材"1.jpg"，如图11-340所示。选择工具箱中的 🔲 （裁剪工具），在选项栏中设置"裁剪比例"为16:9，在画面中调整裁剪框位置，按Enter键，完成裁剪，如图11-341所示。

图11-340

图11-341

02 执行菜单"图层>新建调整图层>曲线"命令，在弹出的"新建图层"对话框中单击"确定"按钮，得到调整图层。接着在弹出的"属性"面板中调整曲线形状，如图11-342所示。选择工具箱中的 🖌 （画笔工具），在选项栏中单击打开"画笔预设"选取器，在画笔预设选取器中单击选择一个柔边圆画笔，设置合适的画笔大小，在画面中心位置按住鼠标左键拖曳进行涂抹，使画面四周压暗，形成暗角，效果如图11-343所示。

图11-342

图11-343

03 执行菜单"图层>新建调整图层>渐变映射"命令，在弹出的"新建图层"对话框中单击"确定"按钮，得到调整图层。接着在弹出的"属性"面板中单击渐变色条，在弹出的"渐变编辑器"对话框中编辑一个由紫色到橙色的渐变颜色，设置完成后单击"确定"按钮，如图11-344所示。效果如图11-345所示。

图11-344

图11-345

04 接着在"图层"面板中单击"渐变映射"调整图层,设置其"不透明度"为60%,如图11-346所示。效果如图11-347所示。

图11-346

图11-347

05 执行菜单"图层>新建调整图层>曲线"命令,在弹出的"新建图层"对话框中单击"确定"按钮,得到调整图层。接着在弹出的"属性"面板中调整曲线形状,如图11-348所示。效果如图11-349所示。

图11-348

图11-349

06 接着选择工具箱中的 **T.**(横排文字工具),在选项栏中设置合适

的字体、字号和颜色,在画面中间输入文字信息,如图11-350所示。完成后单击选项栏中的"提交当前所有操作"按钮 ✓。接着执行菜单"文件>置入嵌入的智能对象"命令,置入花纹素材,将其摆放在相应位置。最终完成效果如图11-351所示。

图11-350

图11-351

婚纱写真照片处理

/ 佳 / 作 / 欣 / 赏 /

文件路径	第12章\单色婚纱照版式
难易指数	⭐⭐⭐⭐⭐
技术掌握	● 矩形选框工具　● 图层样式 ● 图层蒙版　　● 文字工具

🔍 扫码深度学习

💡 操作思路

本案例通过使用矩形选框工具和"图层蒙版"对人像照片的外形进行基本处理。然后再使用"图层样式"为人像照片添加投影。最后利用文字工具添加艺术字体,从而制作单色效果的婚纱照版式。

🖱 案例效果

案例效果如图12-1所示。

图12-1

实例171 单色婚纱照版式——图像处理

01 执行菜单"文件>新建"命令,在弹出的"新建文档"对话框中设置"宽度"为2000像素、"高度"为1500像素、"分辨率"为72像素/英寸,设置完成后单击"创建"按钮,如图12-2所示。

图12-2

02 执行菜单"文件>置入嵌入的智能对象"命令,将人物素材"1.jpg"置入到文档中,摆放在合适位置,按Enter键确定置入操作,如图12-3所示。

图12-3

03 接着置入人物素材"2.jpg",将光标放置在素材一角处,按住Shift键的同时,按住鼠标左键拖曳,如图12-4所示。等比例缩小该素材并移动至画面左上角,调整完成后,按Enter键完成置入,此时画面效果如图12-5所示。

图12-4

图12-5

04 接着选择工具箱中的 ▭ (矩形选框工具),在画面中人物素材"2.jpg"上方按住鼠标左键并拖曳,绘制矩形选区,如图12-6所示。

图12-6

05 接着在"图层"面板中单击选中图层2,在保持当前选区的状态下单击"图层"面板底部的"添加图层蒙版"按钮 ▢ ,以当前选区为该图层添加图层蒙版,如图12-7所示。选区以内的部分为显示状态,选区以外的部分被隐藏,画面效果如图12-8所示。

图12-7

图12-8

06 选择该图层,执行菜单"图层>图层样式>投影"命令,在弹出的"图层样式"对话框中设置投影的"混合模式"为"正片叠底"、"颜色"为黑色、"不透明度"为75%、"角度"为132度、"距离"为10像素、"扩展"为12%、"大小"为10像素,设置完成后单击"确定"按钮,如图12-9所示。此时画面效果如图12-10所示。

图12-9　　　　　　　　　　　　　图12-10

图12-16

07 在"图层"面板中选择投影后的图层，使用Ctrl+J快捷键，复制一个相同的图层。接着单击复制的图像，将其向右拖曳移动，如图12-11所示。使用同样的方法，继续复制一个新图像并将其移动至右侧，如图12-12所示。

图12-11　　　　　　　　　图12-12

12.2 典雅婚纱照版式

文件路径	第12章 \ 典雅婚纱照版式	
难易指数	★★★★★	
技术掌握	● 椭圆选框工具 ● 图层蒙版	● 图层样式 ● 文字工具

○ 扫码深度学习

实例172　单色婚纱照版式——艺术字制作

01 选择工具箱中的 **T.**（横排文字工具），在选项栏中设置合适的字体、字号，文字颜色设置为黑色，设置完成后，在画面左下角位置单击插入光标，接着输入文字，如图12-13所示。文字输入完成后，按Ctrl+Enter快捷键，完成操作。

💡 操作思路

　　本案例中，首先制作婚纱照左侧页面，使用椭圆选框工具和"图层蒙版"对人像照片进行基本处理；然后在照片边缘绘制渐变的椭圆边框。接着置入花边素材，使用"图层样式"为花边添加颜色叠加效果，使用文字工具添加艺术文字。然后制作婚纱照右侧页面，置入照片和花边素材，通过使用"图层样式"为花边添加渐变叠加效果，从而制作具有典雅效果的婚纱照排版。

图12-13

02 接着在"图层"面板中选择文字图层，设置"不透明度"为76%，如图12-14所示。此时文字效果如图12-15所示。

🖐 案例效果

　　案例效果如图12-17所示。

图12-14　　　　　　　　　　　图12-15

03 接着使用同样的方法，在主标题上方输入新文字，最终效果如图12-16所示。

图12-17

实例173 典雅婚纱照版式——左侧页面

01 执行菜单"文件>新建"命令，在弹出的"新建文档"对话框中设置"宽度"为1800像素、"高度"为1318像素、"分辨率"为300像素/英寸，设置完成后，单击"创建"按钮，如图12-18所示。

图12-18

02 执行菜单"文件>置入嵌入的智能对象"命令，将人物素材"1.jpg"置入到画面中，然后将其移动到画面左侧，按Enter键确认置入操作，然后将该图层栅格化，如图12-19所示。接着单击选择人像图层，右击工具箱中的"选框工具组"，在工具组列表中选择椭圆选框工具，接着在画面中按住鼠标左键并拖曳，绘制椭圆选区，如图12-20所示。

图12-19

图12-20

03 在"图层"面板中选择人像图层，在保持当前选区的状态下单击"图层"面板底部的"添加图层蒙版"按钮 �’，以当前选区为该图层添加图层蒙版，如图12-21所示。选区以内的部分为显示状态，选区以外的部分被隐藏，画面效果如图12-22所示。

图12-21

图12-22

04 接下来绘制渐变的虚线边框。选择工具箱中的 ○（椭圆工具），然后在选项栏中设置绘制模式为"形状"、"填充"为无、"描边"为渐变、在下拉面板中设置"渐变"为红棕色系渐变、渐变方式为"线性"、角度为90、描边宽度为2像素、描边选项为虚线描边，如图12-23所示。然后在人物图像外按住鼠标左键拖曳进行绘制渐变边框，效果如图12-24所示。

图12-23

图12-24

05 接着置入花边素材"2.png"到人物下方，按Enter键确认置入操作，如图12-25所示。

图12-25

06 接下来为花边添加颜色叠加效果。选择花边图层，执行菜单"图层>图层样式>颜色叠加"命令，在弹出的"图层样式"对话框中设置"混合模式"为"正常"、颜色为浅红棕色、"不透明度"为100%，设置完成后，单击"确定"按钮，如图12-26所示。此时花边效果如图12-27所示。

图12-26

图12-27

07 选择工具箱中的 **T.**（横排文字工具），在选项栏中设置合适的字体、字号，文字颜色为浅红棕色，然后在花边素材上方单击插入光标，输入文字，如图12-28所示。文字输入完成后，按Ctrl+Enter快捷键，完成操作。接着使用同样的方法，在人物上方输入新文字，如图12-29所示。

图12-28

图12-29

实例174 典雅婚纱照版式——右侧页面

01 接着置入人物素材"3.jpg"到画面右侧，按Enter键确认置入操作，并将其栅格化，如图12-30所示。

图12-30

02 接着置入花边素材"4.png"到人物素材"3.jpg"的上方，按Enter键确认置入操作，如图12-31所示。

图12-31

03 接下来为花边添加渐变叠加效果。执行菜单"图层>图层样式>渐变叠加"命令，在弹出的"图层样式"对话框中设置"混合模式"为正常、"不透明度"为100%、"渐变"为淡棕色系渐变、"样式"为线性、"角度"为90度、"缩放"为100%，设置完成后，单击"确定"按钮，如图12-32所示。最终画面效果如图12-33所示。

图12-32

图12-33

12.3 儿童摄影版式

文件路径	第12章\儿童摄影版式
难易指数	★★★★★
技术掌握	● 钢笔工具 ● 图层蒙版 ● 文字工具 ● 图层样式 ● "曲线"命令

扫码深度学习

操作思路

本案例通过使用钢笔工具和"图层蒙版"调整照片显示的形状，加上一些卡通素材和使用文字工具为该版式添加文字效果，利用"曲线"命令适当调节画面的亮度效果，从而制作出具有童趣的儿童摄影版式。

案例效果

案例效果如图12-34所示。

图12-34

实例175 儿童摄影版式——背景部分

01 执行菜单"文件>打开"命令，打开素材"1.jpg"，如图12-35所示。

图12-35

02 接着选择工具箱中的 □（矩形工具），在选项栏中设置绘制模式为"形状"、"填充"为黄褐色，"描边"为无，接着在画面上方按住鼠标左键并拖曳，绘制矩形形状，得到照片版式的背景部分，如图12-36所示。

图12-36

实例176　儿童摄影版式——照片部分

01 执行菜单"文件>置入嵌入的智能对象"命令，将人像素材"2.jpg"置入到文档中，按Enter键确定置入操作，如图12-37所示。

图12-37

02 选择工具箱中的 ⌀.（钢笔工具），在选项栏中设置绘制模式为"路径"，接着在画面中单击鼠标左键进行多边形的绘制，路径绘制完成后，按Ctrl+Enter快捷键，快速将路径转换为选区，如图12-38和图12-39所示。

图12-38

图12-39

03 接着在"图层"面板中选择该图层，在保持当前选区的状态下单击"图层"面板底部的"添加图层蒙版"按钮 ◻，以当前选区为该图层添加图层蒙版，如图12-40所示。选区以内的部分为显示状态，选区以外的部分被隐藏，此时画面效果如图12-41所示。

图12-40

图12-41

04 接着置入人物素材"3.jpg"，将其移动到画面右侧，按Enter键确认置入操作，如图12-42所示。选择工具箱中的钢笔工具，然后在选项栏中设置绘制模式为"路径"，接着在画面中单击鼠标左键进行多边形的绘制，路径绘制完成后，按Ctrl+Enter快捷键载入选区，如图12-43所示。

图12-42

图12-43

05 接着单击"图层"面板底部的"添加图层蒙版"按钮，基于选区添加图层蒙版，如图12-44所示。此时画面效果如图12-45所示。

图12-44

图12-45

06 接着置入人物素材"4.jpg"到画面左侧，按Enter键确定置入操作，如图12-46所示。接着选择工具箱中的 ▭.（矩形选框工具），然后在画面上方绘制矩形选区，如图12-47所示。

图12-46

图12-47

07 接着在"图层"面板底部单击"添加图层蒙版"按钮，基于选区添加蒙版，如图12-48所示。此时画面效果如图12-49所示。

图12-48

图12-49

实例177 儿童摄影版式——装饰元素

01 接着置入卡通素材"5.png"到画面上方，按Enter键确认置入操作，如图12-50所示。

图12-50

02 选择工具箱中的 T.（横排文字工具），在选项栏中设置合适的字体、字号，文字颜色为蓝色，然后在画面下方单击插入光标，输入文字，如图12-51所示。

图12-51

03 在"图层"面板中选择文字图层，接着使用Ctrl+T快捷键，进入自由变换状态，将光标定位到定界框

外，当光标变为带有弧度的双箭头时，如图12-52所示。按住鼠标左键并拖曳，进行旋转，效果如图12-53所示。

图12-52   图12-53

04 接下来为该文字添加描边效果。选择该图层，执行菜单"图层>图层样式>描边"命令，在弹出的"图层样式"对话框中设置描边的"大小"为3像素、"位置"为"外部"、"混合模式"为"正常"、"不透明度"为100%、"填充类型"为"颜色"、"颜色"为绿色，设置完成后，单击"确定"按钮，如图12-54所示。此时画面效果如图12-55所示。

图12-54   图12-55

05 使用同样的方法，在该文字右侧输入新文字并为其变换位置，如图12-56所示。接着选择第一个文字图层并右击，执行"拷贝图层样式"命令；然后右击刚刚输入的文字图层，执行"粘贴图层样式"命令，为文字添加描边效果，如图12-57所示。

图12-56   图12-57

06 接着选择工具箱中的 Ø.（钢笔工具），在选项栏中设置绘制模式为"形状"、"填充"为蓝色、"描边"为无，设置完成后，在画面右上角绘制图形，如图12-58所示。

图12-58

07 接下来为图形添加渐变叠加效果。执行菜单"图层>图层样式>渐变叠加"命令，在弹出的"图层样式"对话框中设置渐变叠加的"混合模式"为"正常"、"不透明度"为100%、"渐变"为蓝色系渐变、"样式"为"线性"、"角度"为90度、"缩放"为100%，设置完成后，单击"确定"按钮，如图12-59所示。此时画面效果如图12-60所示。

图12-59

图12-60

08 接着选择工具箱中的横排文字工具，在选项栏中设置合适的字体、字号，文字颜色为白色，然后在画面右上方单击插入光标，输入文字，如图12-61所示。

图12-61

09 接下来为文字更改颜色。在使用横排文字工具的状态下，在字母A的左侧单击插入光标，然后按住鼠标左键拖曳将字母A选中，如图12-62所示。接着在选项栏中单击颜色块，并在弹出的"拾色器（文本颜色）"对话框中设置颜色为黄色，如图12-63

所示。

图12-62

图12-63

10 此时文字效果如图12-64所示。使用同样的方法，将其他字母更改颜色，如图12-65所示。

图12-64

图12-65

11 接下来调整文字位置。使用Ctrl+T快捷键调出界定框，如图12-66所示。拖曳控制点进行旋转，按Enter键结束变换操作，效果如图12-67所示。

图12-66

图12-67

12 接下来为该文字添加描边效果。选择该图层，执行菜单"图层>图层样式>描边"命令，在弹出的"图层样式"对话框中设置描边的"大小"为3像素、"位置"为"外部"、"混合模式"为"正常"、"不透明度"为100%、"填充类型"为"颜色"、"颜色"为粉色，设置完成后，单击"确定"按钮，如图12-68所示。效果如图12-69所示。

图12-68

图12-69

13 接着单击"图层"面板底部的"创建新组"按钮，创建一个图层组。按住Ctrl键单击加选卡通图层、3个文字图层和青色图形图层，将选中的图层拖曳至该组中。然后执行菜单"图层>图层样式>投影"命令，在弹出的"图层样式"对话框中设置投影的"混合模式"为"正片叠底"、颜色为黑色、"不

实战228例

Photoshop

透明度"为56%、"角度"为126度、"距离"为5像素，"扩展"为0、"大小"为4像素，设置完成后，单击"确定"按钮，如图12-70所示。此时画面效果如图12-71所示。

图12-70

图12-71

14 接下来提高画面的亮度。执行菜单"图层>新建调整图层>曲线"命令，在弹出的"新建图层"对话框中单击"确定"按钮，得到调整图层。接着在弹出的"属性"面板中调整曲线形态，提高画面的亮度，曲线形状如图12-72所示。最终画面效果如图12-73所示。

图12-72

图12-73

文件路径	第12章\儿童外景写真
难易指数	★★★★★
技术掌握	● 矩形选框工具 ● 图层蒙版 ● 钢笔工具 ● 文字工具

扫码深度学习

操作思路

本案例通过使用"图层蒙版"将照片裁剪成具有弧度效果的形状，再利用钢笔工具和置入花边素材为画面添加装饰元素，最后使用横排文字工具为画面添加文字效果，制作出清新风格的儿童外景写真。

案例效果

案例效果如图12-74所示。

图12-74

实例178 儿童外景写真——为版面添加照片

01 执行菜单"文件>新建"命令，在弹出的"新建文档"对话框中设置"宽度"为2000像素、"高度"为1464像素、"分辨率"为72像素/英寸，设置完成后，单击"创建"按钮，如图12-75所示。

图12-75

02 执行菜单"文件>置入嵌入的智能对象"命令，将人物素材"1.jpg"置入到画面中，并将其移动到画面左侧，按Enter键确定置入操作，如图12-76所示。选择该图层右击，执行"栅格化图层"命令。接着使用同样的方法，置入人物素材"2.jpg"并移动到画面左侧，然后将其栅格化，如图12-77所示。

图12-76

图12-77

03 选择工具箱中的 ▣（矩形选框工具），在人物素材"2.jpg"的上方绘制矩形选区，如图12-78所示。

图12-78

04 在保持当前选区的状态下，单击"图层"面板底部的"添加图层蒙版"按钮 □，以当前选区为该图层添加图层蒙版，如图12-79所示。选区以内的部分为显示状态，选区以外的部分被隐藏，画面效果如图12-80所示。

图12-79 图12-80

05 置入人物素材"3.jpg"，并将其移动到画面右侧，然后进行栅格化，如图12-81所示。选择工具箱中的 ❷.（钢笔工具），在人物素材"3.jpg"上方绘制闭和路径，如图12-82所示。

图12-81 图12-82

06 使用Ctrl+Enter快捷键将路径转换为选区，如图12-83所示。然后在保持当前选区的状态下，单击"图层"面板底部的"添加图层蒙版"按钮，以当前选区为该图层添加图层蒙版。选区以内的部分为显示状态，选区以外的部分被隐藏，画面效果如图12-84所示。

图12-83 图12-84

实例179 儿童外景写真——添加装饰元素

01 选择工具箱中的钢笔工具，在选项栏中设置绘制模式为"形状"、"填充"为无、"描边"为绿色、描边半径为2像素，设置完成后，在画面中心

位置绘制一个图形，如图12-85所示。

图12-85

02 置入花边素材"4.png"到画面左下方，按Enter键确认置入操作，如图12-86所示。

图12-86

03 选择工具箱中的 T.（横排文字工具），在选项栏中设置合适的字体、字号，文字颜色为绿色，然后在人物素材"1.jpg"的上方单击插入光标，输入文字，如图12-87所示。使用同样的方法，在不同位置输入文字，最终画面效果如图12-88所示。

图12-87

图12-88

Photoshop

12.5 卡通儿童摄影版式

文件路径	第12章\卡通儿童摄影版式
难易指数	★★★★★
技术掌握	● 多边形套索工具 ● 图层蒙版 ● 钢笔工具 ● 文字工具

扫码深度学习

操作思路

本案例通过使用多边形套索工具以及"图层蒙版"裁剪照片形状，再利用钢笔工具和置入花边素材为画面添加装饰元素，最后使用横排文字工具为画面添加文字效果，制作出卡通效果的儿童摄影版式。

案例效果

案例效果如图12-89所示。

图12-89

实例180 卡通儿童摄影版式——制作三角形照片

01 执行菜单"文件>新建"命令，在弹出的"新建文档"对话框中设置"宽度"为2000像素、"高度"为1464像素、"分辨率"为72像素/英寸，设置完成后，单击"创建"按钮，如图12-90所示。

图12-90

02 执行菜单"文件>置入嵌入的智能对象"命令，将人物素材"1.jpg"置入到画面左侧，按Enter键确认置入操作，如图12-91所示。右击该图层，执行"栅格化图层"命令。

图12-91

03 右击工具箱中的"套索工具组"，在工具组列表中选择 （多边形套索工具），然后在人物素材上方单击鼠标左键进行三角形选区的绘制，如图12-92所示。在"图层"面板中单击选择人物图层，在保持当前选区的状态下，单击"图层"面板底部的"添加图层蒙版"按钮 ，以当前选区为该图层添加图层蒙版，如图12-93所示。

图12-92

图12-93

04 选区以内的部分为显示状态，选区以外的部分被隐藏，此时画面效果如图12-94所示。再次置入人物素材"1.jpg"到画面右侧，按Enter键确定置入操作，如图12-95所示。右击该图层，执行"栅格化图层"命令。

图12-94

图12-95

05 接着选择多边形套索工具，在人物素材上方单击鼠标左键进行三角形选区的绘制，如图12-96所示。单击"图层"面板底部的"添加图层蒙版"按钮，基于选区添加图层蒙版，此时画面效果如图12-97所示。

图12-96

图12-97

艺境 中文版Photoshop数码照片处理全视频 实战228例

Photoshop

实例181 卡通儿童摄影版式——添加装饰元素

01 选择工具箱中的 ⬭（钢笔工具），在选项栏中设置绘制模式为"形状"、"填充"为蓝色、"描边"为无、设置完成后，在画面左侧绘制一个多边形，如图12-98所示。使用同样的方法，在画面右侧绘制另一个四边形，如图12-99所示。

图12-98

图12-99

02 接着置入花边素材"2.png"到画面中，按Enter键确定置入操作。如图12-100所示。右击该图层，执行"栅格化图层"命令。

图12-100

03 选择工具箱中的横排文字工具，在选项栏中设置合适的字体、字号，文字颜色为黑色，设置完成后，在画面中花边素材下方位置单击插入光标，输入文字，如图12-101所示。文

字输入完成后，按Ctrl+Enter快捷键。使用同样的方法，在该文字下方输入不同颜色的稍小的文字，如图12-102所示。

图12-101

图12-102

04 接下来为文字更改颜色。选择青色文字图层，使用横排文字工具，在字母a的左侧单击插入光标，然后按住鼠标左键拖动将字母a选中，如图12-103所示。接着在选项栏中单击颜色块，在弹出的"拾色器（文本颜色）"对话框中设置颜色为粉色，如图12-104所示。

图12-103

图12-104

05 最终画面效果如图12-105所示。

图12-105

12.6 迷幻感个人写真

文件路径	第12章\迷幻感个人写真
难易指数	⭐⭐⭐⭐⭐
技术掌握	● 混合模式 ● 图层蒙版 ● 操控变形 ● "动感模糊"滤镜 ● 画笔工具

🔍扫码深度学习

💡操作思路

本案例通过使用"混合模式"制作炫彩背景，利用"图层蒙版"对人像局部进行隐藏，再使用操控变形工具将人物变形。配合"动感模糊"滤镜和画笔工具制作双重人像效果。

🖱案例效果

案例效果如图12-106所示。

图12-106

实例182　迷幻感个人写真——人像基本处理

01 执行菜单"文件>新建"命令，在弹出的"新建文档"对话框中设置"宽度"为2481像素、"高度"为3770像素、"分辨率"为300像素/英寸，设置完成后单击"创建"按钮，如图12-107所示。

图12-107

02 接下来为背景图层填充颜色。将前景色设置为深蓝色，然后使用前景色（填充快捷键为Alt+Delete）进行填充，如图12-108所示。执行菜单"文件>置入嵌入的智能对象"命令，将炫彩素材"1.jpg"置入到画面中，按Enter键确定置入操作，如图12-109所示。

图12-108

图12-109

03 接着在"图层"面板中选择该图层，设置图层混合模式为"排除"、"不透明度"为70%，如图12-110所示。此时画面效果如图12-111所示。

图12-110

图12-111

04 接着置入人物素材"2.jpg"到画面中，按Enter键完成置入，并将其栅格化，如图12-112所示。

图12-112

05 接着在"图层"面板中设置图层混合模式为"强光"，如图12-113所示。此时画面效果如图12-114所示。

图12-113

图12-114

06 选择工具箱中的 🖌 （快速选择工具），在选项栏中设置选区运算为"添加到选区" 🖌 ，接着在人物上方按住鼠标左键多次拖曳得到人物选区，如图12-115所示。

图12-115

图12-116

07接着在"图层"面板中选择人物图层,在保持当前选区的状态下单击,"图层"面板底部的"添加图层蒙版"按钮 ▢,以当前选区为该图层添加图层蒙版,如图12-116所示。选区以内的部分为显示状态,选区以外的部分被隐藏,画面效果如图12-117所示。

图12-117

实例183 迷幻感个人写真——双重人像效果

01在"图层"面板中选择人物图层,使用Ctrl+J快捷键复制一个相同的图层。右击复制图层的图层蒙版缩览图,在弹出的快捷菜单中执行"应用图层蒙版"命令,如图12-118所示。然后执行菜单"编辑>操控变形"命令,此时画面效果如图12-119所示。

图12-118

图12-119

02在人物上半身单击鼠标左键插入控制点,接着拖曳控制点,将人物上半身向右移动,下半身不动,如图12-120所示。然后单击"提交当前所有操作"按钮 ✓,画面效果如图12-121所示。

图12-120

图12-121

03执行菜单"滤镜>模糊>动感模糊"命令,在弹出的"动感模糊"对话框中设置"角度"为0度、"距离"为200像素,设置完成后,单击"确定"按钮,如图12-122所示。此时画面效果如图12-123所示。

图12-122

图12-123

04 然后在"图层"面板底部单击"添加图层蒙版"按钮,为该图层添加图层蒙版。选择工具箱中的 ✐ (画笔工具),在选项栏中单击打开"画笔预设"选取器,在画笔预设选取器中单击选择一个柔边圆画笔,设置画笔"大小"为500像素。接着在选项栏中设置画笔"不透明度"为50%,将前景色设置为黑色,如图12-124所示。设置完成后,在画面中人物手臂位置按住鼠标左键拖曳进行涂抹,图层蒙版如图12-125所示。最终画面效果如图12-126所示。

图12-124

图12-125

图12-126

12.7 书香古风写真

文件路径	第12章\书香古风写真	
难易指数	★★★★★	
技术掌握	● "曲线"命令 ● 剪贴蒙版 ● 套索工具	● 图层蒙版 ● 混合模式 ● 画笔工具

扫码深度学习

操作思路

本案例通过使用"曲线"命令调整人像的亮度,利用"剪贴蒙版"对人像做局部的处理。置入竹子、窗户、梅花、纹理等素材,使用"图层蒙版"和"混合模式"将古风素材进行处理,制作具有书香古风效果的人像写真。

案例效果

案例效果如图12-127所示。

图12-127

实例184 书香古风写真——人像部分处理

01 执行菜单"文件>打开"命令,打开背景素材"1.png",如图12-128所示。

图12-128

02 执行菜单"文件>置入嵌入的智能对象"命令,将人物素材"2.png"置入到画面下方,按Enter键确认置入操作,如图12-129所示。接着选择该图层右击,执行"栅格化图层"命令。

图12-129

03 接下来调整人像的亮度。执行菜单"图层>新建调整图层>曲线"命令,在弹出的"新建图层"对话框中单击"确定"按钮,得到调整图层。接着在弹出的"属性"面板中的曲线上单击添加控制点并向上拖曳提高画面的亮度,曲线形状如图12-130所示。为了使曲线效果只针对人像图层,单击面板底部的"创建剪贴蒙版"按钮 ↓◻,此时画面效果如图12-131所示。

图12-130

图12-131

实例185 书香古风写真——添加古风元素

01 置入窗子素材"4.png"并摆放在画面右侧，按Enter键确定置入操作，并将其栅格化，如图12-136所示。

图12-136

04 接着置入竹子素材"3.png"到画面右侧，按Enter键确定置入操作，并将其栅格化，如图12-132所示。接着选择工具箱中的 Ｑ（套索工具），绘制衣服下半部分的选区，如图12-133所示。

图12-132

图12-133

02 接着置入梅花素材"5.jpg"到画面中，如图12-137所示。将光标定位到界定框外，当光标变为带有弧度的双箭头时，按住鼠标左键并按住Shift键拖曳控制点，进行适当的旋转，然后在进行等比例缩放，将其放至左下角，按Enter键确定置入操作，如图12-138所示。

05 执行菜单"选择>反向"命令，得到反向的选区。接着在"图层"面板中选择竹子图层，单击"图层"面板底部的"添加图层蒙版"按钮 ▢，以当前选区为该图层添加图层蒙版，如图12-134所示。选区以内的部分为显示状态，选区以外的部分被隐藏，此时画面效果如图12-135所示。

图12-134

图12-135

图12-137

285

图12-138

箱中的"套索工具组",在工具组列表中选择 ,在荷花素材左下角单击鼠标左键进行多边形选区的绘制,如图12-142所示。

图12-141　　　　　　　　　　　图12-142

03 在"图层"面板中选择梅花图层,设置图层混合模式为"正片叠底"、"不透明度"为52%,如图12-139所示。此时画面效果如图12-140所示。

05 执行菜单"选择>反向"命令,得到反向的选区。接着在"图层"面板中选择荷花图层,在保持当前选区的状态下,单击"图层"面板底部的"添加图层蒙版"按钮,以当前选区为该图层添加图层蒙版,如图12-143所示。选区以内的部分为显示状态,选区以外的部分被隐藏,效果如图12-144所示。

图12-139

图12-143　　　　　　　　　　　图12-144

06 接着在"图层"面板中选择荷花图层,设置图层混合模式为"变暗"、"不透明度"为86%,如图12-145所示。此时画面效果如图12-146所示。

图12-140

图12-145　　　　　　　　　　　图12-146

04 接着置入荷花素材"6.png"到画面右侧,按Enter键确认置入操作,如图12-141所示。接着右击工具

07 接着置入纹理素材"7.jpg"到画面中,按Enter键结束操作,如图12-147所示。

图12-147

08 接着在"图层"面板中设置图层混合模式为"柔光",如图12-148所示。此时画面效果如图12-149所示。

图12-148

图12-149

09 接着单击"图层"面板底部的"添加图层蒙版"按钮,为纹理

图层添加蒙版。然后选择工具箱中的 ✎ (画笔工具),在选项栏中单击打开"画笔预设"选取器,在画笔预设选取器中单击选择一个柔边圆画笔,设置画笔"大小"为200像素。接着在选项栏中设置画笔"不透明度"为50%,将前景色设置为黑色,如图12-150所示。

图12-150

10 设置完成后,在画面中人物位置按住鼠标左键拖曳进行涂抹,如图12-151所示。最终画面效果如图12-152所示。

图12-151

图12-152

12.8 奇幻古风人像写真

文件路径	第12章\奇幻古风人像写真
难易指数	⭐⭐⭐⭐⭐
技术掌握	● 图层蒙版 ● 画笔工具 ● 智能滤镜 ● "可选颜色"命令 ● "色彩平衡"命令

扫码深度学习

操作思路

本案例中,首先利用"图层蒙版"和画笔工具将置入的纹理素材进行处理,然后对人像皮肤进行提亮处理,再利用"油画"滤镜将人像部分进行绘画感处理,最后使用"可选颜色"和"色彩平衡"命令对画面进行颜色调整,制作具有奇幻古风效果的人像写真。

案例效果

案例效果如图12-153所示。

图12-153

实例186 奇幻古风人像写真——绘画感处理

01 执行菜单"文件>打开"命令,打开人物照片素材"1.jpg",如图12-154所示。选择"背景"图层,

使用Ctrl+J快捷键将"背景"图层复制，如图12-155所示。

图12-154

图12-155

图12-160

02 对"背景 拷贝"图层执行菜单"滤镜>风格化>油画"命令，在弹出的"油画"对话框中设置"描边样式"为4.3、"描边清洁度"为10.0、"缩放"为0.1、"硬毛刷细节"为1.8，取消勾选"光照"复选框，设置完成后，单击"确定"按钮，如图12-156所示。此时画面效果如图12-157所示。

05 接着选择该图层，执行菜单"滤镜>风格化>油画"命令，在弹出的"油画"对话框中设置"描边样式"为1.5、"描边清洁度"为1.1、"缩放"为0.1、"硬毛刷细节"为0.0，取消勾选"光照"复选框，设置完成后，单击"确定"按钮，如图12-161所示。此时画面效果如图12-162所示。

图12-156

图12-157

图12-161

03 选择原始背景图层，接着选择工具箱中的 ▨（快速选择工具），在选项栏中设置选区模式为"添加到选区" ▨，接着在人物上半身处鼠标左键拖曳得到选区，如图12-158所示。连续拖曳得到人物上半身的选区，如图12-159所示。

图12-158

图12-159

图12-162

**实例187　奇幻古风人像写真
——颜色调整**

04 使用Ctrl+J快捷键将选区内的图像复制到新的图层中，接着将新图层移动到纹理图层的上方，如图12-160所示。

01 执行菜单"图层>新建调整图层>可选颜色"命令，在弹出的"新建图层"对话框中单击"确定"按钮，得到调整图层。接着在弹出的

"属性"面板中设置"颜色"为"红色"，设置"青色"为+13%、"洋红"为+3%、"黄色"为+87%、"黑色"为+17%，如图12-163所示。此时画面效果如图12-164所示。

图12-163　　　　　　　　图12-164

02 接着设置"颜色"为"黄色"，设置"青色"为-26%、"洋红"-19%、"黄色"为+2%、"黑色"为-20，如图12-165所示。此时画面效果如图12-166所示。

图12-165　　　　　　　　图12-166

03 接着设置"颜色"为"洋红"，设置"青色"为0%、"洋红"为-61%、"黄色"为0、"黑色"为0，如图12-167所示。此时画面效果如图12-168所示。

图12-167　　　　　　　　图12-168

04 接着设置"颜色"为"白色"设置"青色"为+3%、"洋红"为-16%、"黄色"为25%、"黑色"为-59%，如图12-169所示。此时画面效果如图12-170所示。

图12-169

图12-170

05 接着设置"颜色"为"黑色"，设置"青色"为-5%、"洋红"+4%、"黄色"为+11%、"黑色"为+4%，如图12-171所示。此时画面效果如图12-172所示。

图12-171

图12-172

06 接着执行菜单"图层>新建调整图层>色彩平衡"命令，在弹出的"新建图层"对话框中单击"确定"按钮，得到调整图层。接着在弹出的"属性"面板中设置"色调"为"中间调"，设置"青色–红色"为+6、"洋红–绿色"–8、"黄色–蓝色"为–1，如图12-173所示。此时画面效果如图12-174所示。

图12-173

图12-174

07 接着设置"色调"为"高光"，设置"青色–红色"为–6、"洋

红–绿色"为+12、"黄色–蓝色"为0，如图12-175所示。最终画面效果如图12-176所示。

图12-175

图12-176

12.9 清新户外情侣写真

文件路径	第12章 \ 清新户外情侣写真
难易指数	★★★★★
技术掌握	● "可选颜色"命令 ● "曲线"命令 ● 图层蒙版 ● 画笔工具 ● "色相/饱和度"命令 ● 文字工具

🔍 扫码深度学习

🔧 操作思路

本案例中，首先利用"可选颜色"命令、"曲线"命令和画笔工具

以及"图层蒙版"对画面进行色彩校正，然后使用矩形工具、"混合模式"和"色相/饱和度"命令等对海天颜色进行校正，最后使用画笔工具添加艺术文字，制作具有清新风格的户外情侣写真。

🖱 案例效果

案例效果如图12-177所示。

图12-177

实例188 清新户外情侣写真——画面色彩校正

01 执行菜单"文件>打开"命令，打开背景素材"1.jpg"，如图12-178所示。

图12-178

02 此时画面整体颜色暗淡，并且还有些略微的偏色，接下来调整图像的偏色情况。执行菜单"图层>新建调整图层>可选颜色"命令，在弹出的"新建图层"对话框中单击"确定"按钮，得到调整图层。接着在弹出的"属性"面板中设置"颜色"为"白色"，然后设置"青色"为–70%、"洋红"

艺境 中文版Photoshop数码照片处理全视频 实战228例

Photoshop

为–40%、"黄色"为–67%、"黑色"为0，如图12-179所示。此时画面效果如图12-180所示。

图12-179

图12-180

03 接下来调整画面亮度。执行菜单"图层>新建调整图层>曲线"命令，在弹出的"新建图层"对话框中单击"确定"按钮，得到调整图层。接着在弹出的"属性"面板中的曲线上单击添加控制点并向上拖曳，提高画面的亮度。曲线形状如图12-181所示。此时画面效果如图12-182所示。

图12-181

图12-182

04 接下来提高皮肤的亮度。再次新建一个"曲线"调整图层，在"属性"面板中的曲线上单击添加控制点并向上拖曳，提高画面的亮度。曲线形状如图12-183所示。此时画面效果如图12-184所示。

图12-183

图12-184

05 接着使用鼠标左键单击"蒙版"按钮▣，在"蒙版"面板中单击"反相"按钮，如图12-185所示。此时调整效果被隐藏，画面效果如图12-186所示。

图12-185

图12-186

06 接着选择工具箱中的✏（画笔工具），在选项栏中单击打开"画笔预设"选取器，在画笔预设选取器中单击选择一个柔边圆画笔，设置画笔"大小"为80像素，将前景色设置为白色，如图12-187所示。

图12-187

07 设置完成后，在画面中人物皮肤的位置处按住鼠标左键拖曳进行涂抹，图层蒙版中涂抹位置如图12-188所示。此时只有皮肤部分变亮，画面效果如图12-189所示。

图12-188

图12-189

实例189 清新户外情侣写真——海天颜色校正

01 将海水调整为蓝色。选择工具箱中的矩形工具，在选项栏中设置绘制模式为"形状"、"填充"为渐变，接着在下拉面板中编辑一个蓝色系渐变，渐变方式为"线性"、角度为-90度，"描边"为无，如图12-190所示。接着在画面下方按住鼠标左键进行拖曳绘制矩形，如图12-191所示。然后选择该图层并右击，在弹出的快捷菜单中执行"栅格化图层"命令，将图层栅格化。

图12-190

图12-191

02 在"图层"面板中设置图层混合模式为"正片叠底"、"不透明度"为81%，如图12-192所示。此时画面效果如图12-193所示。

图12-192

图12-193

03 选择蓝色矩形图层，单击"图层"面板底部的"添加图层蒙版"按钮，为该图层添加图层蒙版。将前景色设置为黑色，选择工具箱中的画笔工具，设置合适大小的硬边圆画笔笔尖，然后在人物位置处进行涂抹，图层蒙版中涂抹位置如图12-194所示。画面效果如图12-195所示。

图12-194

图12-195

04 接下来调整天空部分。使用同样的方法，在画面上方绘制蓝色系渐变的矩形，如图12-196所示。接着在"图层"面板中设置"不透明度"为90%，此时画面效果如图12-197所示。

艺园 中文版Photoshop数码照片处理全视频 实战228例

Photoshop

图12-196　　　　　　　图12-197

05 在"图层"面板中选择该矩形图层，单击面板底部的"添加图层蒙版"按钮，为该图层添加图层蒙版，接着将前景色设置为黑色。选择工具箱中的画笔工具，设置合适大小的硬边圆画笔笔尖，然后在人物上半身位置处涂抹，图层蒙版中涂抹位置如图12-198所示。画面效果如图12-199所示。

图12-198　　　　　　　图12-199

06 接下来调整背景的亮度。再次新建一个"曲线"调整图层，在弹出的"属性"面板中的曲线上单击添加控制点并向下拖曳，降低画面的亮度，为了使调色效果只针对天空图层，单击面板底部的"创建剪贴蒙版"按钮 。曲线形状如图12-200所示。此时画面效果如图12-201所示。

图12-200　　　　　　　图12-201

07 单击"曲线"调整图层的图层蒙版缩览图，接着选择工具箱中的画笔工具，在选项栏中单击打开"画笔预设"选取器，在画笔预设选取器中单击选择一个柔边圆画笔，设置画笔"大小"为1000像素，将前景色设置为黑色。设置完成后，在画面上方位置按住鼠标左键拖曳进行涂抹，涂抹位置如图12-202所示。此时天空顶部的颜色被强化了，效果如图12-203所示。

图12-202

图12-203

08 将整体色调调整为蓝色。执行菜单"图层>新建调整图层>色相/饱和度"命令，在弹出的"新建图层"对话框中单击"确定"按钮，得到调整图层。接着在弹出的"属性"面板中设置"色相"为+7、"饱和度"为-3、"明度"为0，如图12-204所示。此时画面效果如图12-205所示。

图12-204

图12-205

09 单击"色相/饱和度"调整图层的图层蒙版缩览图,使用黑色画笔在画面中人物位置处按住鼠标左键拖曳进行涂抹,图层蒙版中涂抹位置如图12-206所示。画面效果如图12-207所示。

图12-206

图12-207

实例190　清新户外情侣写真——添加艺术字

01 在工具箱中右击"文字工具组",在工具组列表中选择 IT.(直排文字工具),接着在选项栏中设置合适的字体、字号,文字颜色为白色,然后在画面右侧单击插入光标,输入文字,如图12-208所示。使用同样的方法,在画面不同位置输入新文字,文字输入完成后,按Ctrl+Enter快捷键,完成输入,如图12-209所示。

图12-208

图12-209

02 继续选择工具箱中的 T.(横排文字工具),然后在选项栏中设置合适的字体、字号,文字颜色为黑色,接着在画面右侧单击插入光标,输入文字,如图12-210所示。使用同样的方法,在该文字下方输入新文字,文字输入完成后,按Ctrl+Enter快捷键,完成输入。最终效果如图12-211所示。

图12-210

图12-211

/ 佳 / 作 / 欣 / 赏 /

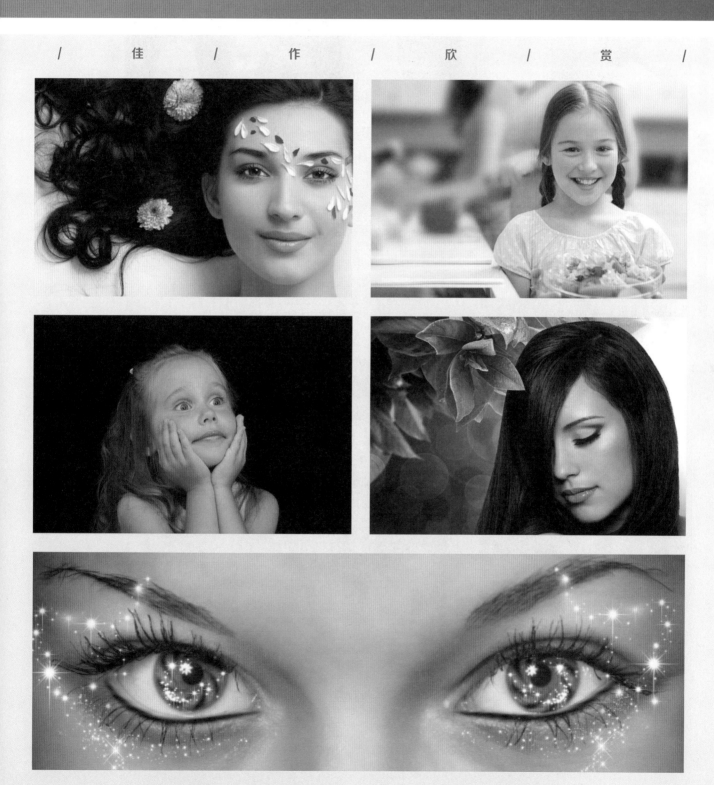

实例191	简单的身形美化
文件路径	第13章 \ 简单的身形美化
难易指数	★★★★★
技术掌握	● 液化滤镜

扫码深度学习

💡 操作思路

本案例通过使用"液化"滤镜对人物进行瘦身处理。主要运用向前变形工具在身体周围推拉调整人物身体形态。

🖱 案例效果

案例对比效果如图13-1和图13-2所示。

图13-1

图13-2

🎤 操作步骤

01 执行菜单"文件>打开"命令，或按Ctrl+O快捷键，在弹出的"打开"对话框中单击选择素材

"1.jpg"，单击"打开"按钮，效果如图13-3所示。

图13-3

02 接下来使用"液化"塑造人物头型、手臂及腰形部位。执行菜单"滤镜>液化"命令。首先选择 🔁（向前变形工具），接着在右侧设置画笔"大小"为175、"浓度"为50、"压力"为100，然后将光标移动到头发位置，按住鼠标左键向左侧推拉，如图13-4所示。调整完成后，单击左侧的"冻结蒙版工具"按钮 🖌，接着在右侧设置画笔"大小"为150、"浓度"为50、"压力"为100，然后在人物手臂处涂抹，如图13-5所示。

图13-4

图13-5

03 继续选择向前变形工具，将属性栏中的画笔"大小"设置为200，其他参数不变，然后在腰部及左侧手臂处向内推拉，如图13-6所示。

操作完成后，选择 🔁（解冻蒙版工具），设置合适的画笔大小，擦除图片中冻结部分，如图13-7所示。

图13-6

图13-7

04 最后针对人物近景手臂进行处理。选择向前变形工具，使用同样的方法进行液化，如图13-8所示。最终呈现出纤瘦的美女形象，操作完成后单击"确定"按钮，画面最终效果如图13-9所示。

图13-8

图13-9

<table>
<tr><td colspan="2">实例192　　轻松打造"大长腿"</td></tr>
<tr><td>文件路径</td><td>第13章 \ 轻松打造"大长腿"</td></tr>
<tr><td>难易指数</td><td>★★★★★</td></tr>
<tr><td>技术掌握</td><td>● 自由变换
● 矩形选框工具</td></tr>
</table>

扫码深度学习

操作思路

本案例主要使用"自由变换"先将图片进行透视，给人一种仰视的视觉感，接着使用矩形选框工具框选人物腿部，再次利用"自由变换"将图片拉长，呈现出长腿效果。

案例效果

案例对比效果如图13-10和图13-11所示。

图13-10

图13-11

操作步骤

01 执行菜单"文件>打开"命令，打开素材"1.jpg"，如图13-12所示。接着选择"背景"图层，使用Ctrl+J快捷键将其进行复制。

图13-12

02 接下来执行透视效果，为图片中的人物形象营造高挑视觉感。在"图层"面板中选择新复制的图层，接着使用Ctrl+T快捷键调出界定框，此时对象进入自由变换状态，如图13-13所示。在对象上右击，在弹出的快捷菜单中执行"透视"命令，将光标定位到界定框上的左上角锚点，接着按住鼠标左键并向右拖曳，调整对象形态，此时图片效果发生变化，如图13-14所示。调整完成后按Enter键结束操作。

图13-13

图13-14

03 隐藏"背景"图层，如图13-15所示。选择工具箱中的 ▣ （矩形选框工具），框选人物腿部位置，如图13-16所示。

图13-15

图13-16

04 再次执行"自由变换"操作，分别对自由变换中部、上部和底部中间锚点进行拖曳处理，如图13-17所示。接着按Enter键完成此操作。然后使用Ctrl+D快捷键取消选区，画面效果如图13-18所示。

图13-17

图13-18

05 由于在执行透视操作中导致图片两侧失去像素，如图13-19所示。最后可以对画面进行裁切，画面最终效果如图13-20所示。

图13-19

图13-20

实例193	脸型与五官修饰
文件路径	第13章\脸型与五官修饰
难易指数	★★★★★
技术掌握	"液化"滤镜

扫码深度学习

🔅 操作思路

本案例主要使用"液化"滤镜中的向前变形工具对人物脸部轮廓进行修饰，接着使用膨胀工具塑造大眼效果，最后使用褶皱工具针对鼻翼进行收缩，最终完成液化效果。

🖱 案例效果

案例对比效果如图13-21和图13-22所示。

图13-21

图13-22

🎤 操作步骤

01 执行菜单"文件>打开"命令，或按Ctrl+O快捷键，在弹出的"打开"对话框中单击选择素材"1.jpg"，单击"打开"按钮，如图13-23所示。

02 首先进行下颌骨液化处理。执行菜单"滤镜>液化"命令，为了在操作过程中不使其他位置变形，所以选择 🔲（冻结蒙版工具），在右侧属性栏中设置画笔"大小"为150，"浓度"为50，"压力"为100。接着将光标移动到人物面部中涂抹鼻部及嘴部位置，如图13-24所示。接着切换到 🔲（向前变形

图13-23

艺览 中文版Photoshop数码照片处理全视频 实战228例

Photoshop

工具），在右侧属性栏中设置画笔"大小"为100、"浓度"为50、"压力"为100，然后将光标移动到下颚骨两侧，按住鼠标左键向脸部内侧推动，如图13-25所示。

图13-24

图13-25

03 瘦脸完成后，单击"解冻蒙版工具"按钮 ，设置合适的画笔大小，然后在红色冻结位置涂抹，将冻结处擦掉，如图13-26所示。

图13-26

04 接着使用向前变形工具适当调整画笔笔尖大小，按相同方法液化颈部及额头，如图13-27和图13-28所示。

图13-27

图13-28

05 接下来将人物眼睛进行放大处理。选择 （膨胀工具），然后在右侧属性栏中设置画笔"大小"为125、"浓度"为50、"压力"为1、"速度"为80。接着将光标移到眼部上方并单击，此时可以看出眼部向外膨胀，呈现放大效果，如图13-29所示。

图13-29

06 此时可以看出人物嘴部较大，与五官比例失调。所以继续选择冻结蒙版工具，冻结下颚周围部分，如图13-30所示。接着使用向前变形工具，将嘴角处向内拖曳进行收缩，如图13-31所示。

图13-30

图13-31

07 嘴部调整完成后，使用解冻蒙版工具擦掉红色冻结位置，如图13-32所示。

图13-32

08 接着选择 （褶皱工具），在属性栏中设置合适参数，将光标放在鼻翼两侧单击鼠标左键，进行鼻部收缩处理，如图13-33所示。

09 继续使用向前变形工具并设置合适参数，对下巴和苹果肌进行推拉塑造，展现年轻风貌，如图13-34和图

13-35所示。液化完成后单击"确定"按钮。

图13-33

图13-34

图13-35

10 此时脸部五官较为精致，最终效果如图13-36所示。

图13-36

13.2 肌肤调整

实例194　皮肤去黄

文件路径	第13章 \ 皮肤去黄
难易指数	★★★★★
技术掌握	● "色相/饱和度"命令 ● 图层蒙版 ● 画笔工具 ● "曲线"命令

扫码深度学习

🛈 操作思路

本案例主要在"色相/饱和度"面板中调整各通道的参数，去除人物皮肤表面的泛黄感。接着运用"曲线"调整图层提亮整体画面。

🖱 案例效果

案例对比效果如图13-37和13-38所示。

图13-37

图13-38

🎤 操作步骤

01 执行菜单"文件>打开"命令，打开素材"1.jpg"，如图13-39所示。

图13-39

02 接下来调整女孩的肤色。执行菜单"图层>新建调整图层>色相/饱和度"命令，在弹出的"新建图层"对话框中单击"确定"按钮，得到调整图层。接着在弹出的"属性"面板中设置颜色通道为"全图"，设置"色相"为-7、"饱和度"为-26，如图13-40所示。接着设置通道为"红色"，设置"色相"为+4、"饱和度"为+8，如图13-41所示。

图13-40　　　　　图13-41

03 继续设置通道为"黄色"，设置"色相"为-8、"饱和度"为-33，如图13-42所示。此时画面效果如图13-43所示。

图13-42

图13-43

04 此时人物头发及背景失去原本色泽。接着单击该调整图层的图层蒙版缩览图，将前景色设置为黑色，使用Alt+Delete快捷键进行填充，此时调色效果将被隐藏，如图13-44所示。

图13-44

05 接着选择工具箱中的 ✐（画笔工具），在选项栏中单击打开"画笔预设"选取器，在画笔预设选取器中单击选择一个合适的圆形画笔，设置画笔"大小"为100像素。接着将前景色设置为白色，设置完成后，在画面中人物皮肤的位置处按住鼠标左键拖曳进行涂抹，蒙版效果如图13-45所示。

图13-45

06 涂抹完成后，人物皮肤显示出了调色效果，肤色显得比较粉嫩，如图13-46所示。

图13-46

07 此时我们可以看出画面偏暗。执行菜单"图层>新建调整图层>曲线"命令，在弹出的"新建图层"对话框中单击"确定"按钮，得到调整图层。接着在弹出的"属性"面板中的曲线上单击添加控制点并向上拖曳，提高画面亮度，如图13-47所示。画面最终效果如图13-48所示。

图13-47 图13-48

实例195 制作焕发光彩的肌肤

文件路径	第13章\制作焕发光彩的肌肤	
难易指数	★★★★★	
技术掌握	● 混合模式　　　● "高斯模糊"滤镜 ● 图层蒙版　　　● 应用图像	

扫码深度学习

操作思路

　　本案例中的人物肤色较暗，缺少光泽感。所以首先调整该图片的混合模式，使肤色变亮。接着运用"高斯模糊"滤镜与"图层蒙版"的配合，将人物肤质呈现出更加细腻柔和的效果。

案例效果

　　案例对比效果如图13-49和图13-50所示。

图13-49

图13-50

操作步骤

01 执行菜单"文件>打开"命令，或按Ctrl+O快捷键，在弹出的"打开"对话框中单击选择素材"1.jpg"，单击"打开"按钮，如图13-51所示。

图13-51

02 调整人物肤色。在"图层"面板中选择"背景"图层，使用Ctrl+J快捷键复制一个相同的图层，得到"图层1"图层。选择该图层，并设置该图层的混合模式为"滤色"，此时人物的皮肤提亮了，但是缺少暗部的细节，如图13-52所示。

图13-52

03 接着选择"图层1"，单击"图层"面板底部的"添加图层蒙版"按钮 �’，为该图层添加图层蒙版。接着执行菜单"图像>应用图像"命令，在弹出的"应用图像"对话框中设置"源"为本文档、"图层"为"合并图层"、"通道"为RGB、"混合"为"正常"，设置完成后，单击"确定"按钮，如图13-53所示。此时图像暗部的亮度被压暗，如图13-54所示。

图13-53

图13-54

04 接着选择"图层1"图层缩览图，执行菜单"滤镜>模糊>高斯

艺境 中文版Photoshop数码照片处理全视频 实战228例

Photoshop

模糊"命令，在弹出的"高斯模糊"对话框中设置"半径"为6像素，如图13-55所示。单击"确定"按钮结束操作，此时画面中人物皮肤变得柔和、泛起淡淡光泽感，效果如图13-56所示。

图13-55

图13-56

05 选择"图层1"，使用Ctrl+G快捷键进行编组，然后为该图层组添加图层蒙版，如图13-57所示。接着选择图层组，再次执行菜单"图像>应用图像"命令，进行参数的设置，然后单击"确定"按钮，如图13-58所示。

图13-57

图13-58

06 调整完成后，最终效果如图13-59所示。

图13-59

实例196	强化面部立体感
文件路径	第13章\强化面部立体感
难易指数	★★★★★
技术掌握	● "曲线"命令 ● 画笔工具

⌕扫码深度学习

💡 **操作思路**

本案例中人物五官的立体感不够明显，所以首先使用"曲线"调整图层将暗部继续压暗，然后用曲线配合蒙版提亮皮肤和眼球部分，增强五官和轮廓的立体感。

👆 **案例效果**

案例对比效果如图13-60和图13-61所示。

图13-60

图13-61

🎤 **操作步骤**

01 执行菜单"文件>打开"命令，打开素材"1.jpg"，如图13-62所示。

图13-62

02 接下来针对人物面部增强亮度对比。执行菜单"图层>新建调整图层>曲线"命令，在弹出的"新建图层"对话框中单击"确定"按钮，得到调整图层。接着在弹出的"属性"面板中的曲线上方单击添加控制点并向下拖曳，降低画面亮度，如图13-63所示。此时画面效果如图13-64所示。

图13-63

图13-64

03 单击"曲线"调整图层的图层
蒙版缩览图，将前景色设置为
黑色。使用Alt+Delete快捷键进行填
充。接着单击选择工具箱中的 ✐ （画
笔工具），在选项栏中单击打开"画
笔预设"选取器，在画笔预设选取器
中单击选择一个柔边圆画笔，设置画
笔"大小"为80像素，如图13-65所
示。接着将前景色设置为白色，设置
完成后，在画面中人物眉骨、鼻翼、
脸颊等位置按住鼠标左键拖曳进行
涂抹，此时图层蒙版中的黑白效果
如图13-66所示。

图13-65

图13-66

04 涂抹完成后，画面效果如图13-67
所示。

图13-67

05 此时画面对比效果不够强烈。执
行菜单"图层>新建调整图层>
曲线"命令，在弹出的"新建图层"
对话框中单击"确定"按钮，得到调
整图层。接着在弹出的"属性"面板
中的曲线上单击添加一个控制点并
向上拖曳，提亮画面整体亮度，
如图13-68所示。此时画面效果如
图13-69所示。

图13-68

图13-69

06 单击"曲线"调整图层的图层蒙
版缩览图，并填充为黑色，隐藏

调色效果。然后选择一个合适大小的
白色柔边圆画笔笔尖，接着在人物面
部需要提亮的位置涂抹，蒙版中的黑
白效果如图13-70所示。画面最终效
果如图13-71所示。

图13-70

图13-71

13.3 五官细节修饰

实例197 眉形修饰

文件路径	第13章\眉形修饰
难易指数	★★★★★
技术掌握	● "曲线"命令 ● 画笔工具

扫码深度学习

💡 操作思路

在本案例中，可以看出人物眉毛

有部分缺失。在操作过程中，首先使用"曲线"命令将画面压暗，接着在图层蒙版中填充黑色，搭配画笔工具绘制出浓密眉毛形状。

案例效果

案例对比效果如图13-72和图13-73所示。

图13-72

图13-73

操作步骤

01 执行菜单"文件>打开"命令，打开素材"1.jpg"，如图13-74所示。

图13-74

02 执行菜单"图层>新建调整图层>曲线"命令，在弹出的"新建图层"对话框中单击"确定"按钮，得到调整图层。在弹出的"属性"面板中设置为通道RGB，然后在曲线上单击添加一个控制点并向下拖曳，压暗画面的亮度，如图13-75所示。接着在"属性"面板中设置通道为"红"，继续添加一个向下的控制点，曲线形状如图13-76所示。

图13-75

图13-76

03 此时画面效果如图13-77所示。

图13-77

04 由于此调整图层只对眉毛部分起作用，所以需要单击"曲线"调整图层的图层蒙版缩览图，然后将前景色设置为黑色，使用Alt+Delete快

捷键将其填充为黑色，隐藏调色效果，蒙版效果如图13-78所示。此时画面效果如图13-79所示。

图13-78

图13-79

05 选择工具箱中的 (画笔工具)，接着在选项栏中单击打开"画笔预设"选取器，在画笔预设选取器中单击选择一个柔边圆画笔笔尖，设置画笔"大小"为1像素，设置"硬度"为10%，如图13-80所示。接着将前景色设置为白色，在画面中人物右侧眉尾处位置按住鼠标左键拖曳进行涂抹，被涂抹的区域显示偏暗的效果，很好地模拟了眉毛，如图13-81所示。

图13-80

艺境／第13章 商业人像精修／实战228例 Photoshop

图13-81

06 继续在眉头及眉峰缺少眉毛的区域按上述方法继续涂抹，蒙版效果如图13-82所示。眉毛效果如图13-83所示。

图13-82

图13-83

07 此时人物眉毛较自然，最终效果如图13-84所示。

图13-84

实例198　增强眼部神采

文件路径	第13章\增强眼部神采
难易指数	★★★★★
技术掌握	● "曲线"命令 ● 画笔工具

扫码深度学习

💡 操作思路

"曲线"命令能改变画面颜色及明暗程度。本案例主要运用"曲线"命令来调整人物眼部效果，使原本暗淡无神的眼睛增添神采。

🖱 案例效果

案例对比效果如图13-85和图13-86所示。

图13-85

图13-86

🎤 操作步骤

01 执行菜单"文件>打开"命令，或按Ctrl+O快捷键，在弹出的"打开"对话框中单击选择素材"1.jpg"，单击"打开"按钮，如图13-87所示。

图13-87

02 接下来针对眼部进行整体提亮。首先执行菜单"图层>新建调整图层>曲线"命令，在弹出的"新建图层"对话框中单击"确定"按钮，得到调整图层。接着在弹出的"属性"面板中的曲线上单击添加3个控制点并向上拖曳，提高画面亮度。曲线形状如图13-88所示。此时画面的亮度是否适合只要关注眼睛部分即可，其他区域会在调整图层的蒙版中进行还原。此时画面效果如图13-89所示。

图13-88

图13-89

03 单击"曲线"调整图层的图层蒙版缩览图，将前景色设置为黑色，然后使用前景色（填充快捷键为Alt+Delete）进行填充，此时调色效果将被隐藏。选择工具箱中的 ✎（画笔工具），在选项栏中单击打开"画笔预设"选取器，在画笔预设选取器中单击选择一个柔边圆画笔笔尖，设置画笔"大小"为25像素，设置"硬度"为10%，如图13-90所示。将前景色设置为白色，在画面中人物眼部上方位置按住鼠标左键拖曳进行涂抹，显示其调色效果，如图13-91所示。

图13-90

图13-91

图13-96

图13-97

04 接下来使用曲线压暗瞳孔。执行菜单"图层>新建调整图层>曲线"命令，在弹出的"新建图层"对话框中单击"确定"按钮，得到调整图层。接着在弹出的"属性"面板中添加两个向下的控制点，如图13-92所示。此时画面效果如图13-93所示。

图13-92

图13-93

07 选择"曲线"调整图层的图层蒙版缩览图，并将其填充为黑色，隐藏调色效果。然后使用白色画笔在蒙版中眼部相应位置涂抹，如图13-98所示。画面最终效果如图13-99所示。

05 单击"曲线"调整图层的图层蒙版缩览图，接着将前景色设置为黑色，使用前景色（填充快捷键为Alt+Delete）进行填充，此时调色效果将被隐藏。设置前景色为白色，选择工具箱中的画笔工具选择一个合适大小的柔边圆画笔笔尖，在人物瞳孔出单击鼠标左键进行涂抹，蒙版黑白如图13-94所示。此时眼部效果如图13-95所示。

图13-98

图13-94

图13-95

06 接下来制作黑眼球下半部分的反光，使整个眼球更显明亮有神。再次建立一个"曲线"调整图层，接着添加控制点并向上拖曳，提高画面亮度。曲线形状如图13-96所示。此时画面效果如图13-97所示。

图13-99

文件路径	第13章 \ 少女感腮红
难易指数	★★★★★
技术掌握	● "曲线"命令 ● 画笔工具

操作思路

本案例主要利用"曲线"调整图层制作腮红。在制作过程中，首先需要使用黑色填充调整图层的蒙版，再使用画笔工具在蒙版中涂抹白色，显示调色效果，涂抹过程中需及时注意"不透明度"的设置，防止涂抹时浓度过大，使腮红颜色过重。

案例效果

案例对比效果如图13-100和图13-101所示。

图13-100

图13-101

操作步骤

01 执行菜单"文件>打开"命令，或按Ctrl+O快捷键，在弹出的"打开"窗口中单击选择素材"1.jpg"，单击"打开"按钮，如图13-102所示。

图13-102

02 接下来使用"曲线"命令为女孩制作腮红效果，营造面部红润的视觉感。执行菜单"图层>新建调整图层>曲线"命令，在弹出的"新建图层"对话框中单击"确定"按钮，得到调整图层。在弹出的"属性"面板中设置通道为RGB，然后在曲线上方单击添加一个控制点并向下拖曳，调整曲线形状，如图13-103所示。接着将通道设置为"红"，建立一个向上的控制点，如图13-104所示。

图13-103

图13-104

03 继续切换通道为"绿"，添加一个控制点向右下角拖曳，如图13-105所示。此时画面效果如图13-106所示。

图13-105

图13-106

04 单击"曲线"调整图层的图层蒙版缩览图，将前景色设置为黑色，然后使用前景色（填充快捷键为Alt+Delete）进行填充，此时调色效果将被隐藏。接着选择工具箱中的 ✐（画笔工具），在选项栏中单击打开"画笔预设"选取器，在画笔预设选取器中单击选择一个柔边圆画笔笔尖，设置画笔"大小"为70像素，然后在选项栏中设置画笔"不透明度"为30%，如图13-107所示。接着将前景色设置为白色，在画面中人物脸颊位置处按住鼠标左键拖曳进行涂抹，显示其效果，此时蒙版中的黑白效果如图13-108所示。

图13-107

图13-108

05 最终画面效果如图13-109所示。

图13-109

实例200	打造各种流行唇色
文件路径	第13章\打造各种流行唇色
难易指数	★★★★★
技术掌握	● "曲线"命令 ● 画笔工具

🔍扫码深度学习

💡操作思路

　　本案例主要利用"曲线"调整图层中各颜色通道，调出多种流行唇色。

🖱案例效果

　　案例效果如图13-110～图13-115所示。

图13-110　　　　　图13-111　　　　　图13-112

图13-113　　　　　图13-114　　　　　图13-115

🎤操作步骤

01 执行菜单"文件>打开"命令，或按Ctrl+O快捷键，在弹出的"打开"对话框中单击选择素材"1.jpg"，单击"打开"按钮，如图13-116所示。

图13-116

02 接下来提亮嘴部颜色。执行菜单"图层>新建调整图层>曲线"命令，在弹出的"新建图层"对话框中单击"确定"按钮，得到调整图层。接着在弹出的"属性"面板中的曲线上单击添加一个控制点并向上拖曳，提高画面亮度，如图13-117所示。此时画面效果如图13-118所示。

图13-117

图13-118

03 单击"曲线"调整图层的图层蒙版缩览图，将前景色设置为黑色，然后使用前景色（填充快捷键为Alt+Delete）进行填充，此时调色效果将被隐藏。选择工具箱中的 ✎（画笔工具），在选项栏中单击打开"画笔预设"选取器，在画笔预设选取器中单击选择一个柔边圆画笔笔尖，设置画笔"大小"为15像素、"硬度"为50%，如图13-119所示。将前景色设置为白色，在画面中人物嘴部位置按住鼠标左键拖曳进行涂抹，显示出嘴部的效果，此时蒙版中的黑白关系如图13-120所示。

图13-119

图13-120

04 调整完成后，此时的嘴部效果如图13-121所示

图13-121

05 在"图层"面板中选择"曲线"调整图层，使用Ctrl+J快捷键，复制一个相同的图层，然后双击该图层的曲线缩览图，如图13-122所示。

图13-122

06 在弹出的"属性"面板中设置通道为RGB，在曲线上添加两个控制点并进行拖曳，如图13-123所示。设置通道为"红"，然后在曲线中添加两个控制点并向上拖曳，如图13-124所示。

图13-123

图13-124

07 将通道设置为"绿"，继续添加两个控制点向左上角拖曳，如图13-125所示。然后将通道设置为"蓝"，继续添加两个控制点，将曲线形状设置为S形，如图13-126所示。

图13-125

图13-126

08 此时嘴部呈现甜蜜橙色，如图13-127所示。

图13-127

09 继续按此方法调整曲线控制点，呈现不同的嘴唇颜色，效果如图13-128～图13-131所示。

图13-128

图13-129

图13-130

图13-131

实例201	潮流渐变色长发
文件路径	第13章\潮流渐变色长发
难易指数	★★★★★
技术掌握	● "曲线"命令 ● 渐变工具 ● 画笔工具

扫码深度学习

💡操作思路

本案例首先使用"曲线"调整图层将人物发色提亮，接着使用渐变工具在画面中绘制一个渐变色，通过设置混合模式的方法，使头发产生渐变色效果。

🖱案例效果

案例对比效果如图13-132和图13-133所示。

图13-132

图13-133

🎙操作步骤

01 执行菜单"文件>打开"命令，打开素材"1.jpg"，如图13-134所示。

图13-134

02 接下来提亮头发亮度。执行菜单"图层>新建调整图层>曲线"命令，在弹出的"新建图层"对话框中单击"确定"按钮，得到调整图层。接着在弹出的"属性"面板中的曲线上单击添加一个控制点并向上拖曳，提亮画面亮度。曲线形状如图13-135所示。此时画面效果如图13-136所示。

图13-135

图13-136

03 将前景色设置为黑色，然后使用前景色（填充快捷键为Alt+Delete）进行填充，此时画面效果将被隐藏。接着选择工具箱中的 🖌（画笔工具），在选项栏中单击打开"画笔预设"选取器，在画笔预设选取器中单击选择一个柔边圆画笔笔尖，设置画笔"大小"为175像素，设置"硬度"为50%，如图13-137所示。接着将前景色设置为白色，在画面中人物头发位置处按住鼠标左键拖曳进行涂抹，此时头发部分显示提亮效果，蒙版中的黑白关系如图13-138所示。

Photoshop

图13-137　　　　　　　　　　图13-138

图13-143

04 此时画面效果如图13-139所示。接着在画面中添加渐变，绘制渐变发色。选择工具箱中的 █（渐变工具），在选项栏中单击渐变色条，在弹出的"渐变编辑器"对话框中编辑一个由蓝到粉再到黄的渐变颜色，设置完成后单击"确定"按钮。接着单击选项栏中的"对称渐变"按钮 █，如图13-140所示。

图13-139　　　　　　　　　　图13-140

图13-144

07 单击"图层"面板底部的"添加图层蒙版"按钮 █，为该渐变图层添加图层蒙版。接着将蒙版填充为黑色，隐藏渐变效果，如图13-145所示。然后选择一个合适大小的白色柔边圆画笔笔尖，在头发部位细致涂抹，在涂抹过程中逐渐呈现渐变效果。最终画面效果如图13-146所示。

05 单击"图层"面板底部的"创建新图层"按钮 █，新建一个图层。接着将光标移到画面底部，按住鼠标，由下至上拖曳鼠标，如图13-141所示。释放鼠标后呈现渐变效果，如图13-142所示。

图13-141　　　　　　　　　　图13-142

图13-145

图13-146

06 由于该渐变图层遮挡住人物形象。所以在"图层"面板中设置该图层的混合模式为"柔光"、"不透明度"为86%，如图13-143所示。此时画面效果如图13-144所示。

中文版Photoshop数码照片处理全视频　实战228例　Photoshop

13.4 魔幻感精灵眼妆

文件路径	第13章\魔幻感精灵眼妆
难易指数	★★★★★
技术掌握	● "曲线"命令 ● "色彩平衡"命令 ● 画笔工具 ● 剪贴蒙版

扫码深度学习

操作思路

本案例中，首先置入素材为眼部制作奇幻的美瞳效果；接着使用"曲线"和"色彩平衡"命令调整图层对瞳孔以及眼睛周围进行调色操作，制作紫色调的彩妆；最后置入光效素材，打造魔幻感眼妆效果。

案例效果

案例对比效果如图13-147和图13-148所示。

图13-147

图13-148

实例202 魔幻感精灵眼妆——瞳孔调整

01 执行菜单"文件>打开"命令，或按Ctrl+O快捷键，在弹出的"打开"对话框中单击选择素材"1.jpg"，单击"打开"按钮，如图13-149所示。

图13-149

02 接下来为眼部营造美瞳效果。执行菜单"文件>置入嵌入的智能对象"命令，置入素材"2.png"，如图13-150所示。接着执行菜单"图层>栅格化>智能对象"命令，将该图层转换为普通图层。然后设置该图层的混合模式为"正片叠底"，此时眼部效果更显自然，如图13-151所示。

图13-150

图13-151

03 接着单击"图层"面板底部的"添加图层蒙版"按钮■，为该图层添加图层蒙版。选择工具箱中的 ✓（画笔工具），在选项栏中单击打开"画笔预设"选取器，在画笔预设选取器中单击选择一个柔边圆画笔，设置画笔"大小"为50像素，设置"硬度"为0，如图13-152所示。接着将前景色设置为黑色，在画面中眼部内的旋涡位置按住鼠标左键拖曳擦除多余部分，效果如图13-153所示。

图13-152

图13-153

04 接下来压暗眼部旋涡，使纹理呈现的更加清晰。执行菜单"图层>新建调整图层>曲线"命令，在弹出的"新建图层"对话框中单击"确定"按钮，得到调整图层。接着在弹出的"属性"面板中的曲线上单击添加一个控制点并向下拖曳，然后单击"属性"面板底部的"创建剪贴蒙版"按钮◨，使该调色效果只作用于旋涡，如图13-154所示。此时眼球变得更加深邃，如图13-155所示。

图13-154

图13-155

05 左眼制作美瞳效果与右眼方法相同，效果如图13-156所示。

图13-156

06 接下来将眼球调为粉紫色。执行菜单"图层>新建调整图层>曲线"命令，得到调整图层。接着在弹出的"属性"面板中的RGB通道中单击添加一个控制点并向上拖曳，如图13-157所示。接着设置通道颜色为"红"，继续添加一个控制点并向左上方拖曳，如图13-158所示。

图13-157

图13-158

07 接着将通道颜色设置为"绿"，在曲线上单击一个控制点向右下拖曳，如图13-159所示。然后将通道颜色设置为"蓝"，添加一个向上的控制点，增加画面中蓝色数量，如图13-160所示。

图13-159

图13-160

08 调整完成后，画面效果如图13-161所示。接着将前景色设置为黑色，在调整图层蒙版中使用前景色（填充快捷键为Alt+Delete）进行填充，隐藏调色效果。选择一个合适的白色柔边圆画笔笔尖，在眼球处避开瞳孔涂抹，此时蒙版中黑白效果如图13-162所示。

图13-161

图13-162

09 调整完成后，此时眼球变为粉紫色，效果如图13-163所示。

图13-163

实例203　魔幻感精灵眼妆——眼影

01 此时不难看出人物面部立体感较弱。执行菜单"图层>新建调整

图层>曲线"命令，得到调整图层。接着在弹出的"属性"面板中设置通道为RGB的状态下，在曲线上单击添加控制点，向右下角拖曳压暗画面的亮度，如图13-164所示。设置通道为"红"，在曲线上单击添加一个向下的控制点，减少画面中红色的数量，如图13-165所示。

图13-164

图13-165

02 设置通道为"绿"，在曲线上单击添加控制点并向左下拖曳，减少画面中绿色的数量，如图13-166所示。最后设置通道为"蓝"，继续添加一个向下的控制点，如图13-167所示。

图13-166

图13-167

03 颜色调整完成后，此时画面效果
如图13-168所示。接着将前景
色设置为黑色，使用前景色（填充快
捷键为Alt+Delete）进行填充，隐藏
画面调色效果。然后选择工具箱中的
✏️（画笔工具），在选项栏中单击打
开"画笔预设"选取器，在画笔预设
选取器中单击选择一个柔边圆画笔，
设置合适的画笔大小，设置"硬度"
为0，如图13-169所示。

图13-168

图13-169

04 接着将前景色设置为白色，设置
完成后，在画面中脸颊两侧及鼻
骨两侧位置按住鼠标左键拖曳，在涂抹
过程中适当调节画笔的不透明度，显示
出调色效果，此时蒙版如图13-170所
示。此时肤色效果如图13-171所示。

图13-170

图13-171

05 接下来绘制下眼线，强化人物妆
容。新建一个图层，选择工具箱
中的画笔工具，在选项栏中单击打开
"画笔预设"选取器，在画笔预设选
取器中单击选择一个柔边圆画笔，设
置画笔"大小"为25像素，设置"硬
度"为0，接着在选项栏中设置画笔
"不透明度"为40%。将前景色设
置为黑色，沿下眼睑进行涂抹，在
涂抹过程中使用半透明橡皮擦适当
擦拭眼线边缘，使其更为逼真，效
果如图13-172所示。接着复制眼线
图层，使用Ctrl+T快捷键将复制的眼
线进行自由变换，然后右击执行"水
平翻转"命令，将其拖动到右眼睑下
方，效果如图13-173所示。

图13-172

图13-173

06 接下来绘制眼影。首先制作粉紫
色眼影效果。执行菜单"图层>
新建调整图层>曲线"命令，得到调整
图层。接着在弹出的"属性"面板中
设置通道为RGB，在下方的曲线上单
击添加控制点，然后向左上角拖曳提
亮画面的亮度，如图13-174所示。接
着设置通道为"红"，在曲线上单击
添加一个向下的控制点，减少画面中
红色的数量，如图13-175所示。

图13-174

图13-175

07 设置通道为"绿"，在曲线上单
击添加控制点并向右下拖曳，
如图13-176所示。最后设置通道为
"蓝"，添加两个向上的控制点，增加
画面中蓝色的数量，如图13-177所示。

图13-176

图13-177

08 此时画面效果如图13-178所示。

图13-178

09 将该调整图层蒙版填充为黑色，隐藏调色效果。然后选择大小合适的柔边圆画笔笔尖，将前景色设置为白色，在眼部上方及眼角处沿眼睛走向涂抹，蒙版效果如图13-179所示。此时画面效果如图13-180所示。

图13-179

图13-180

10 复制该曲线调整图层。适当调节曲线中各通道内控制点的位置，将其呈现出紫色调，如图13-181所示。接着将该图层蒙版填充为黑色，使用白色画笔在眼部下方涂抹出眼影效果。图层蒙版内容如图13-182所示。

图13-181

图13-182

11 此时画面效果如图13-183所示。

图13-183

12 使用同样的方法，继续调整曲线内各通道的控制点，如图13-184所示。在调整图层蒙版中使用黑色填充，并使用白色画笔涂抹眼睛周围，图层蒙版内容如图13-185所示。

图13-184

图13-185

13 打造出眼睛上方淡粉色眼影效果及卧蚕处高光效果，如图13-186所示。

图13-186

14 继续创建曲线调整图层，调整曲线形态，使画面变亮，如图13-

187所示。这一调整图层只针对黑眼球以及上下眼睑高光区域调整。同样使用黑色填充调整图层蒙版，使用白色画笔涂抹黑眼球以及上下眼睑高光区域，图层蒙版内容如图13-188所示。

图13-187

图13-188

15 此时画面效果如图13-189所示。

图13-189

16 执行菜单"文件>置入嵌入的智能对象"命令，置入素材"3.png"，如图13-190所示。摆放在合适位置，按Enter键，结束操作。眼影效果如图13-191所示。

图13-190

图13-191

01 此时可以看出眼睛内部颜色较暗。所以执行菜单"图层>新建调整图层>色彩平衡"命令，在弹出的"新建调整图层"对话框中单击"确定"按钮，得到调整图层。接着在弹出的"属性"面板中设置"色调"为"中间调"，设置"青色—红色"为-100、"洋红—绿色"为0、"黄色—蓝色"为+100，取消勾选"保留明度"复选框，如图13-192所示。此时画面偏蓝紫色调，效果如图13-193所示。

图13-192　　　　　　　　图13-193

02 接下来单击色彩平衡调整图层的图层蒙版缩览图，将其填充为黑色，隐藏调色效果。接着使用白色的柔边圆画笔在眼白处进行涂抹，图层蒙版内容如图13-194所示。显示其调色效果，如图13-195所示。

图13-194　　　　　　　　图13-195

03 最后打造眼球内部剔透效果。执行菜单"图层>新建调整图层>曲线"命令，得到调整图层。接着在"属性"面板中单击添加一个控制点并向左上方拖曳，如图13-196所示。此时眼球效果较好，如图13-197所示。

图13-196　　　　　　　　图13-197

04 单击该曲线调整图层的图层蒙版缩览图，将其填充为黑色，隐藏调色效果。接着选择较小的白色柔边圆画笔避开瞳孔部位，在黑色眼球处涂抹，图层蒙版内容如图13-198所示。最终效果如图13-199所示。

图13-198　　　　　　　　图13-199

13.5　面孔大变样

文件路径	第13章 \ 面孔大变样
难易指数	★★★★★
技术掌握	● 自由变换 ● 套索工具 ● 仿制图章工具 ● "液化"滤镜 ● "色相/饱和度"命令 ● "曲线"命令 ● 画笔工具

扫码深度学习

操作思路

本案例主要通过"自由变换"、仿制图章工具和"液化"滤镜重塑人物眉毛、眼窝和脸型部分，将人物面孔的棱角变得更为柔和。接着使用"曲线"命令调整图层压暗画面，然后将蒙版填充为黑色隐藏调色效果，在蒙版内使用白色的画笔擦出头发部分，显现出黑颜色的头发。

案例效果

案例对比效果如图13-200和图13-201所示。

图13-200

图13-201

实例205　面孔大变样——眉毛处理

01 执行菜单"文件>打开"命令，或按Ctrl+O组合快捷，在弹出的"打开"对话框中单击选择素材"1.jpg"，单击"打开"按钮，如图13-202所示。

图13-202

02 接下来去除人物的眉毛及眼窝。首先选择工具箱中的 ☌（套索工具），在画面中按住鼠标左键沿眉毛走向进行拖曳，如图13-203所示。释放鼠标时选区将自动闭合，得到选区，如图13-204所示。

图13-203

图13-204

03 在画面中右击，执行"羽化"命令，在弹出的"羽化选区"对话框中设置"羽化半径"为12像素，设置完成后单击"确定"按钮，如图13-205所示。然后使用Ctrl+J快捷键将眉毛进

行复制，接着单击"图层"面板中该图层前的隐藏按钮，将该图层隐藏。在后面的操作中需要单独对眉毛图层进行调整，如图13-206所示。

图13-205

图13-206

04 选择"背景"图层，接着选择工具箱中的 ⚎（仿制图章工具），然后在选项栏中单击"画笔预设"选取器的下拉按钮，设置一个画笔"大小"为60像素的柔边圆画笔笔尖，设置"硬度"为0、"不透明度"为80%。按住Alt键拾取眉毛周围的皮肤颜色，然后按住鼠标左键在眉毛处涂抹，如图13-207所示。在涂抹过程中不断拾取周围皮肤颜色并适当调整仿制图章工具的不透明度。此时人物眼窝变浅了，效果如图13-208所示。

图13-207

图13-208

05 在"图层"面板中显示出左侧眉毛图层，效果如图13-209所示。可以看出眉毛的眉头较低、眉尾较短。接下来进行眉毛变形操作。使用Ctrl+T快捷键进行自由变换，此时眉毛周围出现了界定框，如图13-210所示。

图13-209

图13-210

06 右击，执行"变形"命令，调节网格上的控制点，如图13-211所示。此时眉毛形状发生变化，调整完成后按Enter键确定变换操作，此时呈现柳叶眉效果，如图13-212所示。

图13-211

图13-212

07 选择工具箱中的套索工具，将左侧眼睛绘制成选区，如图13-213所示。继续右击，执行"羽化"命令，设置"羽化半径"为12像素，然后进行复制。接着使用Ctrl+T快捷键进行自由变换，右击执行"水平翻转"命令，如图13-214所示。

图13-213

图13-214

08 将其拖曳至右侧眼睛处并进行适当旋转，调整眼睛的位置，完成后按Enter键，此时效果如图13-215所示。

图13-215

09 继续按调整左侧眉毛的方法调整右侧眉毛，调整完成后画面中的人物面部更为柔和，最终效果如

图13-216所示。

图13-216

实例206 面孔大变样——调整脸型

01 此时可以看出画面中人物脸型的棱角较明显。首先调整人物下颌位置，将其液化为"鹅蛋脸"。接下来使用Ctrl+Shift+Alt+E快捷键进行盖印，然后执行菜单"滤镜>液化"命令，在弹出的"液化"窗口中选择左侧的 （冻结蒙版工具），在属性栏中设置画笔"大小"为150、"浓度"为50、"压力"为100，接着在人物嘴部涂抹，防止在液化过程将嘴部变形。然后选择 （向前变形工具），在属性栏中设置画笔"大小"为400，将光标移动到人物下颌处，向内拖曳，如图13-217和图13-218所示。

图13-217

图13-218

02 调整完成后选择解冻蒙版工具，擦去红色冻结部分。如图13-219所示。

图13-219

03 接下来将鼻头进行适当缩小。选择左侧 （褶皱工具），在属性栏中设置画笔"大小"为175、"浓度"为50、"压力"为1、"速度"为80，接着在鼻头上方单击鼠标左键，此时可以看出鼻头缩小了，如图13-220所示。

图13-220

04 接下来选择左侧的 （膨胀工具），在属性栏中设置画笔"大小"为90、"浓度"为50、"压力"为1、"速度"为80，接着在眼球处单击鼠标左键放大眼部，如图13-221所示。

图13-221

05 继续选择左侧的向前变形工具，调整合适的画笔大小，在画面中调整眉毛宽度和嘴角上扬程度，完成后单击"确定"按钮，如图13-222所示。此时画面效果如图13-223所示。

图13-222

图13-223

图13-228

实例207 面孔大变样——调整发色

01 将棕色头发调色为黑色。执行菜单"图层>新建调整图层>色相/饱和度"命令，在弹出的"新建调整图层"对话框中单击"确定"按钮，得到调整图层。接着在弹出的"属性"面板中设置通道为"红"，设置"饱和度"为-76，如图13-224所示。此时画面效果如图13-225所示。

图13-224

图13-225

02 接着单击色相/饱和度调整图层的图层蒙版缩览图，将前景色设置为黑色，然后使用前景色（填充快捷键为Alt+Delete）进行填充，隐藏调色效果。接着选择工具箱中的 ✎（画笔工具），在选项栏中单击打开"画笔预设"选取器，在画笔预设选取器中设置画笔"大小"为300像素，选择一个柔边圆画笔笔尖，如图13-226所示。接着将前景色设置为白色，然后针对画面中的棕色头发进行涂抹，显示其调色效果，此时蒙版中的黑白效果如图13-227所示。

图13-226

图13-227

03 此时画面效果如图13-228所示。

04 接下来将黑色发质压暗。执行菜单"图层>新建调整图层>曲线"命令，新建一个曲线调整图层。在弹出的"属性"面板中的曲线上单击添加一个控制点并向右下拖曳，降低画面亮度，如图13-229所示。此时画面效果如图13-230所示。

图13-229

图13-230

05 单击曲线调整图层的图层蒙版缩览图，将前景色设置为黑色，然后将其填充为黑色，隐藏压暗的调色效果。接着将前景色设置为白色，继续选择工具箱中的画笔工具，选择一个合适的画笔笔尖，然后在头发处涂抹，蒙版效果如图13-231所示。画面最终效果如图13-232所示。

图13-231

图13-232

13.6 外景人像写真精修

文件路径	第13章\外景人像写真精修
难易指数	★★★★★
技术掌握	● "液化"滤镜 ● "黑白"命令 ● "曲线"命令 ● 画笔工具 ● 仿制图章工具

扫码深度学习

💡操作思路

在本案例的人物精修过程中，首先利用"液化"滤镜对人物身形进行调整。接着利用"曲线"命令调整人物皮肤的明暗，使皮肤显得更加平滑、饱满。接着运用仿制图章工具对人物皮肤上的瑕疵进行去除。

🖱案例效果

案例对比效果如图13-233和图13-234所示。

图13-233

图13-234

实例208 外景人像写真精修——弱化皮肤明显瑕疵

01 执行菜单"文件>打开"命令，打开素材"1.jpg"，如图13-235所示。使用Ctrl+J快捷键将"背景"图层进行复制，得到新图层。

图13-235

02 接下来针对人物进行瘦脸、瘦身处理。执行菜单"滤镜>液化"命令，弹出"液化"窗口。首先针对人物脸颊两侧进行液化处理。选择左侧的🖐（向前变形工具），在属性栏中设置画笔"大小"为175、"浓度"为

50、"压力"为100，然后将光标移动到人物右侧脸颊处并向内拖曳，如图13-236所示。继续将画笔"大小"设置为400，调整人物身形及嘴角，如图13-237所示。

图13-236

图13-237

03 接着选择左侧的🔲（褶皱工具），在属性栏中设置画笔"大小"为90、"浓度"为50、"压力"为1、"速度"为80，接着在右侧鼻翼上方单击鼠标左键，此时可以看出鼻翼缩小了，如图13-238所示。液化完成后单击"确定"按钮，此时画面效果如图13-239所示。

图13-238

图13-239

04 接下来开始进行皮肤美化操作。执行菜单"图层>新建调整图层>黑白"命令，新建一个黑白调整图层，无须调整参数，使画面变为灰度效果，如图13-240所示。接着执行菜单"图层>新建调整图层>曲线"命令，新建一个曲线调整图层，适当压暗画面，如图13-241所示。使面部的瑕疵更明显，如图13-242所示。在"图层"面板中按住Ctrl键单击这两个调整图层，并向下拖曳到面板底部的"创建新组"按钮上，创建图层组，并将其命名为"观察组"，如图13-243所示。

图13-246

图13-240　　　　　　图13-241

图13-242

图13-243

图13-247

07 此时将"观察组"隐藏，可以看到皮肤中偏暗的区域被提亮，凹凸不平的问题得到了改善，对比效果如图13-248所示。画面效果如图13-249所示。

05 接着执行菜单"图层>新建调整图层>曲线"命令，新建一个调整图层。接着在弹出的"属性"面板中单击添加一个控制点并向左上方拖曳，增强画面的亮度，如图13-244所示。此调整图层主要用于提亮皮肤中较小的偏暗的区域。此时画面效果如图13-245所示。

图13-248

图13-244　　　　　　图13-245

06 接着单击曲线调整图层的图层蒙版缩览图，将其填充为黑色，隐藏调色效果。然后选择工具箱中的 ✐（画笔工具），在选项栏中单击打开"画笔预设"选取器，在画笔预设选取器中设置一个合适的柔边圆画笔笔尖，然后在选项栏中设置"不透明度"为70%，如图13-246所示。将前景色设置为白色，针对画面中较暗的皮肤进行涂抹，显示其调色效果，蒙版中黑白效果如图13-247所示。

图13-249

艺臠 中文版Photoshop数码照片处理全视频 实战228例

Photoshop

实例209 外景人像写真精修——瑕疵去除

01 此时可以看出人物的白色衣服及周围皮肤曝光严重，脸部的立体感较弱。执行菜单"图层>新建调整图层>曲线"命令，新建一个曲线调整图层。接着在弹出的"属性"面板中添加一个向下的控制点，压暗画面亮度，如图13-250所示。此时衣服处曝光正常，如图13-251所示。

图13-250　　　　　图13-251

02 单击曲线调整图层的图层蒙版缩览图，将其填充为黑色，隐藏调色效果。接着选择工具箱中的画笔工具，在选项栏中单击打开"画笔预设"选取器，在画笔预设选取器中单击选择一个合适的柔边圆画笔笔尖，适当调整画笔的不透明度，然后将前景色设置为白色，在画面中曝光位置及鼻骨处涂抹，此时蒙版中的黑白效果如图13-252所示。画面效果如图13-253所示。

图13-252　　　　　图13-253

03 继续建立一个新的曲线调整图层，单击曲线添加一个向上的控制点，如图13-254所示。继续将该调整图层的图层蒙版填充为黑色。然后将前景色设置为白色，选择合适的画笔笔尖在蒙版中的眼袋、法令纹、鼻梁及皮肤凹陷处涂抹，此时蒙版效果如图13-255所示。

图13-254　　　　　图13-255

04 此时画面中皮肤质感较之前更为圆润饱满，如图13-256所示。

图13-256

05 使用Ctrl+Shift+Alt+E快捷键盖印图层。接下来去除人物面部斑点。选择工具箱中的 🔖（仿制图章工具），在选项栏中单击"画笔预设"选取器下拉按钮，设置画笔"大小"为20像素、"硬度"为0、设置不透明度为80%，然后按住Alt键吸取周围皮肤像素，在斑点处涂抹，如图13-257所示。按此方法去除其他皮肤上的斑点及脖纹，效果如图13-258所示。

图13-257

图13-258

06 此时发现面部法令纹位置及人物脖子阴影处较暗。继续创建新的曲线调整图层，然后在弹出的"属性"面板中的曲线上添加一个控制点并向左上方

拖曳，增强画面亮度，如图13-259所
示。画面效果如图13-260所示。

图13-259

图13-260

07 单击曲线调整图层的图层蒙版缩
览图，将前景色设置为黑色，
使用Alt+Delete快捷键将曲线调整图
层的图层蒙版填充为黑色，隐藏调色
效果。然后将前景色设置为白色，在
选项栏中单击打开"画笔预设"选取
器，在画笔预设选取器中选择一个大
小适中的柔边圆画笔笔尖，在画面中
暗部皮肤位置处按住鼠标左键拖曳进
行涂抹，如图13-261所示。蒙版效果
如图13-262所示。瑕疵去除后的画面
效果如图13-263所示。

图13-261

图13-262

图13-263

实例210　外景人像写真精修——五官美化

01 此时可以看出人物眼部明度较低。执行菜单"图层>新建调整图层>曲线"
命令，创建一个新的曲线调整图层。接着在弹出的"属性"面板中的设置
通道为RGB，然后在画面中的曲线上添加两个控制点，并向左上角拖曳，如
图13-264所示。接着设置通道为"红"，在曲线中添加一个向上的控制点，
增加画面中红色的数量，如图13-265所示。

图13-264

图13-265

02 接着将通道设置为"绿"，添加一个控制点并向左上角拖曳，如图13-266
所示。然后将通道设置为"蓝"，继续将曲线形状向上拖曳，如图13-267
所示。

图13-266

图13-267

03 此时画面效果如图13-268所示。接着将曲线调整图层的图层蒙版填充为
黑色，然后选择工具箱中的画笔工具，选择一个合适的柔角画笔笔尖，接
着将前景色设置为白色，避开黑色瞳孔，在眼睛上方涂抹，显示出调色效果，

此时眼睛变亮了，效果如图13-269所示。

图13-268

图13-269

示。嘴唇调整完成后，画面最终效果
如图13-275所示。

图13-274

04 接下来将唇部颜色调整为粉红色。继续执行菜单"图层>新建调整图层>曲线"命令，创建一个新的调整图层。接着在"属性"面板中将"红""绿"通道中的曲线依次添加一个向上的控制点，增加画面中颜色的成分，如图13-270和图13-271所示。

图13-270

图13-271

05 然后将"蓝"通道中的曲线按上述方法继续添加一个向上的控制点，如图13-272所示。此时画面呈暖色调，效果如图13-273所示。

图13-272

图13-273

06 将该曲线调整图层的图层蒙版填充为黑色，选择一个画笔"大小"为20像素、"硬度"为50%的柔边圆画笔笔尖。接着将前景色设置为白色，在蒙版中嘴唇部位用白色画笔涂抹，显示出调色效果。此时蒙版效果如图13-274所示。

图13-275

13.7 封面女郎

文件路径	第13章\封面女郎
难易指数	★★★★★
技术掌握	● 磨皮滤镜 ● "色相/饱和度"命令 ● 污点修复画笔工具 ● "曲线"命令 ● 渐变工具 ● 横排文字工具

🔍扫码深度学习

💡操作思路

本案例中，首先使用磨皮滤镜降低皮肤中的噪点，改善皮肤质感。接着使用污点修复画笔去除面部斑点，然后使用"色相/饱和度"命令为人像嘴唇添加颜色，打造性感唇色。接着使用"曲线"命令对画面背景进行美化，增强画面对比度，使画面更富有视觉冲击力。最后使用横排文字工具添加海报艺术字体，从而制作极具美感的封面女郎。

案例效果

案例对比效果如图13-276和图13-277所示。

图13-276

图13-277

实例212　封面女郎——人像处理

01 执行菜单"文件>打开"命令，打开素材"1.jpg"，如图13-278所示。接着使用Ctrl+J快捷键复制该图层。

02 此时可以看出人物面部肤质较差。在这里使用到一款外挂磨皮滤镜。如果计算机中没有安装过这款滤镜，可以采用其他方式进行磨皮。执行菜单"滤镜>Imagenomic>Portraiture"命令，打开磨皮滤镜，在磨皮窗口中单击"吸管"按钮 ，在人物面部上方拾取皮肤颜色，如图13-279所示。软件会自动识别皮肤区域并进行磨皮，设置完成后，单击"确定"按钮，此时画面效果如图13-280所示。

图13-278

图13-279

图13-280

03 此时皮肤处仍有瑕疵存在。接着选择工具箱中的 （污点修复画笔工具），在选项栏中单击打开"画笔预设"选取器，在画笔预设选取器中单击选择一个画笔"大小"为3像素、"类型"为"内容识别"，然后在唇部周围污点处按住鼠标左键涂抹，如图13-281所示。释放鼠标后修补区域将自动识别周围皮肤的像素，此时污点将会消失，效果如图13-282所示。

图13-281

04 按此方法选择周围区域进行内容识别，去除皮肤表面的其余瑕疵，效果如图13-283所示。

图13-282　　　　图13-283

05 接下来为嘴唇添加颜色，打造性感唇色。执行菜单"图层>新建调整图层>色相/饱和度"命令，新建一个调整图层。接着在弹出的"属性"面板中设置"色相"为-38、"饱和度"为+48，如图13-284所示。此时画面效果如图13-285所示。

图13-284

图13-285

06 接着单击色相/饱和度调整图层的图层蒙版缩览图，将前景色设置为黑色，使用前景色（填充快捷键为Alt+Delete）进行填充，隐藏调色效果。接着选择工具箱中的 ▨（画笔工具），在选项栏中单击打开"画笔预设"选取器，在画笔选取器中设置"大小"为25像素、"硬度"为54%，选择一个柔角画笔笔尖，如图13-286所示。接着将前景色设置为白色，针对唇部进行涂抹，显示其调色效果，此时蒙版中的黑白效果如图13-287所示。

图13-286

图13-287

07 此时画面效果如图13-288所示。

图13-288

08 接下来更换人物背景颜色。执行菜单"图层>新建调整图层>色相/饱和度"命令，新建一个调整图层。在弹出的"属性"面板中设置"色相"为−12、"饱和度"为+57，如图13-289所示。此时画面效果如图13-290所示。

图13-289

图13-290

09 接着将前景色设置为黑色，选择工具箱中的画笔工具，在选项栏中选择一个合适的柔角画笔笔尖，在蒙版中的人物身体处涂抹，隐藏调色效果。此时蒙版效果如图13-291所示。画面效果如图13-292所示。

图13-291

图13-292

10 此时可以看出人物眼白较暗。执行菜单"图层>新建调整图层>曲线"命令，新建一个曲线调整图层。在弹出的"属性"面板中的曲线上单击添加一个向上的控制点，如图13-293所示。此时画面效果如图13-294所示。

图13-293

图13-294

图13-299

11 接着单击曲线调整图层的图层蒙版缩览图，将其填充为黑色，隐藏调色效果。然后选择工具箱中的画笔工具，选择一个较小的半透明白色柔角画笔笔尖在眼白处涂抹，蒙版中的黑白效果如图13-295所示。此时可以看到眼白变亮了，如图13-296所示。

图13-295

图13-296

图13-300

12 继续执行菜单"图层>新建调整图层>曲线"命令，新建一个调整图层。在弹出的"属性"面板中的曲线上添加一个控制点并向右下角拖曳，如图13-297所示。此时画面效果如图13-298所示。

14 此时可以看出画面较暗。执行菜单"图层>新建调整图层>可选颜色"命令，新建一个调整图层。接着在弹出的"属性"面板中的"红色"通道中设置"洋红"为+39%、"黄色"为-100%、"黑色"为-77%，如图13-301所示。接着将颜色设置为"黄色"，设置"洋红"为+100%，"黄色"为+43%，"黑色"为-100%，如图13-302所示。

图13-297

图13-298

13 按同样的方法将曲线调整图层蒙版填充为黑色，然后用白色的画笔压暗眼窝、鼻骨及脸颊位置。蒙版中的黑白效果如图13-299所示。画面效果如图13-300所示。

图13-301

图13-302

15 调整完成后的画面效果如图13-303所示。此时人物面色苍白。执行菜单"图层>新建调整图层>色相/饱和度"命令，新建一个调整图层。接着在弹出的"属性"面板中设置"色相"为+9、"饱和度"为+23，如图13-304所示。

图13-303

图13-304

16 接着设置通道为"红色"，设置"饱和度"为+12，如图13-305所示。画面效果如图13-306所示。

图13-305

图13-306

17 接着在该调整图层的图层蒙版中，选择黑色的柔角画笔在画面背景及衣服处涂抹，恢复调色前颜色，蒙版效果如图13-307所示。此时画面效果如图13-308所示。

图13-307

图13-308

01 接下来增强画面对比度，使画面更富有视觉冲击力。执行菜单"图层>新建调整图层>曲线"命令，新建一个调整图层。接着在弹出的"属性"面板中的曲线上建立S形曲线，如图13-309所示。此时画面亮部过亮，缺失细节，如图13-310所示。

图13-309

图13-310

02 接着单击曲线调整图层，选择一个合适大小的柔角画笔笔尖，将前景色设置为黑色，在人物面部及颈部涂抹，蒙版效果如图13-311所示。此时画面效果如图13-312所示。

图13-311

图13-312

03 新建一个图层，选择工具箱中的 （快速选择工具），接着单击选项栏中的"添加到选区"按钮，设置画笔"大小"为8像素，然后在画面中的背景处按住鼠标左键进行拖曳，此时会出现选区，如图13-313所示。

图13-313

04 继续拖曳鼠标，将背景建立为选区，如图13-314所示。接着选择工具箱中的 （渐变工具），在选项栏中的渐变色条中编辑一个蓝色的渐变色条，然后单击"线性渐变"按钮。接下来将鼠标左键移动到画面左上角按住鼠标左键向右下角拖曳，将背景填充为渐变色调，如图13-315所示。

图13-314

图13-315

05 释放鼠标后背景的渐变效果将呈现出来，如图13-316所示。接着使用Ctrl+D快捷键取消选区。

图13-316

实例214　封面女郎——文字制作

01 在画面中输入文字，呈现出杂志封面效果。选择工具箱中 （横排文字工具），单击选项栏中的"切换字符和段落面板"按钮，在弹出的"字符"面板中设置合适的字体和字号，将文字颜色设置为白色，如图13-317所示。接着在画面中单击插入光标，输入文字，如图13-318所示。

图13-317

图13-318

02 接着在"图层"面板中设置该图层的"不透明度"为77%，如图13-319所示。此时画面文字变得更为柔和，效果如图13-320所示。

图13-319

图13-320

03 按此方法继续在画面中的其他位置调整字体和字号，接着输入文字。画面最终效果如图13-321所示。

图13-321

艺境 中文版Photoshop数码照片处理全视频 实战228例

Photoshop

创意摄影

文件路径	第 14 章 \ 环形世界
难易指数	★★★★★
技术掌握	● "极坐标"滤镜 ● 图层样式 ● 渐变工具 ● 椭圆工具 ● 自由变换 ● 混合模式 ● "高斯模糊"滤镜

扫码深度学习

操作思路

本案例中，首先使用"极坐标"滤镜将街道图片展现为环形效果，接着使用椭圆工具搭配图层样式制作环形的阴影效果。并运用曲线调整图层将环形的路面进行局部的压暗以及提亮，呈现空间立体效果。然后置入人物图像并将其与画面色调调为一致，根据光源制作人物的影子，最后置入云朵素材。

案例效果

案例效果如图14-1所示。

图14-1

实例215 环形世界——制作环形部分

01 执行菜单"文件>新建"命令，在弹出的"新建文档"对话框中创建一个"宽度"和"高度"均为2000像素，"分辨率"为72像素/英寸的文档，单击"创建"按钮，效果如图14-2所示。

图14-2

02 接下来制作渐变背景。选择工具箱中的 ■ （渐变工具），在选项栏中单击渐变色条，在弹出的"渐变编辑器"对话框中双击底部色标滑块编辑一个由蓝到白的渐变色条，设置完成后，单击"确定"按钮。在渐变色条中即可呈现该颜色，接着设置渐变类型为"线性渐变" ■，设置完成后，将光标移动到画面底部，按住鼠标左键由下向上拖曳，如图14-3所示。释放鼠标后，渐变效果即可呈现出来，如图14-4所示。

图14-3

图14-4

03 接下来制作画面底部的阴影部分。选择工具箱中的椭圆选框工具，接着将光标移动到画面中，按住Shift+Alt键并按住鼠标拖曳绘制以起点作为中心的正圆选区，如图14-5所示。接着选择工具箱中的 ■ （渐变工具），然后单击选项栏中的渐变色条，在弹出的"渐变编辑器"对话框中编辑一个由藏蓝色到白色的渐变颜色，接着设置渐变类型为"径向渐变" ■，设置完成后，单击"确定"按钮，如图14-6所示。

图14-5

图14-6

04 新建一个图层。接着将光标移动到圆的中心位置，按住鼠标左键由内向外拖曳，如图14-7所示。释放鼠标后，画面效果如图14-8所示。接着使用Ctrl+D快捷键取消圆形选区。

图14-7

图14-8

05 接着使用Ctrl+T快捷键进行自由变换，将自由变换界定框上部中间位置的锚点向下拉曳，两侧的锚点分别向左侧和右侧拉曳，将形状压扁，如图14-9所示。接着按Enter键完成该操作。

图14-9

06 在"图层"面板中设置该图层的混合模式为"正片叠底"、"不透明度"为80%，如图14-10所示。此时画面效果如图14-11所示。

图14-10

图14-11

07 此时可以看出黑色椭圆面积较大。所以单击"图层"面板底部的"添加图层蒙版"按钮 ▢，然后

选择工具箱中的 ✔.（画笔工具），在选项栏中单击打开"画笔预设"选取器，在画笔预设选取器中单击选择一个柔边圆画笔笔尖，设置画笔"大小"为200像素。接着设置"不透明度"为60%，如图14-12所示。将前景色设置为黑色，然后在椭圆形周围进行涂抹，隐藏其效果，此时蒙版效果如图14-13所示。

图14-12

图14-13

08 涂抹完成后，此时画面中的阴影效果如图14-14所示。

图14-14

09 执行菜单"文件>置入嵌入的智能对象"命令，置入素材"1.png"，如图14-15所示。按Enter键完成置入，接着执行菜单"图层>栅

格化>智能对象"命令，将该图层转换为普通图层。

图14-15

10 制作环形世界效果。执行菜单"滤镜>扭曲>极坐标"命令，在弹出的"极坐标"对话框中选中"平面坐标到极坐标"单选按钮，单击"确定"按钮，如图14-16所示。画面效果如图14-17所示。

图14-16

图14-17

11 执行菜单"图层>图层样式>外发光"命令，在弹出的"图层样式"对话框中设置"混合模式"为"正

常"、"不透明度"为78%、"杂
色"为0、颜色为黑色、"方法"为
"柔和"、"扩展"为37%、"范
围"为50%，设置完成后，单击"确
定"按钮，如图14-18所示。此时画
面效果如图14-19所示。

图14-18

图14-19

12 接下来调整环形的颜色。执行菜单
"图层>新建调整图层>曲线"命
令，新建一个曲线调整图层，在"属性"
面板中的"红"通道和"绿"通道
中将右上角的控制点向左移动，然后在
曲线上单击添加一个控制点，将控制点
向左上角拖曳，如图14-20和图14-21
所示。

图14-20   图14-21

13 在"蓝"通道中的曲线上添加一
个向上的控制点，如图14-22所

示。此时画面效果如图14-23所示。

图14-22

图14-23

14 接着执行菜单"图层>创建剪贴蒙
版"命令，使该图层只针对环形图
层产生作用，效果如图14-24所示。

图14-24

15 接着单击曲线调整图层的图层蒙
版缩览图，然后选择工具箱中的
画笔工具，在选项栏中选择一个大小
合适的柔角画笔笔尖，接着将前景色
设置为黑色，在画面中环形上方涂抹，
此时蒙版中的黑白效果如图14-25所
示。画面效果如图14-26所示。

图14-25

图14-26

16 继续执行菜单"图层>新建调整图
层>曲线"命令，新建一个曲线调
整图层，在"属性"面板中单击添加
一个控制点并向下拖曳。接着单击
该面板底部的"创建剪贴蒙版"按
钮，如图14-27所示。此时画面效
果如图14-28所示。

图14-27

图14-28

17 单击该图层的图层蒙版缩览图。选择一个合适的黑色柔角画笔笔尖在图层蒙版中环形内部涂抹。蒙版效果如图14-29所示。此时画面效果如图14-30所示。

前景色设置为黑色，使用前景色（填充快捷键为Alt+Delete）将稍小的正圆选区填充为黑色，隐藏选区内部的纹理。使这部分纹理作为环形的厚度。此时画面效果如图14-36所示。

图14-29

图14-30

图14-35

18 接着执行菜单"文件>置入嵌入的智能对象"命令，置入素材"2.jpg"，如图14-31所示。按Enter键完成置入，接着执行菜单"图层>栅格化>智能对象"命令，将该图层转换为普通图层。然后选择工具箱中的椭圆选框工具，然后在画面中按住Shift+Alt快捷键绘制一个正圆选区，如图14-32所示。

图14-31

图14-32

图14-36

19 接着单击"图层"面板底部的"添加图层蒙版"按钮 ◻，为该图层添加图层蒙版。此时蒙版效果如图14-33所示。画面效果如图14-34所示。

21 此时画面趋于平面化。所以继续执行菜单"图层>新建调整图层>曲线"命令，新建一个曲线调整图层，在"属性"面板中单击添加一个向上的控制点，如图14-37所示。此时画面效果如图14-38所示。

图14-33

图14-34

图14-37

20 绘制完成后，使用同样的方法，在该圆形选区内部继续绘制一个稍小的中心等比例圆形选区，如图14-35所示。接着单击图层蒙版缩览图，然后将

图14-38

22 接着将曲线调整图层的图层蒙版填充为黑色，隐藏调色效果。然后将前景色设置为白色，选择一个大小适中的柔角画笔，在蒙版中环形左侧部分进行涂抹，接着建立剪贴蒙版，此时的图层蒙版效果如图14-39所示。画面呈现出立体效果，如图14-40所示。

图14-39

图14-40

实例216 环形世界——制作人像部分

01 执行菜单"文件>置入嵌入的智能对象"命令，置入素材"3.jpg"，

如图14-41所示。将图片调整至合适大小后，按Enter键完成置入。然后执行菜单"图层>栅格化>智能对象"命令，将该图层转换为普通图层。

图14-41

02 选择工具箱中的 ⬚（磁性套索工具），在选项栏中单击"新选区"按钮 ▣，设置"宽度"为10像素、"对比度"为10%、"频率"为57。在画面中人物轮廓处单击建立锚点，然后围绕人物外轮廓拖曳，如图14-42所示。当首尾锚点重合时，将自动生成为选区，如图14-43所示。

图14-42

图14-43

03 单击"图层"面板底部的"添加图层蒙版"按钮，此时人物背景将被隐藏，如图14-44所示。

图14-44

04 此时可以看出人物与画面色调不吻合。接着执行菜单"图层>新建调整图层>曲线"命令，创建一个新的调整图层。在"属性"面板中的"红"通道中单击添加一个向下的控制点，如图14-45所示。在"绿"通道中添加一个控制点向左上角拖曳，增加画面中的绿色，如图14-46所示。

图14-45

图14-46

05 继续将通道设置为"蓝"，在曲线上单击添加一个向上的控制点，接着单击"属性"面板底部的"建立剪贴蒙版"按钮，如图14-47

中文版Photoshop数码照片处理全视频 实战228例 Photoshop

所示。此时画面中人物色调如图14-48
所示。

图14-47

图14-50

07 此时人物阴影轮廓过于清晰。执行菜单"滤镜>模糊>高斯模糊"命令，在弹出的"高斯模糊"对话框中设置"半径"为20像素，如图14-51所示。

图14-51

08 此时画面中阴影仍然较暗，效果如图14-52所示。选中该图层，单击该图层底部的图层蒙版按钮，将前景色设置为黑色，选择较大的柔角画笔在蒙版中阴影处涂抹，此时阴影变得更柔和，如图14-53所示。

图14-52

图14-53

图14-48

06 接下来根据光线方位制作人物影子。按住Ctrl键单击图层蒙版中的人物缩览图，此时出现人物选区。然后新建一个图层，将其填充为黑色，如图14-49所示。接着取消选区。使用Ctrl+T快捷键进行自由变换。此时人物周围出现界定框，然后右击，执行"斜切"命令，制作阴影效果，如图14-50所示。

图14-49

09 最后在画面中执行菜单"文件>置入嵌入的智能对象"命令，置入素材"4.png"，如图14-54所示。按Enter键完成置入并将该图层进行栅格化。画面最终效果如图14-55所示。

图14-54

图14-55

14.2 灯泡创意合成

文件路径	第14章\灯泡创意合成	
难易指数	★★★★★	
技术掌握	● 渐变工具 ● 磁性套索工具 ● 自由变换 ● "曲线"命令 ● 椭圆工具	● "色彩范围"命令 ● 混合模式 ● 钢笔工具 ● 横排文字工具

扫码深度学习

💡 操作思路

本案例以合成为主，在制作过程

中首先运用渐变工具制作径向渐变的蓝色背景。然后置入灯泡素材，使用磁性套索工具抠出灯泡底部，隐藏玻璃泡上部及背景部分。接着使用"自由变换"制作投影效果，然后置入素材配合图层样式、图层蒙版等营造海洋景象，最后使用横排文字工具在画面上方输入多彩文字，完成灯泡的创意合成。

🖱案例效果

案例效果如图14-56所示。

图14-56

实例217 灯泡创意合成——制作灯泡部分

01 执行菜单"文件>新建"命令，在弹出的"新建文档"对话框中新建一个"宽度"为1640像素、"高度"为2183像素、"分辨率"为72像素/英寸的空白文档，单击"创建"按钮。将前景色设置为蓝色，使用Alt+Delete快捷键进行前景色填充，如图14-57所示。

图14-57

02 制作渐变背景效果。选择工具箱中的 ■ (渐变工具)，在选项栏中单击渐变色条器，在弹出的"渐变编辑器"对话框中双击底部色标滑块，编辑一个由白到蓝的渐变色，设置完成后，单击"确定"按钮。接着设置渐变类型为"径向渐变"，如图14-58所示。设置完成后，将光标移动到画面中间部分，按住鼠标左键向外侧拖曳，释放鼠标后，呈现渐变效果，如图14-59所示。

图14-58

图14-59

03 接着选择工具箱中的画笔工具，在选项栏中单击"画笔预设"选取器，在画笔预设选取器中设置一个柔边圆画笔，设置画笔"大小"为600像素、"硬度"为0，如图14-60所示。然后将前景色设置为天蓝色，在画面中心单击鼠标左键，得到一个边缘模糊的正圆，画面效果如图14-61所示。

图14-60

图14-61

04 接下来制作灯泡部分。执行菜单"文件>置入嵌入的智能对象"命令，置入素材"1.jpg"，如图14-62所示。将图片调整至合适位置后，按Enter键完成置入，然后执行菜单"图层>栅格化>智能对象"命令，将该图层转换为普通图层，如图14-63所示。

图14-62

图14-63

05 选择工具箱中的 ▨ (磁性套索工具)，在选项栏中单击"新选区"按钮 ▣，设置"宽度"为10像素、对比度为10%、"频率"为57。

艺境 中文版Photoshop数码照片处理全视频 实战228例 Photoshop

然后在画面中灯泡边缘处单击，然后围绕灯泡轮廓拖动光标绘制路径，如图14-64所示。当首尾锚点重合时单击鼠标左键，将自动生成为选区，如图14-65所示。

图14-64

图14-65

06 接着单击"图层"面板底部的"添加图层蒙版"按钮□，为该图层添加图层蒙版。此时选区以外灯泡部分将会隐藏，蒙版效果如图14-66所示。此时画面效果如图14-67所示。

图14-66

图14-67

07 接下来制作灯泡倒影。选择该图层，使用Ctrl+J快捷键进行复制。再使用Ctrl+T快捷键进行自由变换，此时灯泡周围出现界定框，接着右击，执行"垂直翻转"命令，此时画面效果如图14-68所示。将该图层拖曳到灯泡下方，效果如图14-69所示。

图14-68

图14-69

08 此时可以看出灯泡倒影较实，无柔和透明之感。选择该图层，并为该图层添加图层蒙版。接着选择工具箱中的渐变工具，在选项栏中编辑一个由黑到白的渐变色条，并选择"线性渐变"。然后在图层蒙版中右下往上拖曳，如图14-70所示。此时蒙版中黑白效果如图14-71所示。

图14-70

图14-71

09 完成操作后，倒影效果如图14-72所示。

图14-72

10 接着执行菜单"文件>置入嵌入的智能对象"命令，置入素材"2.jpg"，如图14-73所示。调整图片控制点，将其缩放调整至合适的位置，按Enter键完成置入，然后执行菜单"图层>栅格化>智能对象"命令，将该图层转换为普通图层，效果如图14-74所示。

图14-73

图14-74

11 制作灯泡内部海洋效果。选择工具箱中的钢笔工具，在海洋图片中按照灯泡形状绘制路径，如图14-75所示。接着按Ctrl+Enter快捷键将路径转换为选区，然后单击"图层"面板底部的"添加图层蒙版"按钮，此时海底效果如图14-76所示。

图14-75

图14-76

12 此时可以看出海底效果无立体感。所以执行菜单"图层>图层样式>内发光"命令，在弹出的"图层样式"对话框中设置"混合模式"为"滤色"、"不透明度"为87%、发光颜色为蓝

色，设置一个由蓝色到透明的渐变色条，然后选择"源"为"边缘"，设置"大小"为115像素，如图14-77所示。此时画面中的海底效果如图14-78所示。

图14-77

图14-78

13 使用画笔绘制海底暗部。新建一个图层，选择工具箱中的 ✏.（画笔工具），单击选项栏中的"画笔预设"选取器，在画笔预设选取器中设置"大小"为150像素，选择一个柔边圆画笔笔尖，如图14-79所示。将前景色设置为黑色，然后在海底周围涂抹，如图14-80所示。

图14-79

图14-80

14 接着执行菜单"图层>创建剪贴蒙版"命令，使该图层只对海底图层产生作用，效果如图14-81所示。然后在"图层"面板中设置该图层的混合模式为"叠加"，使海底阴影效果更为自然，如图14-82所示。

图14-81

图14-82

15 此时可以看出画面中的海底部分对比度和明度较低。所以执行菜单"图层>新建调整图层>曲线"命令，创建一个新的调整图层。然后在弹出的"属性"面板中的曲线上添加两个控制点，使曲线呈S形状，然后单击"属性"面板底部的"创建剪贴蒙版"按钮，如图14-83所示。使该曲线调整图层针对海底图层起作用，效果如图14-84所示。

图14-83

图14-84

栏中的画笔预设选取器中选择合适的柔角画笔笔尖，然后将前景色设置为白色，在画面的中心位置单击鼠标左键，效果如图14-86所示。

图14-86

18 然后在"图层"面板中设置该图层的混合模式为"明度"、"不透明度"为50%，如图14-87所示。此时出现光影效果，如图14-88所示。

图14-87

为"形状"，设置填充颜色为由白到黑的渐变填充，"描边"设置为无。接着将光标移动到画面中，按住（Shift+Alt）并拖动鼠标绘制一个正圆形，如图14-89所示。拖曳至合适大小后释放鼠标左键，此时画面效果如图14-90所示。

图14-89

图14-90

20 选择工具箱中的 ⬚.（矩形选框工具），在玻璃泡下方绘制一个矩形选区，如图14-91所示。

16 接着执行菜单"文件>置入嵌入的智能对象"命令，置入鱼鸟素材"3.png"，将图像调整到合适的大小，然后确定置入，并栅格化图层，此时效果如图14-85所示。

图14-85

17 制作海面立体感。新建一个图层，选择工具箱中的画笔工具，在选项

19 选择工具箱中的 ◯.（椭圆工具），在选项栏中设置绘制模式

图14-88

图14-91

21 然后单击"图层"面板底部的"添加图层蒙版"按钮 □，此时蒙版效果如图14-92所示。画面效果如图14-93所示。

图14-92　　　　　　　　图14-93

22 接着设置该图层的混合模式为"叠加"、"不透明度"为98%，如图14-94所示。此时海底效果更为梦幻，如图14-95所示。

图14-94　　　　　　　　图14-95

实例218　灯泡创意合成——制作装饰部分

01 接下来制作海面装饰部分。执行菜单"文件>置入嵌入的智能对象"命令，置入海浪素材"4.jpg"，如图14-96所示。将图片调整至合适位置后，按Enter键完成置入，如图14-97所示。然后执行菜单"图层>栅格化>智能对象"命令，将该图层转换为普通图层。

图14-96　　　　　　　　图14-97

02 接着单击"图层"面板底部的"添加图层蒙版"按钮 □，然后选择工具箱中的画笔工具，在选项栏中单击"画笔预设"选取器，在画笔预设选取器中设置合适的柔角画笔笔尖，然后将前景色设置为黑色，在该图层蒙版中海浪周围的位置涂抹。在涂抹过程中，逐渐隐藏图片效果，蒙版效果如图14-98所示。画面效果如图14-99所示。

图14-98

图14-99

03 接着按上述置入方法置入海边素材"5.jpg"，并进行栅格化。然后使用椭圆选框工具，按住Shift键绘制正圆，如图14-100所示。然后单击"图层"面板底部的"添加图层蒙版"按钮，此时隐藏选区以外的图片部分，画面效果如图14-101所示。

图14-100

图14-101

图14-105

路径，如图14-108所示。接着使用
Ctrl+Enter快捷键将路径转换为选区，
如图14-109所示。

图14-108

04 将前景色设置为白色，然后使用
画笔工具在蒙版中擦掉其他多
余部分，此时蒙版效果如图14-102所
示。面画中呈现海边效果，如图14-103
所示。

06 选择该图层，然后单击"图层"
面板底部的"添加图层蒙版"按
钮，此时蓝天背景被隐藏，蒙版中的
黑白效果如图14-106所示。将其他图
层显示出来，画面效果如图14-107
所示。

图14-109

图14-102

08 此时为该图层添加图层蒙版，蒙
版中黑白关系如图14-110所示。
画面中海豚效果如图14-111所示。

图14-106

图14-103

05 接着执行菜单"文件>置入嵌入
的智能对象"命令，置入素材
"6.jpg"，接着隐藏其他图层。执行菜
单"选择>色彩范围"命令，在弹出的
"色彩范围"窗口中设置"颜色容差"
为150，然后用吸管工具吸取绿树，完
成后单击"确定"按钮，如图14-104
所示。此时绿树周围出现选区，画面
效果如图14-105所示。

图14-110

图14-107

07 接下来制作跳跃的海豚。执行
菜单"文件>置入嵌入的智能对
象"命令，置入海豚素材"7.jpg"，
调整合适的角度，按Enter键完成置
入。执行菜单"图层>栅格化>智能
对象"命令，将该图层转换为普通
图层。使用钢笔工具围绕海豚绘制

图14-104

图14-111

艺境 / 第14章 创意摄影 /

实战228例

Photoshop

343

09 此时可以看出海豚在画面中过于僵硬。所以选择工具箱中的渐变工具，编辑一个由黑到白的渐变颜色，然后单击"线性渐变"按钮。接着按住Ctrl键并单击该图层的图层蒙版，此时出现海豚选区。然后将光标移动到海豚尾部位置，从海豚位置向右上方拉曳，如图14-112所示。接着取消选区，可以看出海豚尾部被隐藏，效果如图14-113所示。

图14-112

图14-113

10 按照同样方法，置入另一个海豚素材和冲浪的人物素材，制作方法同上。此时画面效果如图14-114所示。接着执行菜单"文件>置入嵌入的智能对象"命令，置入水浪素材"9.jpg"，完成置入后并进行栅格化，效果如图14-115所示。

图14-114

图14-115

11 执行菜单"图层>新建调整图层>曲线"命令，在"属性"面板中的曲线上添加两个控制点，使曲线微微呈现出S形状，如图14-116所示。画面效果如图14-117所示。

图14-116

图14-117

实例219 灯泡创意合成——制作艺术字

01 接下来制作文字部分。选择工具箱中的横排文字工具，在选项栏中设置合适的字体，设置字体大小为130点，设置颜色为蓝色。然后在画面中单击插入光标并输入文字，如图14-118和图14-119所示。

图14-118

图14-119

02 接着执行菜单"图层>图层样式>描边"命令，在弹出的"图层样式"对话框中设置描边"大小"为3像素、"颜色"为深蓝色，如图14-120所示。设置完成后，单击"确定"按钮。此时文字效果如图14-121所示。

图14-120

图14-121

03 接下来在不选中任何文字图层的情况下，在选项栏中切换文字的字体，设置字体大小为145点，设置颜色为紫色，然后在画面中单击鼠标左键输入文字，此时文字效果如图14-122所示。

图14-122

04 继续执行菜单"图层>图层样式>描边"命令，设置描边"大小"为3像素、"颜色"为深紫色，如图14-123所示。设置完成后，文字效果如图14-124所示。

图14-123

图14-124

05 按上述方法继续切换字体大小及颜色，输入其他文字，在操作中均执行"描边"命令，并将"描边"大小设置为3像素，选择描边"颜色"较原字体颜色深的色调。最终画面效果如图14-125所示。

图14-125

文件路径	第14章\画中人
难易指数	★★★★★
技术掌握	● "可选颜色"命令 ● "曲线"命令 ● 剪贴蒙版 ● 图层样式 ● 横排文字工具 ● 自定形状工具

扫码深度学习

操作思路

在本案例的操作过程中，主要分为四部分。首先使用"可选颜色"和"曲线"命令处理背景图像，接着使用钢笔工具抠出人像，并调节画面色调。然后使用椭圆工具以及"图层样式"制作前景，最后使用横排文字工具搭配"自定形状"制作艺术字部分。

案例效果

案例效果如图14-126所示。

图14-126

实例220　画中人——制作背景部分

01 执行菜单"文件>新建"命令，在弹出的"新建文档"对话框中新建一个"宽度"为1500像素、"高度"为2122像素、"分辨率"为300像素/英寸的空白文档，单击"创建"按钮，如图14-127所示。

图14-127

02 接下来制作背景部分。执行菜单"文件>置入嵌入的智能对象"命令，置入素材"1.jpg"，如图14-128所示。将图片调整至合适位置后，按Enter键完成置入，效果如图14-129所示。然后执行菜单"图层>栅格化>智能对象"命令，将该图层转换为普通图层。

图 14-128

图 14-129

05 此时可以看出中心部位较暗。执行菜单"图层>新建调整图层>曲线"命令，新建一个曲线调整图层，在"属性"面板中的RGB通道中的曲线上添加一个锚点向左上角拖曳，如图14-134所示。接着将通道切换为"红"通道，添加一个锚点并向右下角拖曳，接着继续单击"创建剪贴蒙版"按钮，如图14-135所示。

图 14-134

图 14-135

03 执行菜单"图层>新建调整图层>可选颜色"命令，在弹出的"新建图层"对话框中单击"确定"按钮。接着在弹出的"属性"面板中设置"颜色"为"红色"、"洋红"为+5%、"黄色"为−15%，如图14-130所示。设置"颜色"为"黄色"、"洋红"为+10%、"黄色"为−10%，如图14-131所示。

图 14-130

图 14-131

04 继续设置"颜色"为"中性色"、"洋红"为+40%、"黄色"为+30%，如图14-132所示。设置完成后，单击"属性"面板底部的"创建剪贴蒙版"按钮，使该调整图层只针对"室内"图层起作用，此时画面色调变暖了，如图14-133所示。

图 14-132

图 14-133

06 此时画面变亮了，如图14-136所示。接着将前景色设置为黑色，然后将曲线调整图层的图层蒙版填充为黑色，隐藏调色效果。然后选择工具箱中的 ✐.（画笔工具），在选项栏中的"画笔预设"选取器中设置"大小"为1600像素，选择一个柔角画笔笔尖，如图14-137所示。

图 14-136

艺境 中文版Photoshop数码照片处理全视频 实战228例 Photoshop

图14-137

07 接下来将前景色设置为白色，在蒙版中的画面中心位置单击鼠标左键，此时蒙版黑白效果如图14-138所示。画面效果如图14-139所示。

图14-138

图14-139

08 接下来制作暗角效果。新建一个图层，执行菜单"图层>创建剪贴蒙版"命令。选择工具箱中的画笔工具，在选项栏中的"画笔预设"选取器中选择合适的柔角画笔笔尖，设置"不透明度"为20%，接着将前景色设置为黑色，在画面四周涂抹，如图14-140所示。涂抹完成后的效果如图14-141所示。

图14-140

图14-141

09 继续新建一个图层，执行菜单"图层>创建剪贴蒙版"命令。此时将前景色设置为白色，然后将光标移到画面中心处，按住鼠标左键涂抹，与暗角发生强烈对比，最终背景效果如图14-142所示。

图14-142

实例221 画中人——制作人像部分

01 接下来制作人像部分。执行菜单"文件>置入嵌入的智能对象"命令，置入人像素材"2.jpg"，如图14-143所示。将图片调整至合适位置后，按Enter键完成置入，如图14-144所示。然后执行菜单"图层>栅格化>智能对象"命令，将该图层转换为普通图层。

图14-143

图14-144

02 使用钢笔工具抠出人像。选择工具箱中的钢笔工具，然后在画面中人物面部单击鼠标建立锚点，围绕人物形态进行路径绘制，如图14-145所示。绘制完成后的路径如图14-146所示。

图14-145

图14-146

03 接着使用Ctrl+Enter快捷键将路径转换为选区，如图14-147所示。

图14-147

04 单击"图层"面板底部的"添加图层蒙版"按钮，此时背景被隐藏，蒙版效果如图14-148所示。此时人物效果如图14-149所示。

图14-148

图14-149

05 接下来调整人物色调，使人物与背景相融合。执行菜单"图层>新建调整图层>可选颜色"命令，在弹出的对话框中单击"确定"按钮。接着在弹出的"属性"面板中设置"颜色"为"红色"、"洋红"为-20%、"黄色"为70%，如图14-150所示。设置"颜色"为"黄色"、"洋红"为-40%、"黄色"为+85%，如图14-151所示。

图14-150

图14-151

06 继续设置"颜色"为"中性色"、"黄色"为+10%，如图14-152所示。此时画面色调如图14-153所示。

图14-152

图14-153

07 继续调整画面颜色。执行菜单"图层>新建调整图层>曲线"命令，在弹出的对话框中单击"确定"按钮，得到调整图层。接着在弹出的"属性"面板中的曲线上单击添加一个控制点并向下拖曳，如图14-154所示。接着在"属性"面板中的"红"通道内单击添加一个向上的控制点，增加画面中的红色，如图14-155所示。

图14-154

图14-155

08 接着在"绿"通道内添加一个控制点向右下角拖曳，减少画面中的绿色，如图14-156所示。将通道设置为"蓝"，继续添加一个向下的控制点，如图14-157所示。

图14-156

图14-157

09 此时人物与背景画面色调较为和谐，效果如图14-158所示。

图14-158

实例222 画中人——制作前景部分

01 接下来制作画面的前景。选择工具箱中的椭圆工具，在选项栏中设置绘制模式为"形状"、"填充"为黑色、"描边"为无，然后将光标移动到画面底部进行绘制，如图14-159所示。

图14-159

02 接着执行菜单"图层>图层样式>外发光"命令，在弹出的"图层样式"对话框中设置"不透明度"为75%，编辑一个黄颜色，设置"大小"为36像素、"范围"为50%，如图14-160所示。此时画面效果如图14-161所示。

图14-160

图14-161

03 继续选择工具箱中的椭圆工具，设置绘制模式为"路径"，然后在黑色椭圆顶部绘制椭圆路径，如图14-162所示。接着右击，执行"建立选区"命令，在弹出的对话框中设置"羽化半径"为80像素，设置完成后单击"确定"按钮，如图14-163所示。

图14-162

图14-163

04 新建一个图层，将前景色设置为黄色，使用前景色（填充快捷键为Alt+Delete）进行填充，如图14-164所示。然后使用Ctrl+D快捷键取消选区，接着使用Ctrl+T快捷键进行自由变换，调整上下左右的控制点，将其向内侧拖动，完成后按Enter键完成操作，高光效果如图14-165所示。

图14-164

图14-165

05 将前景色设置为白色，使用同样的方法，在黄色高光上方制作较小高光，并设置该图层的"不透明度"为80%，如图14-166所示。效果如图14-167所示。

图14-166

图14-167

06 接着执行菜单"文件>置入嵌入的智能对象"命令，置入外框素材"3.png"，按Enter键完成置入，此时前景部分制作完成，如图14-168所示。

图14-168

实例223　画中人——制作艺术字

01 接下来在画面中输入文字。选择工具箱中的横排文字工具，在选项栏中设置合适的"字体"，"字号"设置为18点，"填充"设置为白色，在画面底部位置单击输入文字，如图14-169所示。继续在该文字下方输入文字，如图14-170所示。

图14-169

图14-170

02 接着选择工具箱中的自定形状工具，在选项栏中设置绘制模式为"形状"，设置"填充"为黄褐色，选择一个合适的形状。然后在画面中按住鼠标左键并进行拖曳绘制，如图14-171所示。

图14-171

03 继续选择横排文字工具，在选项栏中设置合适的"字体"和"字号"，然后单击"居中对齐文本"按钮，并将字体颜色设置为白色，接着单击输入文字，如图14-172所示。

图14-172

04 新建图层组，将所有文字部分及自定图案置于图层组内并命名为"艺术字"，如图14-173所示。然后单击该图层组，执行菜单"图层>图层样式>渐变叠加"命令，在弹出的"图层样式"对话框中设置"混合模式"为"正常"、"不透明度"为100%，"渐变"为深黄色系渐变，设置"样式"为"线性"、"角度"为97度，如图14-174所示。

图14-173

图14-174

05 此时画面最终效果如图14-175 所示。

图14-175

14.4 森林女神

文件路径	第14章\森林女神
难易指数	★★★★★
技术掌握	● 图层蒙版 ● 剪贴蒙版 ● 混合模式 ● 调色命令 ● 画笔工具 ● 渐变工具
	扫码深度学习

💡 操作思路

本案例大体分为五个部分操作，首先使用减淡工具处理画面背景，为其更换新的背景；接着使用画笔工具搭配混合模式在人物面部处添加妆容；然后利用混合模式制作多彩的头发部分，接着置入素材，添加装饰；

最后搭配"剪贴蒙版"制作艺术字。

🖱 案例效果

案例效果如图14-176所示。

图14-176

实例224 森林女神——处理画面背景

01 执行菜单"文件>打开"命令，或按Ctrl+O快捷键，在弹出的"打开"对话框中单击选择素材"1.jpg"，单击"打开"按钮，如图14-177所示。

图14-177

02 接着要对人物照片的背景进行处理，使背景呈现纯白色。选择工具箱中的减淡工具，在选项栏中单击"画笔预设"选取器的下拉按钮，在下拉面板中设置画笔"大小"为150像素、"硬度"为0，并在选项栏中设置"范围"为"高光"、"曝光度"为45%，接着将光标移动到画面中背景处按住鼠标左键拖曳涂抹背景区域，如图14-178所示。

图14-178

03 接下来置入天空素材。执行菜单"文件>置入嵌入的智能对象"命令，在弹出的"置入"对话框中单击选择素材"2.jpg"，单击"置入"按钮，并将素材放置到适当位置，按Enter键完成置入。执行菜单"图层>栅格化>智能对象"命令，将该图层栅格化为普通图层，如图14-179所示。接着在"图层"面板中设置图层混合模式为"正片叠底"，此时画面效果如图14-180所示。

图14-179

图14-180

04 接着单击"图层"面板底部的"添加图层蒙版"按钮，为该图层添加图层蒙版，然后选择工具箱中的画笔工具，在选项栏中单击"画笔预设"选取器的下拉按钮，在下拉面板中设置画笔"大小"为100像素，在选项栏中设置"不透明度"为30%，设置前景色为黑色，在"图层"面板中单击选中图层蒙版缩览图，接着将光标移动到蒙版中人物部分，按住鼠标左键拖曳进行涂抹，如图14-181所示。继续按住鼠标左键在画面中要隐藏的人物区域拖曳进行涂抹隐藏，画面效果如图14-182所示。

图14-181

图14-182

05 接下来对天空进行调色。执行菜单"图层>新建调整图层>色相/饱和度"命令，在弹出的"新建图层"对话框中单击"确定"按钮。接着在弹出的"属性"面板中选择"青色"，设置"色相"为+180、"饱和度"为0、"明度"为+65，然后单击面板底部的"此调整剪切到此图层"按钮🖳，如图14-183所示。效果如图14-184所示。

图14-183

图14-184

06 接着对天空颜色进行丰富。单击"图层"面板底部的"创建新图层"按钮，接着选择工具箱中的渐变工具，在选项栏中单击渐变色条，在弹出的"渐变编辑器"对话框中编辑一个紫色到透明的渐变，设置渐变方式为"线性渐变"，将光标移动到画面下部按住鼠标左键由下到上进行拖曳填充渐变，如图14-185所示。接着

在"图层"面板中设置图层混合模式为"色相"，如图14-186所示。

图14-185

图14-186

07 此时效果如图14-187所示。执行菜单"图层>创建剪贴蒙版"命令，使该图层只影响到天空图层，效果如图14-188所示。

图14-187

图14-188

实例225 森林女神——为人物"化妆"

01 接下来为人物添加眼影。为了方便观察，选择工具箱中的缩放工具，将光标移动到画面中多次单击，将画面显示放大，如图14-189所示。新建一个图层，接着选择工具箱中的画笔工具，在选项栏中单击"画笔预设"下

拉按钮，在下拉面板中设置画笔"大小"为20像素、"硬度"为0，设置前景色为淡绿色，接着将光标移动到眼睛周围按住鼠标左键拖曳绘制，如图14-190所示。

图14-189

图14-190

02 继续设置前景色为淡黄色，在眼睛周围按住鼠标左键拖曳绘制，如图14-191所示。

图14-191

03 接着在"图层"面板中设置图层混合模式为"颜色"，如图14-192所示。效果如图14-193所示。

图14-192

中文版Photoshop数码照片处理全视频 实战228例

Photoshop

图14-193

图14-197

图14-201

04 新建一个图层，继续使用画笔工具，设置前景色为淡蓝色，接着将光标定位在眼尾处按住鼠标左键拖曳进行绘制，如图14-194所示。

图14-194

05 接着在"图层"面板中设置图层混合模式为"正片叠底"，如图14-195所示。效果如图14-196所示。

图14-195

图14-196

06 新建一个图层，继续使用画笔工具，在选项栏中设置"不透明度"为30%，设置前景色为白色，接着将光标定位在上眼皮中部，按住鼠标左键拖曳进行绘制，如图14-197所示。

07 接着在"图层"面板中设置图层混合模式为"叠加"，如图14-198所示。效果如图14-199所示。

图14-198

图14-199

08 添加眼尾的羽毛装饰。执行菜单"文件>置入"命令，置入素材"3.png"，并将素材放置到适当位置，按Enter键完成置入，如图14-200所示。使用同样的方法，制作左眼睛眼影装饰，如图14-201所示。

图14-200

09 接下来要对人物进行调色。首先对嘴唇进行调色。执行菜单"图层>新建调整图层>可选颜色"命令，创建一个新的调整图层。在弹出的"属性"面板中设置"颜色"为"红色"、"青色"为-1%、"洋红"为+31%、"黄色"为+30%、"黑色"为+7%，如图14-202所示。效果如图14-203所示。

图14-202

图14-203

10 接下来想将调色的效果应用到人物的嘴唇处，所以单击"图层"面板底部的"添加图层蒙版"按钮，只显示嘴唇效果。在"图层"面板中选择该调整图层的图层蒙版缩览图，设置前景色为黑色，使用Alt+Delete快捷键为图层蒙版填充黑色，如图14-204所示。

图14-204

11 接着选择工具箱中的画笔工具,在选项栏中单击"画笔预设"下拉按钮,在下拉面板中设置"大小"为20像素、"硬度"为0,设置前景色为白色,在人物嘴唇处按住鼠标左键拖曳进行涂抹,此时只有人像嘴唇颜色变化,如图14-205所示。图层蒙版效果如图14-206所示。

图14-205

图14-206

12 接下来对人物肤色调整。使用同样的方法创建调整图层,在弹出的"属性"面板中设置"颜色"为"中性色"、"青色"为+24%、"洋红"为+23%、"黄色"为+10%、"黑色"为-12%,如图14-207所示。效果如图14-208所示。

图14-207

图14-208

13 在调整图层蒙版中使用黑色画笔涂抹皮肤外的部分,使该调整图层只影响皮肤效果。图层蒙版效果如图14-209所示。画面效果如图14-210所示。

图14-209

图14-210

实例226 森林女神——制作多彩的头发

01 对人物的头发进行调色。新建一个图层,接着选择工具箱中的画笔工具在选项栏中单击"画笔预设"下拉按钮,在下拉面板中设置画笔"大小"为100像素、"硬度"为0、"不透明度"为80%,设置前景色为绿色,接着将光标移动到头发上按住鼠标左键拖曳绘制。继续设置前景色为紫色,在头发上按住鼠标左键拖曳绘制。然后设置前景色为蓝色,在人物头发上进行涂抹,效果如图14-211所示。

图14-211

02 接着在"图层"面板中设置图层混合模式为"叠加",如图14-212所示。效果如图14-213所示。

图14-212

图14-213

03 使用同样的方法,再绘制一层颜色,如图14-214所示。在"图层"面板中设置图层混合模式为"叠加",效果如图14-215所示。

图14-214

图14-215

04 执行菜单"文件>置入"命令，置入素材"4.png"和素材"5.png"，并将素材放置到适当位置，按Enter键完成置入，如图14-216所示。选择素材"4.png"所在的图层，执行菜单"图层>复制图层"命令，接着使用Ctrl+T快捷键调出界定框，将光标定位在定界框一角处，按住鼠标左键并拖曳，对素材进行适当的缩放和旋转，并放置在藤边，如图14-217所示。

图14-216　　　　　　　　　　　图14-217

05 使用同样的方法，制作一组藤蔓，如图14-218所示。继续使用同样方法，添加更多藤蔓，如图14-219所示。

图14-218　　　　　　　　　　　图14-219

实例227　森林女神——为人物添加装饰

01 执行菜单"文件>置入"命令，置入素材"6.jpg"，并将素材放置到适当位置，按Enter键完成置入。执行菜单"图层>栅格化>智能对象"命令，将该图层栅格化为普通图层，如图14-220所示。

图14-220

02 接着在"图层"面板中设置图层混合模式为"正片叠底"，如图14-221所示。效果如图14-222所示。

图14-221　　　　　　　　　　　图14-222

03 在画面中可以看到蝴蝶遮挡住了手臂，为该图层创建图层蒙版，使用同样的方法对手臂处的蝴蝶进行隐藏。图层蒙版效果如图14-223所示。画面效果如图14-224所示。

图14-223

图14-224

04 接下来对蝴蝶提高亮度。执行菜单"图层>新建调整图层>曲线"命令，在弹出的"新建图层"对话框中单击"确定"按钮。接着在弹出的"属性"面板中的曲线上单击添加控制点，并调整曲线形态，然后在"属性"面板底部单击"此调整剪切到此图层"按钮，如图14-225所示。效果如图14-226所示。

图14-225

图14-226

05 执行菜单"文件>置入"命令，置入素材"7.png"，并将素材放置到适当位置，按Enter键完成置入，如图14-227所示。接着执行菜单"文件>置入"命令，置入紫色花朵素材"8.png"，并将素材放置到适当位置，按Enter键完成置入，如图14-228所示。

图14-227

图14-228

06 使用同样的方法，置入两种白色花朵素材"9.png"和"10.png"，点缀在藤蔓上，如图14-229所示。

图14-229

07 继续执行菜单"文件>置入"命令，置入素材"11.jpg"，并将素材放置到适当位置，按Enter键完成置入。执行菜单"图层>栅格化>智能对象"命令，将该图层栅格化为普通图层，如图14-230所示。在"图层"面板中设置图层混合模式为"滤色"，如图14-231所示。

图14-230

图14-231

08 此时画面效果如图14-232所示。

图14-232

实例228 森林女神——制作艺术字

01 制作装饰文字。选择工具箱中的横排文字工具，在选项栏中设置合适的"字体"和"字号"，设置"填充"为绿色，然后在画面右下角位置单击输入文字，如图14-233所示。新建一个图层，接着选择工具箱中的画笔工具，在选项栏中单击"画笔预设"下拉按钮，在下拉面板中设置画笔"大小"为100像素、"硬度"为0、"不透明度"为80%，设置前景色为绿色，接着将光标移动到右下角文字处按住鼠标左键拖曳绘制。继续设置前景色为紫色，按住鼠标左键拖曳绘制。然后设置前景色为粉色进行

涂抹，效果如图14-234所示。

图14-233

图14-234

02 执行菜单"图层>创建剪贴蒙版"命令，使颜色线条只显示出文字形态中的部分，效果如图14-235所示。

图14-235

03 执行菜单"文件>置入"命令，置入素材"12.jpg"，并将素材放置到右下角位置，按Enter键完成置入，如图14-236所示。

图14-236

艺境 中文版Photoshop数码照片处理全视频 实战228例

Photoshop

04 将文字及文字的右下角装饰创建为一组。选择组，执行菜单"图层>图层样式>描边"命令，在弹出的"图层样式"对话框中设置"大小"为3像素、"位置"为"外部"、"混合模式"为"正常"、"不透明度"为100%，"填充类型"为"颜色"、"颜色"为紫色，单击"确定"按钮，如图14-237所示。效果如图14-238所示。

图14-238

05 画面整体最终效果如图14-239所示。

图14-237

图14-239